中国建筑学会室内设计分会推荐
高等院校环境艺术设计专业指导教材

室内项目设计·下·

（公共类）

邱晓葵　吕　非　崔冬晖　编著

中国建筑工业出版社

图书在版编目（CIP）数据

室内项目设计·下·（公共类）/邱晓葵等编著. —北京：中国建筑工业出版社，2006

中国建筑学会室内设计分会推荐. 高等院校环境艺术设计专业指导教材

ISBN 978-7-112-08558-3

Ⅰ.室… Ⅱ.邱… Ⅲ.室内设计-高等学校-教材 Ⅳ.TU238

中国版本图书馆CIP数据核字（2006）第083354号

中国建筑学会室内设计分会推荐
高等院校环境艺术设计专业指导教材
室内项目设计·下·
（公共类）
邱晓葵　吕非　崔冬晖　编著

*

中国建筑工业出版社出版、发行（北京西郊百万庄）
各地新华书店、建筑书店经销
北京金海中达技术开发公司排版
北京凌奇印刷有限责任公司印刷

*

开本：787×1092毫米　1/16　印张：18　字数：438千字
2006年12月第一版　2011年8月第五次印刷
定价：45.00元
ISBN 978-7-112-08558-3
(15222)

版权所有　翻印必究
如有印装质量问题，可寄本社退换
（邮政编码100037）

本社网址：http://www.cabp.com.cn
网上书店：http://www.china-building.com.cn

本书是高等院校环境艺术设计室内设计专业的指导教材。全书结合高等院校室内设计的教学特点，力求将专业理论知识与具体设计实践相结合，注重室内设计的基础训练，引导和培养学生的创造能力及审美意识，由浅入深、循序渐进地将有关室内设计的知识加以介绍。

室内设计是一门自成体系的学科，在其发展过程中已形成了自身完善的理论体系，本书编者经过多年的教学实验，结合近年来对室内设计的探索与思考，力求向读者介绍有效的室内设计方法，帮助读者开阔视野，把握未来室内设计的发展趋势。

全书分为四章，主要涉及的是公共部分的室内设计教学内容，通过对室内造型设计、空间照明设计、室内色彩运用、装饰材料这四点设计要素的了解，和对可实际操作的四个设计课题的教学介绍及实例分析，使读者对室内设计的方式和方法有全面的了解。从流行时尚的专卖店设计练习开始，到强调理性和功能的办公空间的设计；从讲求风格多样性的特色餐饮改造，最终到囊括任意功能要求的特殊空间的学习结束。本书在对上述四类空间的讲解之后都安排了练习题，使本书更具备可操作性。

本书作为教材主要针对高等院校室内设计专业的学生和在职的年轻设计师们编写，力求融理论性、前瞻性、知识性、实用性于一体，观点明确，深入浅出，图文结合，可读性与可操作性强，可作教学参考及自学用书。

* * *

责任编辑：郭洪兰
责任设计：赵明霞
责任校对：邵鸣军　王金珠

出版说明

　　中国的室内设计教育已经走过了四十多年的历程。1957年在中国北京中央工艺美术学院（现清华大学美术学院）第一次设立室内设计专业，当时的专业名称为"室内装饰"。1958年北京兴建十大建筑，受此影响，装饰的概念向建筑拓展，至1961年专业名称改为"建筑装饰"。实行改革开放后的1984年，顺应世界专业发展的潮流又更名为"室内设计"，之后在1988年室内设计又进而拓展为"环境艺术设计"专业。据不完全统计，到2004年，全国已有600多所高等院校设立与室内设计相关的各类专业。

　　一方面，以装饰为主要概念的室内装修行业在我们的国家波澜壮阔般地向前推进，成为国民经济支柱性产业。而另一方面，在我们高等教育的专业目录中却始终没有出现"室内设计"的称谓。从某种意义上来讲，也许是20世纪80年代末环境艺术设计概念的提出相对于我们的国情过于超前。虽然十数年间以环境艺术设计称谓的艺术设计专业，在全国数百所各类学校中设立，但发展却极不平衡，认识也极不相同。反映为理论研究相对滞后，专业师资与教材缺乏，各校间教学体系与教学水平存在着较大的差异，造成了目前这种多元化的局面。出现这样的情况也毫不奇怪，因为我们的艺术设计教育事业始终与国家的经济建设和社会的体制改革发展同步，尚都处于转型期的调整之中。

　　设计教育诞生于发达国家现代设计行业建立之后，本身具有艺术与科学的双重属性，兼具文科和理科教育的特点，属于典型的边缘学科。由于我们的国情特点，设计教育基本上是脱胎于美术教育。以中央工艺美术学院（现清华大学美术学院）为例，自1956年建校之初就力戒美术教育的单一模式，但时至今日仍然难以摆脱这种模式的束缚。而具有鲜明理工特征的我国建筑类院校，在创办艺术设计类专业时又显然缺乏艺术的支撑，可以说两者都处于过渡期的阵痛中。

　　艺术素质不是象牙之塔的贡品，而是人人都必须具有的基本素质。艺术教育是高等教育整个系统中不可或缺的重要环节，是完善人格培养的美育的重要内容。艺术设计虽然是以艺术教育为出发点，具有人文学科的主要特点，但它是横跨艺术与科学之间的桥梁学科，也是以教授工作方法为主要内容，兼具思维开拓与技能培养的双重训练性专业。所以，只有在国家的高等学校专业目录中：将"艺术"定位于学科门类，与"文学"等同；将"艺术设计"定位于一级学科，与"美术"等同。随之，按照现有的社会相关行业分类，在艺术设计专业下设置相应的二级学科，环境艺术设计才能够得到与之相适应的社会专业定位，惟有这样才能赶上迅猛发展的时代步伐。

　　由于社会发展现状的制约，高等教育的艺术设计专业尚没有国家权威的管理指导机构。"中国建筑学会室内设计分会教育工作委员会"是目前中国惟一能够担负起指导环境艺术设计教育的专业机构。教育工作委员会近年来组织了一系列全国范围的专业交流活动。在活动中，各校的代表都提出了编写相对统一的专业教材的愿望。因为目前已经出版的几套教材都是以单个学校或学校集团的教学系统为蓝本，在具体的使用中缺乏普遍的指导意义，适应性较弱。为此，教育工作委员会组织全国相关院校的环境艺术设计专业教育专家，编写了这套具有指导意义的符合目前国情现状的实用型专业教材。

中国建筑学会室内设计分会教育工作委员会

前　言

　　艺术设计专业是横跨于艺术与科学之间的综合性、边缘性学科。艺术设计产生于工业文明高速发展的20世纪。具有独立知识产权的各类设计产品，成为艺术设计成果的象征。艺术设计的每个专业方向在国民经济中都对应着一个庞大的产业，如建筑室内装饰行业、服装行业、广告与包装行业等。每个专业方向在自己的发展过程中无不形成极强的个性，并通过这种个性的创造，以产品的形式实现其自身的社会价值。从环境生态学的认识角度出发，任何一门艺术设计专业方向的发展都需要相应的时空，需要相对丰厚的资源配置和适宜的社会政治、经济、技术条件。面对信息时代和经济全球化，世界呈现时空越来越小的趋势，人工环境无限制扩张，导致自然环境日益恶化。在这样的情况下，专业学科发展如不以环境生态意识为先导，走集约型协调综合发展的道路，势必走入死胡同。

　　随着20世纪后期由工业文明向生态文明的转化，可持续发展思想在世界范围内得到共识并逐渐成为各国发展决策的理论基础。环境艺术设计的概念正是在这样的历史背景下从艺术设计专业中脱颖而出的，其基本理念在于设计从单纯的商业产品意识向环境生态意识的转换，在可持续发展战略总体布局中，处于协调人工环境与自然环境关系的重要位置。环境艺术设计最终要实现的目标是人类生存状态的绿色设计，其核心概念就是创造符合生态环境良性循环规律的设计系统。

　　环境艺术设计所遵循的绿色设计理念成为相关行业依靠科技进步实施可持续发展战略的核心环节。

　　国内学术界最早在艺术设计领域提出环境艺术设计的概念是在20世纪80年代初期。在世界范围内，日本学术界在艺术设计领域的环境生态意识觉醒的较早，这与其狭小的国土、匮乏的资源、相对拥挤的人口有着直接的关系。进入80年代后期国内艺术设计界的环境意识空前高涨，于是催生了环境艺术设计专业的建立。1988年当时的国家教育委员会决定在我国高等院校设立环境艺术设计专业，1998年成为艺术设计专业下属的专业方向。据不完全统计，在短短的十数年间，全国有400余所各类高等院校建立了环境艺术设计专业方向。进入21世纪，与环境艺术设计相关的行业年产值就高达人民币数千亿元。

　　由于发展过快，而相应的理论研究滞后，致使社会创作实践有其名而无其实。决策层对环境艺术设计专业理论缺乏基本的了解。虽然从专业设计者到行政领导都在谈论可持续发展和绿色设计，然而在立项实施的各类与环境有关的工程项目中却完全与环境生态的绿色概念背道而驰。导致我们的城市景观、建筑与室内装饰建设背离了既定的目标。毫无疑问，迄今为止我们人工环境（包括城市、建筑、室内环境）的发展是以对自然环境的损耗作为代价的。例如：光污染的城市亮丽工程；破坏生态平衡的大树进城；耗费土地资源的小城市大广场；浪费自然资源的过度装修等。

　　党的十六大将"可持续性发展能力不断增强，生态环境得到改善，资源利用效率显著提高，促进人与自然的和谐，推动整个社会走上生产发展、生活富裕、生态良好的文明发展道路"作为全面建设小康社会奋斗目标的生态文明之路。环境艺术设计正是从艺术设计学科的角度，为实现宏大的战略目标而落实于具体的重要社会实践。

"环境艺术"这种人为的艺术环境创造，可以自在于自然界美的环境之外，但是它又不可能脱离自然环境本体，它必须植根于特定的环境，成为融合其中与之有机共生的艺术。可以这样说，环境艺术是人类生存环境的美的创造。

"环境设计"是建立在客观物质基础上，以现代环境科学研究成果为指导，创造理想生存空间的工作过程。人类理想的环境应该是生态系统的良性循环，社会制度的文明进步，自然资源的合理配置，生存空间的科学建设。这中间包含了自然科学和社会科学涉及的所有研究领域。

环境设计以原在的自然环境为出发点，以科学与艺术的手段协调自然、人工、社会三类环境之间的关系，使其达到一种最佳的运行状态。环境设计具有相当广的含义，它不仅包括空间实体形态的布局营造，而且更重视人在时间状态下的行为环境的调节控制。

环境设计比之环境艺术具有更为完整的意义。环境艺术应该是从属于环境设计的子系统。

环境艺术品创作有别于单纯的艺术品创作。环境艺术品的概念源于环境生态的概念，即它与环境互为依存的循环特征。几乎所有的艺术与工艺美术门类，以及它们的产品都可以列入环境艺术品的范围，但只要加上环境二字，它的创作就将受到环境的限定和制约，以达到与所处环境的和谐统一。

"环境艺术"与"环境设计"的概念体现了生态文明的原则。我们所讲的"环境艺术设计"包括了环境艺术与环境设计的全部概念。将其上升为"设计艺术的环境生态学"，才能为我们社会发展决策奠定坚实的理论基础。

环境艺术设计立足于环境概念的艺术设计，以"环境艺术的存在，将柔化技术主宰的人间，沟通人与人、人与社会、人与自然间和谐的、欢愉的情感。这里，物（实在）的创造，以它的美的存在形式在感染人，空间（虚在）的创造，以他的亲切、柔美的气氛在慰藉人[1]。"显然环境艺术所营造的是一种空间的氛围，将环境艺术的理念融入环境设计所形成的环境艺术设计，其主旨在于空间功能的艺术协调。"如 Gorden Cullen 在他的名著《Townscape》一书中所说，这是一种'关系的艺术'（art of relationship），其目的是利用一切要素创造环境：房屋、树木、大自然、水、交通、广告以及诸如此类的东西，以戏剧的表演方式将它们编织在一起[2]。"诚然环境艺术设计并不一定要创造凌驾于环境之上的人工自然物，它的设计工作状态更像是乐团的指挥、电影的导演。选择是它设计的方法，减法是它技术的常项，协调是它工作的主题。可见这样一种艺术设计系统是符合于生态文明社会形态的需求。

目前，最能够体现环境艺术设计理念的文本，莫过于联合国教科文组织实施的《保护世界文化和自然遗产合约》。在这份文件中，文化遗产的界定在于：自然环境与人工环境、

---

[1] 潘昌侯：我对"环境艺术"的理解，《环境艺术》第1期5页，中国城市经济社会出版社1988年版。
[2] 程里尧：环境艺术是大众的艺术，《环境艺术》第1期4页，北京：中国城市经济社会出版社1988年版。

美学与科学高度融汇基础上的物质与非物质独特个性体现。文化遗产必须是"自然与人类的共同作品"。人类的社会活动及其创造物有机融入自然并成为和谐的整体，是体现其环境意义的核心内容。

根据《保护世界文化和自然遗产合约》的表述：文化遗产主要体现于人工环境，以文物、建筑群和遗址为《世界遗产名录》的录入内容；自然遗产主要体现于自然环境，以美学的突出个性与科学的普遍价值所涵盖的同地质生物结构、动植物物种生态区和天然名胜为《世界遗产名录》的录入内容。两类遗产有着极为严格的收录标准。这个标准实际上成为以人为中心理想环境状态的界定。

文化遗产界定的环境意义，即：环境系统存在的多样特征；环境系统发展的动态特征；环境系统关系的协调特征；环境系统美学的个性特征。

环境系统存在的多样特征：在一个特定的环境场所，存在着物质与非物质的多样信息传递。自然与人工要素同时作用于有限的时空，实体的物象与思想的感悟在场所中交汇，从而产生物质场所的精神寄托。文化的底蕴正是通过环境场所的这种多样特征得以体现。

环境系统发展的动态特征：任何一个环境场所都不可能永远不变，变化是永恒的，不变则是暂时的，环境总是处于动态的发展之中。特定历史条件下形成的人居文化环境一旦毁坏，必定造成无法逆转的后果。如果总是追随变化的潮流，终有一天生存的空间会变成文化的沙漠。努力地维持文化遗产的本原，实质上就是为人类留下了丰富的文化源流。

环境系统关系的协调特征：环境系统的关系体现于三个层面，自然环境要素之间的关系；人工环境要素之间的关系；自然与人工的环境要素之间的关系。自然环境要素是经过优胜劣汰的天然选择而产生的，相互的关系自然是协调的；人工环境要素如果规划适度、设计得当也能够做到相互的协调；惟有自然与人工的环境要素之间要做到相互关系的协调则十分不易。所以在世界遗产名录中享有文化景观名义的双重遗产凤毛麟角。

环境系统美学的个性特征：无论是自然环境系统还是人工环境系统，如果没有个性突出的美学特征，就很难取得赏心悦目的场所感受。虽然人在视觉与情感上愉悦的美感，不能替代环境场所中行为功能的需求。然而在人为建设与环境评价的过程中，美学的因素往往处于优先考虑的位置。

在全部的世界遗产概念中，文化景观标准的理念与环境艺术设计的创作观念比较一致。如果从视觉艺术的概念出发，环境艺术设计基本上就是以文化景观的标准在进行创作。

文化景观标准所反映的观点，是在肯定了自然与文化的双重含义外，更加强调了人为有意的因素。所以说，文化景观标准与环境艺术设计的基本概念相通。

文化景观标准至少有以下三点与环境艺术设计相关的含义：

第一，环境艺术设计是人为有意的设计，完全是人类出于内在主观愿望的满足，对外在客观世界生存环境进行优化的设计。

第二，环境艺术设计的原在出发点是"艺术"，首先要满足人对环境的视觉审美，也就是说美学的标准是放在首位的，离开美的界定就不存在设计本质的内容。

第三，环境艺术设计是协调关系的设计，环境场所中的每一个单体都与其他的单体发生着关系，设计的目的就是使所有的单体都能够相互协调，并能够在任意的位置都以最佳的视觉景观示人。

以上理念基本构成了环境艺术设计理论的内涵。

鉴于中国目前的国情，要真正完成环境艺术设计从书本理论到社会实践的过渡，还是一个十分艰巨的任务。目前高等学校的环境艺术设计专业教学，基本是以"室内设计"和"景观设计"作为实施的专业方向。尽管学术界对这两个专业方向的定位和理论概念还存在着不尽统一的认识，但是迅猛发展的社会是等不及笔墨官司有了结果才前进的。高等教育的专业理念超前于社会发展也是符合逻辑的。因此，呈现在面前的这套教材，是立足于高等教育环境艺术设计专业教学的现状来编写的，基本可以满足一个阶段内专业教学的需求。

中国建筑学会室内设计分会
教育工作委员会主任：郑曙旸

编者的话

公共空间室内设计是针对公共建筑空间内部进行的思维创造活动,通过一定的技术手段,用视觉传达的方式表现出来。室内设计有自己的特征和独立性,随着社会的发展,室内设计已经越来越受到人们的关注。高等院校室内设计专业的建立、社会专业机构的不断涌现,大大地推动了室内设计逐步走向成熟。专业的训练是能游刃有余的处理各种各样复杂的室内空间环境,通过比较推出最令人满意的设计方案。长期以来,我们过多地强调了设计者才气与灵感,却忽视了这样的一个事实,即任何设计都是专业的设计,同时也忽视了作为一名室内设计师所应具备的最基本的设计训练。编者通过多年来从事室内设计教学和设计实践的心得与体会,侧重对公共空间室内教学部分进行详细的介绍,它能够比较形象地反映出我们在公共空间室内设计教学方面的工作情况,以期让读者对现代公共空间室内设计方法有一个较全面的理解和把握。

全书的起始章节是对公共空间室内设计进行了较全面的综述。从公共空间的基本概念到室内设计的创作方法逐点进行描述,使学生对室内设计工作总体上有所了解,明确室内设计师的任务和职责,了解室内设计的局限和室内设计的图纸要求。同时在概论中还强调了室内风格的重要性,列举当今的风格指向。概论对室内设计项目空间氛围的营造予以重视,强调通过陈设的手段达到室内设计风格的升华。

公共空间室内设计项目繁多,每个项目所要达到的设计氛围是有不同的,通过分类更有利于在设计中找出其间微妙的差别,抓住之间的共同点展开设计创作。即便如此,作为课程训练也不可能把所有的项目都一一做到,所以还是要抓住几个重点进行逐项突破。在本书中我们选择了四个适合大学学习特点的训练课题单项进行重点介绍。学生在通过了这四个课题的练习之后,应该能够掌握一定的设计规律,摸索出适合自己的设计方式,通过今后工作中的设计实践将会不断的提高自己的设计、创作能力。这四个课题的设置是经过深思熟虑的论证和认真筛选的,每个课题的设置有不同的教学目的和要求。

首先是商业空间室内设计课题,本书选择了一个具有时尚和活力的品牌专卖店的课题开始,目的是提高学生的学习热情,利用年轻人对流行事物天生所具有的敏感,展现给读者一个美好的未来。此课程的训练主要以小型设计作为切入点,从建筑、室内、展示、视觉传达等方面启发学生逐渐认识和了解室内设计和与相关专业的联系,培养学生独立思考,合理布置有序的室内空间,善于运用已掌握的知识调整出有个性的设计方案,培养学生对设计项目整体的协调组织能力。同时,配合空间造型的设计,达到造型新颖别致、建筑与室内之间的过渡自然等要求。在这个阶段最终的图面效果不是最主要的,衡量一名学生是否达标的标准是:看他是否去努力解决设计中存在的问题。

其次展开的是办公空间室内设计课题,这个课题的特点是相对较为理性,讲求事务处理的系统性。在空间分配、灯光布置等各个方面均要满足工作性质的效率要求,同时也要符合人们正常的行为习惯,从而创造一个理性、高效且舒适的工作环境。教学同时要求在此课程中把照明作为设计必备元素加以考虑和熟悉、掌握顶面视图的绘图方法。

随后展开的餐饮空间室内设计课题有更多的设计限定,少了很多虚构的成分并强调现实感。设计的条件是真实的,并且要根据餐厅所处环境来确定餐饮的定位,通过调研确定消费人群并设定与之相应的餐厅主题,营造多姿多彩的空间氛围和设计风格样式,以满足人们对餐饮空间的视觉要求和特殊氛围。

最后的特殊空间室内设计课题应包含多个设计内容,但因篇幅所限书中只列举了四个特殊的空间进行分析和总结,它们是公共交通设施室内空间、医疗设施室内空间、影剧院室内空间、无障碍室内空间的设计要点。通过学习,学生应能够达到对特殊空间具有举一反三的设计能力。特殊空间室内设计课题的特征作为学生阶段不必完全进行练习,但一定要掌握其中的要点,以使其无论今后设计中遇到何种特殊的空间,都能灵活的运用。

全书最后的章节是对上述四个课题的实例分析,从不同的角度选择和加以说明。有国外的设计实例,也挑选了不少能说明问题的具有代表性的学生作业,希望能对课题解释起到补充说明的作用。

通过以上几个课题的练习和实例讲解,将为学生日后的深入学习和设计实践打下一个较好的专业基础。为配合课程的学习,本书还从空间、照明、色彩、材料四个方面逐一加以阐述,从专业的角度强调在实际设计中的运用。全书图文并茂,既符合现代人大量阅读的习惯,更有利于某些专业概念的明确表述。

本书的主要内容是讲授公共空间室内设计创作方法的,希望本书出版能给读者的学习带来一些新意。书中的大部分课题在中央美院建筑学院环境艺术设计专业已经过多次教学实验,取得了明显的成效。书中的每个章节都能使学生从根本上掌握室内设计的基础知识,同时每个课题也能使学生展开充分的设计想像。大家都知道,在室内设计学习过程中要解决的问题是多方面的,通过教学总结我们认为分步骤解决问题的效果最好,所以我们设置的每一个课题都有明确的教学目标,通过对设计中难点的突破,最终达到预期的学习效果。

专业的训练也就是试图通过作业的练习,摸索出自己的一套应对设计的方法。除了可以讲授的内容,怎样思考和解决问题还是每个人自己的事,鉴于每个人的基础不同,用心程度不同,结果也是不一样的,但有一点可以肯定,只要按部就班的学习就一定有成效。

本书由中央美术学院建筑学院邱晓葵副教授主编,中央美术学院建筑学院吕非老师和崔冬晖老师参编,由邱晓葵副教授负责整个教材的编撰大纲和最后的统稿工作。邱晓葵副教授负责编写第一章的第一、二小节,第二章的第一、四小节,第三、四章的第一、三小节。吕非老师负责编写第二、三、四章的第二小节。崔冬晖老师负责编写第二章的第三小节和第三、四章的第四小节。

本书在编写过程中得到了多方人士的大力协助和支持,感谢清华大学美术学院副院长郑曙旸教授给予我们编写本教材的机会,同时在编写过程中给予正确的引导,感谢中央美术学院建筑学院副院长吕品晶教授冒着酷暑远赴长沙共同参会商讨编书事宜,并且为编写本书提供便利条件和全力支持,感谢中国建筑学会室内设计分会教育工作委员会的宋欣伟老师为本书的编撰作了大量的联络工作,感谢中国建筑工业出版社的编辑们为本书所做的修改和校对工作，使本书的编写与出版工作顺利完成，还有参加本书绘图人员有张欣、董良、李志敏、张明晓、林晓亮、邓璐、周子彦、郭立明等，在此一并表示衷心的感谢。由于编者的学识和时间所限，大部分的章节本来能够琢磨的更精致些，阐述更详细些，例证更充实些等等，但是，这些工作只能留待他日了。

目 录

第一章 概论 ·· 1
　第一节　公共空间室内设计 ··· 1
　第二节　公共空间室内设计风格的定位 ·· 11
第二章 公共空间室内视觉造型 ·· 21
　第一节　公共空间室内造型设计 ··· 21
　第二节　公共空间室内照明设计 ··· 39
　第三节　公共空间室内色彩设计 ··· 64
　第四节　公共空间室内装饰材料 ··· 76
第三章 公共空间室内设计课题 ·· 97
　第一节　商业空间室内设计课题 ··· 97
　第二节　办公空间室内设计课题 ··· 117
　第三节　餐饮空间室内设计课题 ··· 137
　第四节　特殊空间室内设计课题 ··· 157
第四章 公共空间室内设计实例分析 ·· 183
　第一节　商业空间室内设计教学实例 ··· 183
　第二节　办公空间室内设计教学实例 ··· 199
　第三节　餐饮空间室内设计教学实例 ··· 208
　第四节　特殊空间室内设计实例 ··· 222
附录1 公共空间及相关构筑物无障碍设计的要求 ·· 233
附录2 五星级餐馆的标准 ·· 234
附录3 色彩范例 ··· 236
附录4 施工图实例（飒絮发型设计昆泰店） ·· 241

第一章 概 论

第一节 公共空间室内设计

当代社会状态下,公共空间极易受到忽视和破坏。电话、电脑引入了一种全新的生活方式,公共空间中的直接交往,现在可以为间接的远程通讯所取代。然而,公共空间是绝对需要的,各种类型不同大小的空间显然都必不可少。如果没有公共空间,人们的直接接触的机会将变得越来越少,公共空间为人们提供了一种轻松自然的交流场所,提供一种积极有益的体验,与电视、录像完全被动的观察人们活动相反,在公共空间中的每一个人都身临其境地感受其中的氛围,而公共空间的准确定位和环境效果是获得这种感受的必要前提条件。能在公共空间中驻足是重要的,只有创造良好的条件,才能让人们有较长时间的逗留,良好的公共空间室内布局设计与空间形态,是形成停留的前提(图1-1)。

图1-1 人们在公共空间中驻足交谈
巴黎卢佛尔宫

人们对交往的需求,对知识的需求,对激情的需求等,都可以部分地在公共空间中得到满足,这些需求都属于心理需求的范畴。综合性的大规模的公共空间并不是我们研究的重点,相反,一般状况及日常所依赖的空间,相应受到相当的重视和关心,为公共活动提供了良好的物质条件,无论在任何情况下,都是一种有价值的工作内容。城市中的公共空间可以是富于吸引力并且易于接近的,以鼓励人们从私密走向公共环境,相反,公共空间也可以设计成生理上和心理上都难于出入其中的场所[1]。这些都依赖于对公共空间室内设计的方法的掌握。

一、公共空间室内设计的特性

公共空间室内设计的特征是具有公共性。同一空间的设置,使用人群会时常变换,服务对象涉及到不同层次、不同职业、不同民族等。它必须面对接纳多层次对象的需求,它提供了人们公共社交的空间,休息与交流的区域。这就为室内设计带来了一定的设计难度。由于要满足所有人的审美取向,设计师要权衡利弊,最大限度地满足人的不同需求并充分体现人性,应遵循以人为本的设计原则,不落俗套,方显设计之本色。

公共空间是社会化的行为场所,这些场所往往是人流不息,视域开阔的开放型空间,

---

[1] (丹麦)杨·盖尔著. 交往与空间. 第四版:北京中国建筑工业出版社,2002,P117

有多角度视域的观赏方式及公众的介入等特征（图1-2）。所以公共空间的室内设计就是要形成体现这种性格指向的视觉焦点，或是具有认同感和归属感的精神性空间。

图1-2　视线开阔的开放性空间
　　　　季景沁园售楼处

公共空间作为一种公共场合中文化艺术的空间，体现着公共领域的精神属性，有其内在的、精神上与视觉上的性格指向。"公共空间"是一种可以感知和认识的形式，它不仅可以使人感受其品质的优劣，领悟其设计者的意图，同时也可以使人与之产生精神交流。

1."公共空间"的解析

公共空间中的"公共"（public）二字，在我们的日常汉语中，应该包含两重意思，一是"公众的、公共的"，也就是"大家的"、"共有的"，二是"公开的"，也就是"当众的"、"发表的"。"空间"（space）可以是公共的，也可以是私人的，它既可以是主导性的，也可以是服务性的。"公共"的意思是平等的共享、交流、显示。只要能实现这一目的的场所就是"公共空间"。"公共空间"本应是大众的公有场所。"公共"意味着向大众公开。在这个意义上，"公共"意味着可见的（visible）或可以观察到的（observable）；而"私人的"则是隐蔽的，是在私下或有限的人际环境中发生的言谈或行为。20世纪最重要的政治哲学家——汉娜·阿伦特说："公共（Public）这个词描述两个相互关联但又不相同的现象：它首先代表所有在公共领域出现、享受最大的被看见与被听见的公开性的个人"。公共空间的特征是开放的、公开的，是公众参与和认同的空间。这种具有开放、公开特质的空间称为公共空间（public space）。

除了在自己的住所，所有室内活动所涉及到的种种物质条件，就是本书的主题。这种公共空间中的活动可以分为三种类型：必要性活动、自发性活动和社会性活动。每一种类型对于物质环境的要求都大不相同[2]。

必要性活动包括了那些多少有点不自主的活动，就是人们在不同的程度上都要参与的所有活动。自发性活动只有人们有参与的意愿，并且在时间地点可能的情况下才会产生。社会活动指的是公共空间中有赖于他人参与的各种活动。这里所指的是向公众开放的空间中的社会性活动。

自发性和社会性的活动都特别依赖于室内空间的质量，当条件不佳时，这些活动的魅力就会消失或平淡无奇，所以室内设计不应忽视人们对于公共空间所反映出的心理方面潜在的影响。

2."室内设计"的解析

"室内"（interior）是指建筑的内部空间，"设计"（design）是一种构思与计划，通过一定的技术手段用视觉传达的方式表现出来。当一个空间与实际需要或现实状况发生矛盾时，设计师不得不想办法解决这个矛盾，"设计"也就由此产生了。最棘手的问题往往能

---

[2]（丹麦）杨·盖尔著. 交往与空间. 第四版：北京中国建筑工业出版社，2002，P13

产生最有价值的结果。"室内设计"的一个重要的特征便是只有最合适的设计而没有最完美的设计，一切设计都存在着缺憾，因为任何设计都是有限制的，设计就是在这种限制的条件下通过设计缩小不利条件对使用者的影响，将理想设计规划从大到小的逐步落实到实际图纸当中。

"室内设计"作为一个单独的学科，一直具有相当独立的地位，这种独立完全源自于它所具有的专业特征、造型手段和艺术表现规律，以及实现的技术条件。在中国这样一种设计和技术都相对落后于发达国家的现实中，有很多现实问题亟待解决。"室内设计"的实质目标，不只是以服务于个别对象或发挥设计的功能为满足，其积极的意义在于掌握时代的特征、地域的特点和技术的可行，塑造出一个合乎潮流又具有高层文化品质的生态科技含量的生活环境。

"室内设计"是艺术与科学的结合，是功能、形式与技术的总体协调，通过物质条件的塑造与精神品质的追求，以创造人性化的环境为最高理想与最终目标。

"室内设计"是在建筑设计基础上进行的延续创作，原有的建筑空间对室内设计的创作起到了制约作用。室内设计所遵循的技术标准，大都是建筑设计的技术标准，室内设计对建筑空间的改造、创造都必须建立在对建筑知识的了解之上。现代室内设计是一个系统工程并不能将其理解为单纯的造型设计，而是一门"设计技术"，需要各种技术手段才能完成。既不必把它看得过于神秘，也不能看得过于简单。针对不同的人，不同的使用对象，相应地考虑不同的要求。设计及实施的过程中还会涉及材料、设备、定额法规以及与施工管理的协调等诸多问题，可以认为公共空间室内设计是一项综合性极强的系统工程。

3. 公共空间室内设计的分类

公共空间的设计范围很广，把它们进行分类主要目的：一是更好的理解室内设计所要把握的不同分类的设计特征。明确所设计的室内空间的使用性质，其基本功能和要求，不同分类的室内空间所要表达的环境氛围是截然不同的。二是较容易分阶段掌握室内设计方法，从小到大，从易到难，从自由的空间到特殊的限定的空间分别掌握。公共空间室内设计为达到上述两个目的可分为以下八类空间：

（1）商业空间：包括从大型的百货商店、综合超市、购物中心、专业店到小型的专卖店等空间场所。

（2）办公空间：所有与工作相关的公共空间，从大的集团总部到小的办公室。

（3）餐饮空间：所有公共饮食场所，包括酒吧、咖啡馆、快餐等餐饮休闲场所。

（4）娱乐空间：包括夜总会、卡拉OK厅、美容院、健身中心、洗浴等俱乐部形态的空间场所。

（5）酒店空间：所有与宾馆酒店相关的公共设施，会所、度假村等场所。

（6）展示空间：用以展示和推广产品或服务的场所。包括博物馆、画廊、样板间和公共空间里的展示陈列。

（7）学院社团：这个类别包括学校等文化场所，内部的环境为特定的目的和人群使用而非为一般人使用。

（8）特殊空间：包括交通、医疗、影剧院等特殊需要的公共空间，其特殊用途决定了设计的特殊性。

在实际教学中可根据课时的不同进行课程安排。本书由于篇幅所限只着重介绍商业空间、办公空间、餐饮空间、特殊空间四个课程内容，酒店空间由于内容庞杂，难度较大，建议在毕业创作阶段进行。

二、公共空间室内设计创作

公共空间室内设计创作首先应当有设计师的参与，由于设计师的不同创作其效果完全不同，所以设计师本身的设计素质和眼界会影响到创作的含金量。此外不同的设计条件与局限也会影响到室内创作的最终效果，这些作为未来的设计师都应充分了解，明了设计师的责任、工作范围和工作内容，使自己尽快进入到设计师的角色。

1. 室内设计师

室内设计师在他人眼中是"空间文化的倡导者"，是空间时尚的代言人。一个优秀的室内设计师必须不断跟踪世界范围内装饰材料与家具陈设的设计与创新动态；必须不断地从工地与实际生活中补充实践经验与实际生活体验的不足；必须对新的生活方式、人与环境的关系具有高度的敏感心；必须及时了解这个行业的流行符号，在同一个地方，必须看到别人看不出来的情境空间。

优劣的空间设计呈现与设计者自身修养有着很大关系，设计师之间的层次差别也会在其室内设计的空间中随处可见。如何把握一个空间环境直接或间接地传递某种气质，使使用者对环境产生归属感，便是一个专业设计师的使命。由于设计的过程中矛盾错综复杂，问题千头万绪，设计师需要清醒地认识到以人为本、为人服务。为确保人们的安全和身心健康，为满足人际活动的需要，在室内设计中必须更多地同人打交道，研究人们的心理，以及如何能使他们感到舒适、兴奋。经验证明，这比同结构、建筑体系打交道要费心得多，也需要有更加专门的训练。

设计师经常对所处的空间进行比例、尺度的比较分析，时间长了自然形成一种职业的习惯。设计意识就是在日常生活中逐步对空间、环境、形态、比例观察而产生的一种职业习惯。

室内设计师不仅要懂市场，而且要更懂得生活。设计师应该可以设计出各种不同的室内空间，可以变换出各种各样的造型以供业主挑选。

2. 原创的室内设计意识

贝聿铭先生说过："设计一定要超乎你的常理、理性，做一种感性的表现，并且要颠覆原先传统上使用的，试图去突破及蜕变，换言之，假如设计可以超乎常理的话，设计相对的就会很有内容"。每一名设计师都应该有这样的设计意识，以简易手法表达对艺术和生命的追求，尝试引入不同文化背景和特色作崭新演绎，为每一个室内设计项目带来深度和更丰富的视觉效果。当然一切可以先从模仿中找寻自我，了解自我，才能创造出属于自我的设计风格以及自我的表现方法。开始你完全可以挑选适合你的造型，也可以"模仿"那些已成功、成型的现成案例尝试新的感觉，此后只要对"模仿"有所发挥，就是对个性的创造与张扬。

3. 室内设计创作的局限

局限1：客户目标。

室内设计师应考虑好自己设计作品是否能适合使用者的审美情趣。设计师的审美情趣不一定就是使用者的审美情趣，而使用者的审美情趣通常也未必是高雅的。然而使用者要在此环境中长期使用，如果他感觉到不舒服、使用不方便，即使再高雅的设计作品，他都不会乐意接受。设计作品虽然优雅，然而认同、赏识它的人却有可能是寥寥无几。室内设计具有俗文化的一面，对于我们这些接触过所谓高雅文化的人而言，应该很好的研究一下所谓"俗文化"，满足公众的审美情趣和生活形态。

在设计中要考虑"俗文化"的因素，并用形式美的规律去体现它，貌似俗气，但还要俗得有道理、有章法。要在为客户服务的同时有责任有必要引导人们的审美观念，这就是室内设计师需要做的工作。在大多数室内设计作品中"雅俗共赏"可称为上乘之作。

局限2：使用功能。

使用功能反映了人们对某个特定室内环境中的功能要求。如室内环境的合理化、舒适化、科学化，妥善解决室内通风与室温，采光与照明，人流与动线，噪声与窗景，注意室内色调的总体效果等。形式是可以变化的，而功能却是相对稳定的。使用功能中的任何一项出现问题的话，即使是再理想的室内空间效果，对使用者来说也会有痛不欲生的感觉。所以设计师要对使用功能方面有高度的责任感，努力去协调和改善其中存在的问题，在使用者尚不明了的情况下，设计师一定要加以提醒，并在设计中予以坚持。

局限3：结构局限。

空间的合理化是室内设计的基本任务，不要拘泥于旧的建筑空间形象。但不同的建筑设计条件，在某种程度上会影响室内设计创作，室内空间的创新和建筑结构类型的条件有着密切的联系，二者应取得协调统一，这就要求设计师具备必要的结构类型知识，熟悉和掌握建筑结构体系的性能、特点，有关建筑结构方面的详细介绍将在本书第二章第一节中加以介绍。

局限4：基本规范。

根据室内的使用性质，深入调查、收集信息，掌握必要的资料和数据，从最基本的人体尺度、家具与设备等的尺寸和必须的空间尺度等着手，并熟悉公共空间设计有关的规范和标准，如《建筑室内装修设计防火规范》。对于所涉及的不同的设计分类应参考不同的设计规范，它一般都涵盖在有关建筑规范中，如设计商业空间要参考《商业建筑设计规范》等。

局限5：投资预算。

室内设计有一个经济的问题。通常，室内设计装修都是有预算限制的，经济会造成室内设计结果的差异。设计估算要考虑预先测算租用建筑、购买设备、装修和置办家具所需的费用。这点是所有投资者所关心的，因为它可以显示出需要多久才能收回自己的投资和赚取多大的利润。如果预算成本和利润的估算并不使人满意，那么投资人一般会降低装修方面的投入。设计师大都有这样的体会，自己美好的设计初衷往往最后被有限的资金砍得七零八落，设计结果并没有被完整体现，但这时一定要从投资人的角度去考虑，利用有限的资金做出最好的效果。

4. 室内设计方案研究

在了解并掌握了上述概念之后，才能进入方案研究阶段，即针对上述五个方面的信息，把满足业主需要的所有元素在设计方案中体现出来。

方式一：确定基调。

创作时必须先立意，即深思熟虑，有了"想法"后再动笔。一项设计，没有立意就等于没有"灵魂"，设计的难度也往往在于要有一个好的构思。一个较为成熟的构思，往往需要足够的信息量，有商讨和思考的时间。

方式二：现场勘查。

业主一般能够提供建筑施工平面图，但有时也会由于各种各样的原因无法找到图纸，在这种情况下就需要亲自测量了，其实对空间状况作现场勘查，也为设计师确立室内空间概念提供了条件。这样能对项目所处周边环境有大致了解，可以很直观地看到窗景如何，感受有无噪声等影响，有时光从图面上看，好的方位在实际条件中也可能有例外。同时对现场的设备、管线条件也应了解，在图中一一标注，在画方案时予以考虑。现场与图纸可能会有些出入，这些都会影响到方案进一步的实施（图1-3、图1-4）。

图1-3　现场勘查　　　　　　　　　图1-4　现场勘查
飒絮发型设计昆泰店现场之一　　　飒絮发型设计昆泰店现场之二

方式三：发现问题。

室内设计是一个先寻找问题再解决问题的过程。作为一名设计师必须比别人看的更细心，哪怕是一个微不足道的小地方。要考虑利用天然采光、通风、日照等自然条件，其次，室内空间使用上是否有妨碍流通的情况，怎样设计使之避免。通过调整使矛盾减少到最小程度，使各种活动的功能发挥最大的效益。设计过程也是一个寻找各种可能性的过程，在解决设计问题与创作过程中，设计师应该对自己的设计意念采用不同方案进行比较筛选，选择出最合适的方案提供给业主。

方式四：循序渐进。

任何设计师在实际工作中面对设计的问题及必须沟通的人都十分复杂，所以在设计中，自然形成一种循序渐进的考虑问题的方法。在不同阶段找到不同重点，一步步由简至繁去完成设计内容。首先，平面设计图规划好后与业主进行沟通，待确认后进行方案立面推敲和效果图制作，再与业主以较直观的形式展示设计效果，经业主认可后，进行施工图绘制工作，此时要给电气、暖通、给排水等专业提供设计条件，并协调与各专业之间的问题，最终完成施工图的工作，施工图经校对审核后，最终完成图纸部分的工作交与委托人。在施工过程中设计师要对现场所存在的与设计有关的问题予以协调解决，有时会修改原设计图纸，出具变更文件，亲临现场进行设计交底和处理问题。

5. 室内设计图纸

(1) 草图。

草图实际上是一种图示思维的设计方式，通过可视的图形将设计思维意象记录下来。在这个过程中不在乎画面效果，而在于脑、眼、手与图形之间的互动。在一个设计的开始阶段，最初的设计意象是模糊、不确定的，而通过勾画草图能将设计思考的意象记录下来，这种思维方式对方案的设计分析起关键作用。这种图示思维的方式是把设计过程中偶发的灵感及对设计条件的协调过程，针对目前设计人缺乏想像构思和表达的方法，利用这种图示思维设计方式，将有效地提高和开拓其创造性思维能力。在有设计助手配合的情况下，草图就不光是给设计师本人看同时也是给助手提供参照的图纸。

(2) 平面图。

平面图是设计构思表现的重要环节，是将抽象的室内使用功能以平面图的形式表现出来。从室内设计的技术角度而言，空间布置主要是通过平面作图来实现的，所以通过一张平面图就可以看出设计是否合理，知道每个部位的作用与配置，示意出效果图在平面的位置。平面图按比例画出，可不加尺寸，可以上色，可以配以植物点缀（图1-5）。

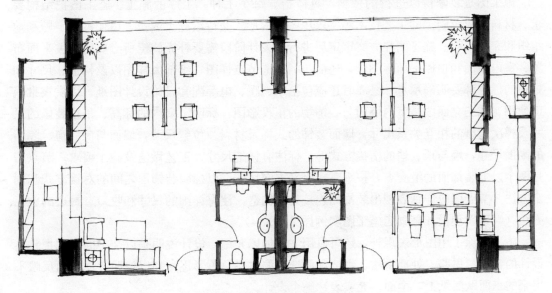

图1-5 手绘平面布置图
飒絮发型设计昆泰店

(3) 效果图。

效果图是设计师表达设计思维的语言，是完美的把设计意图传达给业主的手段，虽然设计可以用平面图、立面图来表现，但总不及效果图直观。设计效果图是在平面设计的基础上，把装修后的结果用透视的形式表现出来。效果图能够真实、直观地表现各装饰面的色彩，所以它对选材和施工也有重要作用。在初始阶段可用快速表现方式，反映出设计师的快速反应能力和高超的绘画技巧。在确定方案以后，再以电脑效果图的方式表现，给业主以真实感。注意这时的效果图一定要和平面图对应上。应指出的是，效果图表现装修效果，在实际工程施工中受材料、工艺的限制，往往很难完全达到。因此，实际装修效果与效果图有一定差距是合理、正常的（图1-6、图1-7）。

图1-6　飒絮发型设计昆泰店效果图之一

图1-7　飒絮发型设计昆泰店效果图之二

（4）施工图。

施工图是装修得以进行的依据，具体指导每个工种、工序的施工。施工图把结构要求、材料构成及施工的工艺技术等要求用图纸的形式交待给施工人员，以便准确、顺利地组织和完成工程。施工图在方案审定后进行，设计阶段需要补充施工所必要的有关平面布置、室内立面和顶棚平面等图纸，还需包括构造节点详图、细部大样图以及构造、尺寸和材料的标注都要明确示意，必要时还应包括水、暖、电等配套设施设计图纸，以供报批施工使用。施工立面图是室内墙面与装饰物的正投影图，标明了室内的标高、吊顶装修的尺寸及梯次造型的相互关系尺寸，墙面装饰的式样及材料、位置尺寸，墙面与门、窗、隔断的高度尺寸，墙与顶、地的衔接方式等，标注有详细尺寸、工艺做法及施工要求。节点图是两个以上装饰面的汇交点，按垂直或水平方向切开，以标明装饰面之间的对接方式和固定方法。节点图应详细表现出装饰面连接处的构造，注有详细的尺寸和收口、封边的施工方法（飒絮发型设计昆泰店施工图实例详见附录4）。

施工图除了用图形表现外，还可以用文字加以介绍，设计说明是以文字的形式把整体设计的背景、思路、处理手法、细节和所选用的材料及色彩逐一加以说明，使图面反映不出来的东西跃然纸上，全面、充实表达整个设计。

6. 室内设计方案实施

（1）工程预算。

当施工图绘制好后，施工方就可按施工图作预算了。建筑工程预算本身也是一门专业，它是由预算员依照当地颁发的《建设工程概算定额》来计算的。定额中主要材料一栏中有材料代号者为定额指导价，当实际市场供应价格与定额指导价中的供应价格发生价差时，要与业主磋商取得认同。除定额规定允许调整或换算外，不得因工程的施工组织、施工方法、材料消耗等与定额规定所不同而进行调整。

工程费用组成为：工程费用＝主材费＋辅助材料费＋人工费＋管理费＋税金。

其中：主材费是指在装饰装修施工中按施工面积单项工程涉及的成品和半成品的材料费。如卫生洁具、地板、门、油漆涂料、灯具、墙地砖等，这些费用透明度较高，其大约占整个工程费用的50％；

辅助材料费是指装饰装修施工中所消耗的难以明确计算的材料，如钉子、螺钉、水泥、砂子、木料以及油漆刷子、砂纸、电线、小五金等。这些材料损耗较多，也难以具体计算，这项费用一般占到整个工程费用的10％；

人工费是指整个工程中所耗的工人工资，其中包括工人的工资、工人上交劳动市场的管理费和临时户口费、医疗费、交通费、劳保用品费以及使用工具的机械消耗费等。这项费用一般占整个工程费用的30％左右；

管理费是指装饰装修企业在管理中所发生的费用，其中包括利润。如企业业务人员、行政管理人员的工资、企业办公费用、房租、通信费、交通费及管理人员的社会保障费用及企业固定资产折旧费用等；

税金：是指企业在承接工程业务的经营中向国家所交纳的法定税金。

（2）施工监理。

当业主和施工方签订施工承包合同后，施工方便可以开始施工了。一般的施工工序是：进场后按图纸布线，如果是旧楼改造还需先拆旧、清理现场，然后综合布线。综合布线包括照明、电脑、音响、暖气、给水、排水、消防喷淋、烟感器、气体消防等线路。施工内容要先后交叉进行，先上瓦工、木工，后上油工。先做吊顶、墙面装修，后铺地面、粉刷、油漆，最终安装相应设备并进行安全调试。在整个施工中，设计师应关心工地的施工进展情况，及时选择或提供材料样板，与工长积极配合并解决施工中所遇到的各种问题（图1-8、图1-9、图1-10、图1-11）。

图1-8 施工现场
飒絮发型设计昆泰店

图1-9 施工现场
飒絮发型设计昆泰店

在所有装修施工结束后，应由设计师和业主共同协商配置设备、家具、灯具，挑选织物、绿化和陈设品，这样才能算真正完成了一件室内设计作品（图1-12、图1-13、图1-14、图1-15）。

图1-10 施工现场
飒絮发型设计昆泰店

图1-11 施工现场
飒絮发型设计昆泰店

图1-12 等候区
飒絮发型设计昆泰店

图1-13 前台收银部分
飒絮发型设计昆泰店

图1-14 剪发区和染发区
飒絮发型设计昆泰店

图1-15 贵宾圆形镜台
飒絮发型设计昆泰店

第二节 公共空间室内设计风格的定位

"风格"即风度品格,体现室内设计创作中的艺术特色和个性,每一个公共空间的室内都可归为一种风格,只是有的明确,有的模糊罢了。在设计之前对特定环境进行风格定位的好处是,使整个设计自始至终目标明确。虽然设计过程看起来是对空间、造型、色彩、照明、材质、艺术品等的表现,但由于在设计初始已有了风格定位,在整个过程中,就不会偏离方向。对于公共空间室内设计风格的定位,不要只考虑流行,而首先要考虑适合公共空间的类型和使用人的身份。

室内设计风格的变化如同时装,更新周期日益缩短,推陈出新的速度是不以人的意志为转移的。而且人们对室内设计风格和气氛的欣赏和追求,也是随着时间的推移在改变。在设计形式、设计风格上多元化的格局已经形成,没有哪一种风格流派能够一统天下,也没有什么权威能去剥夺某些风格存在的权力。当今时代多元化的形式之间只有主流和非主流之分。公共空间室内设计由于不同类型的空间众多,不同的人群需求也是众口难调,所以非主流的设计样式在小范围内也有存在的可能与价值。

如今已出现的室内设计风格数不胜数,各种风格细分开来,又能分成若干枝杈来,虽然有些设计风格可能不再流行,也可能永远也不会再现历史,但它的出现,总能给设计师提供一种范例,在设计时予以参考,并努力形成自身的设计特征。

一、公共空间室内氛围营造

公共空间室内设计不只是简单的装修,也不仅是一般意义上的美化。公共空间室内设计应当是充分满足室内空间的性质与用途,通过对空间、造型、细节、色彩、照明、材质、艺术品等进行整体设计,既要满足不同的使用功能,同时又具有特定的艺术形式所反映的审美价值。室内所有的一切都是一个整体,都是为一个主题服务的。一个只具备功能性的设计通常缺乏特色,所以追求高境界是公共空间室内设计的主旨,公共空间室内设计应以境界为最上。

1. 公共空间室内设计的情感追求

在公共空间室内设计中,对特定情感的追求与表现是十分重要的,是一个设计的成功关键。从形式上看起来是在推敲诸如墙面、地面、顶棚等实体的设计,而实质上是要通过这些手段,达到创造理想空间氛围的目的。所以对于不同的设计要进行不同的设计分类和设计定位,从而做出与之相应的设计方案。单纯注重功能的合理性是不够的,其独特的设计所带来的心理和精神上的满足同样很重要(图1-16)。情感是一种直觉的、主观的心理活动,主要通过视觉的体验来获得。每一个室内空间都能给人

图1-16 顶棚设计样式符合孩子心理
金源时代购物中心

带来不同的心理感受,所以室内设计必须满足人类情感的需求。设计的魅力是心理现象,是发自内心的感召,好的设计对人心灵的震撼具有戏剧、小说同样的效果。

2. 公共空间室内设计符号的运用

室内环境设计中,为了情感交流,为了营造艺术氛围,可以采取符号性手法进行设计。符号这种简化的形式非常适宜表达某种场景,是一种创造性的手段,且具有强烈的艺术效果。

富有创造力的设计师能把生活中有意义的东西变成视觉符号,运用于设计当中。室内环境设计是一个整体,符号化方法只是营造艺术氛围、表现设计思想的一种手段。符号的选用与创造,充分体现设计师艺术功底与素养。

任何视觉符号都有一定的文化内涵,它们必须围绕着一个特定的主题有机地结合在一起。这里视觉符号是一种艺术符号,也是表现性符号。符号的使用与创造一定要准确、要恰如其份,要与其他造型因素相统一并形成整体(图1-17、图1-18、图1-19、图1-20)。

图1-17 装饰符号用于过梁
飒絮发型设计昆泰店

图1-18 装饰符号用于矮隔断
飒絮发型设计昆泰店

图1-19 装饰符号用于更衣柜门
飒絮发型设计昆泰店

图1-20 装饰符号用于收银台
飒絮发型设计昆泰店

二、具有代表性的室内风格样式

室内设计风格的形成是不同时代思潮和地区特点通过创作构思而表现出来的,并逐渐发展成为具有代表性的室内设计形式。一种典型风格的形成,通常是和当地的人文因素和自然条件密切相关，又要有创作中的构思和造型的特点，形成风格的外在和内在因素。

1. 简约的室内设计风格

简约的风格是当今最流行的风格样式，它不是一种主义或者一种表面的现象，它更像一种思维的方式。如同艺术中抽象这个思维方法，即把一些物质或精华的部分表达出来。这种思维的方法很适合现代，因为现代要面对很多错综复杂的情况，把简约作为一种思维的方法，作为解决复杂问题的方法是永远不会落后的。简约并不意味着平淡，简约不是单调，简约更不是苍白，简约同样要有丰富的层次。通过发现简单材料的内在美，经过和谐的表现，营造出艺术的氛围。现在，有越来越多的人将"极简"作为一种生活态度，以此去对待设计、装饰和生活。

"简约"的定义很广，随着人类社会的进步而变化，简约经历了由以往的古典豪华的"越多越好"走到极端简约的"什么也没有"，现在的简约是"以人为本"，是随着人们生活的需要、喜好及文化背景而发展的，它不会停滞不前，新的元素只会令简约演绎得更现代、更时尚，因此，简约这个潮流将会延续下去（图1-21）。

2. 自然的室内设计风格

自然风格也是当今大多数人喜爱的一种形式，现在生活节奏快，心理压力大，许多整天在工商业圈子里打转的人，他们对环境的原始性与自然性有着强烈的需求。原始的、自然的环境正好满足了这些人的需求。随着环境保护意识的增长，人们向往自然，强调自然色彩和天然材料的应用，在此基础上创造新的材质效果。自然风格在室内环境中力求表现悠闲、舒畅、自然的生活情趣，也常采用天然木、石、藤、竹、织物等材质质朴的天然材料，显示材料的纹理，巧于设置室内绿化，创造自然、简朴、高雅的

图1-21 简约的风格
巴塞罗那

氛围。自然风格倡导"回归自然"，美学上推崇自然、结合自然，才能在当今高科技、高节奏的社会生活中，使人们取得生理和心理的平衡（图1-22）。

图1-22 自然的空间氛围
维也纳

3. 涂饰平面的室内设计风格

这种简便的平面涂饰，在保留原有空间形态的前提下，既处理了空间，又丰富了室内空间形象，创造出了特殊的环境气氛，是公共空间中较适宜的一种设计手段。因为不受构件限制的涂饰易于更新变换，涂饰平面风格在室内的应用也就越来越普及。同时涂饰平面的设计手法，具有改变场所面貌的简便、快速的特点，很少的投资便可以使其功能快速改变（图1-23）。

4. 中国传统的室内风格

中国传统的室内风格，千百年来在一种与外部世界较少交流的环境里，通过世代相传，逐步完善而流传下来，这种相对独立的状态形成了具有浓重民族特征的艺术风格，反映出鲜明的民族个性。中国传统的室内，常运用格扇门罩以及博古架等物件对空间进行多种划分，采用天花藻井、雕梁、斗栱加以美化，并以中国字画和陈设艺术品等作为点缀，创造出一种含蓄而高雅的氛围，特别是经历

图1-23 平面涂饰的墙和顶
维也纳实用美术馆

了千百年的发展完善，形成了中国建筑室内固有的传统风格样式。中国传统建筑室内设计，通常还表现为室内对称的空间形式，在多数的厅堂中，梁架、斗栱等都是以其结构和装饰的双重作用成为室内设计表现的一种艺术形象。从大量的宫殿建筑中的室内天花藻井、家具、陈设、字画、装修等多方面因素中，均可以把它们作为一个组合得较为完美的一个整体空间进行设计。室内除了固定的隔断外，还有移动的屏风、半敞开的罩、博古架等与家具相结合，对于组织空间起到了增加层次和厚度的作用。在色彩的处理上，中国北方宫殿建筑室内的梁、柱常用红色，天花藻井并绘有多种多样的彩画，用鲜明吉祥的色彩取得对比调和的效果。中国南方的建筑室内风格则常用冷色调，白墙、灰砖、黑瓦，色调对比强烈，形成了江南特有的秀丽[3]。

现今较流行的是将中国古典元素用现代人的眼光编织进环境当中，让流行与经典同列一室，用古典的中国元素来构成新概念和新视觉。古典气质不仅从空间、从地道的家具和配饰中散发，更要从室内的每一个细节中流露，传递出地道的古典韵味。公认的中国造型艺术符号，如红柱、大红灯笼，中国字的匾额及对联、中国式花窗、明清风味的木家具等，它营造出了中国传统文化的氛围。古典风格是对设计师文化素养的挑战（图1-24）。

图1-24 仿中国传统风格
北京泰和顺酒楼

[3] 刘兴华. 浅析中国室内设计的发展方向

5. 新派的中国室内风格

在西方设计界流传着一个观点："没有中国元素，就没有贵气。"由此中式风格的魅力可见一斑。创新中国风格，是一个不断探求与积累的过程。作为一名中国设计师应努力使自己的设计不仅具有现代美感，同时也要具有本民族的特征。

日本的经验告诉我们，要现代化而不是西洋化，继承传统的应是灵魂，我们要在新的技术条件下，既尊重传统，又尊重现实，又要勇于创新，创造出一种新派的当代中国室内设计风格。其实，更精华、更值得研究并借鉴的还有许多属于文化深层的、哲理性的内容。这种空间形态，有许多深层的内涵。从当今的一些室内设计作品中可以看出设计师对传统文化和现代文化融合已进行了较为深入的研究，通过艺术语言综合、重构，使简练的室内界面及空间形态蕴涵较深厚的文化神韵和意境（图1-25）。

图1-25 演绎后的中国风格

清华大学熙春园

6. 欧式传统的室内风格

欧式传统风格与其他风格相比，最显豪华气派，装修上也最容易出效果，因而受到广泛欢迎。如模仿欧洲英国维多利亚或法国路易式的室内装饰和家具款式。其特点是强调古典风格的比例、尺度，对复杂的装饰予以简单化或抽象化。借用欧式古典装饰语汇和经典的欧式建筑线脚、柱式，通过提炼建立一种欧式感觉，却不失豪华气派。整个欧式风格所表达的古典氛围，来自设计师对欧式传统艺术的深度体验（图1-26、图1-27）。

图1-26 欧式风格

北京拉斐特城堡

图1-27 欧式风格

巴黎服装馆

7. 混搭的室内风格

室内布置中有既趋于现代实用，又吸取传统的特征，在设计与陈设中融古今中西于一体，例如传统的屏风、摆设和茶几，配以现代风格的墙面及门窗装修、新型的沙发；欧式古典的灯具和壁面装饰，配以东方传统的家具和埃及的陈设、小品等。混搭的室内风格虽然在设计中不拘一格，运用多种体例，但设计中仍然需要匠心独具，深入推敲形体、色彩、材质等方面的总体构图和视觉效果（图1-28）。

图1-28 中式与欧式装饰混合处理

三、公共空间室内陈设

陈设品对室内风格的影响是很明显的，它可加强或减弱设计目标中的风格倾向。公共空间中的陈设品是有其自身的不同特点，环境变了，陈设物也应该相应的改变。陈设品本身也很重要，若是人们司空见惯的物品，就很难给人留下深刻的印象，所以公共空间室内陈设品应是为不同的公共空间而特别设计和选用的（图1-29）。

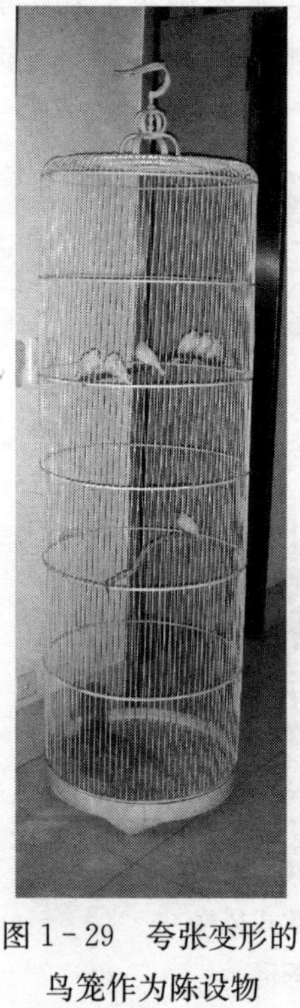

1. 公共空间室内陈设的作用

室内陈设设计是室内设计的重要组成部分。陈设艺术设计是在室内设计的基础上作进一步深入细致的设计工作，从而体现出文化层次，以获得良好的艺术效果。"陈设"二字作为动词有排列、布置、安排、展示的含义；作为名词又有摆放之意。现代意义的"陈设"与传统的"摆设"有相通之处。

陈设物是室内环境中最易变更、最具有"生命力"的东西，但一般人往往忽略了它的真正功效。在室内环境中，陈设物往往扮演着"画龙点睛"的重要作用，表面看来陈设物似乎只是室内空间中的视觉焦点，但实际上好的陈设物不但可以让使用者心情舒畅，而且对使用者的气质个性培养，也具有潜移默化的效果。陈设物品其本身可以没有什么实用价值，纯属观赏，然而陈设物品可以显示出生活格调。

陈设物的自身美感非常重要，它是衡量室内陈设品位高低的关键，一定要精心设计与认真挑选，但一定要以不影响整体美感为前提。

图1-29 夸张变形的
鸟笼作为陈设物
沈阳云上茶堂

2. 公共空间室内陈设物的分类

(1) 公共设施。

公共设施是公共空间室内中重要的组成部分，它除了其本身的功能外，还具有装饰性与意象性，直接影响着公共空间的设计品质。这些设施虽然体量不大，却能反映出一个城市的经济以及文化水准。公共设施的功能是应公众在公共场所中进行活动的各种不同需求而产生的。这是公共设施存在的前提。

图1-30　指示作用的陈设物
北京万象新天售楼处

城市人口集中，为了高效、方便，许多公共空间配有交通系统中电脑问讯、解答、向导系统，自动售票检票，自动开启、关闭进出站口通道等设施，给人们带来高效率和方便。其中，有为公众在公共场所中进行活动时提供各种方便而设置的，包括：座椅、垃圾桶、电话亭；有为人们在公共场所活动时起到引导、指示、确定方位等功能而设置的，包括：指示牌、时钟、广告、招牌、展示橱窗等。这些设施可由设计师结合环境进行设计，以增添环境的情趣与变化（图1-30、图1-31）。

图1-31　座凳
北京万象新天售楼处

图1-32　与绿化组合一起的座凳
德国火车站

公共设施在造型上的主观表达固然重要，但使设计物在发挥其功能的同时，去有效地呼应环境特性，是更深层次的文化表达，它的材料、结构与造型对环境所造成的视觉含义是不容忽视的（图1-32）。

(2) 家具陈设。

家具是室内设计中的一个重要组成部分，是陈设中的主体。其一是实用性，家具在室内与人的各种活动中的关系最为密切。其二是装饰性，家具是体现室内气氛和艺术效果的主要角色。一个房间，几件家具摆放后，基本上定下了主调（图1-33）。而家具的改变就

17

图1-33 装饰性家具陈设
沈阳云上茶堂

能影响人情绪上的变化,在小说《羊的门》里有这样一段描述能反映出单就家具形态和材质的改变就对人心理造成的影响:"——会议室里摆放的本来都是藤椅,一色儿的藤条椅子,可突然有一天,椅子全换了,王华欣坐的那个位置换的是皮转椅,其他位置换的是折叠椅,虽然都是黑色的,可这一换,差别就大了,位置上的差别,带来了心理上的差别,在议到什么的时候,人们的心理就发生了很微妙的变化,到了关键的时刻,一般都是王书记(王华欣)的意见成了最后定论"。

家具不但是人们生活的必需品,也能综合反映一个时代经济、文化、生产的水平,随着人民生活质量的逐年提高,人们对于家具的质量、功能、艺术造型上的要求也随之越来越高,这就需要设计师要顺应时代的发展,进行设计选用。

(3)公共艺术。

公共艺术涉及的范围很广,它包括雕塑、绘画、摄影、广告、影像、表演、音乐等形式。公共艺术作品自身的价值虽为主要因素,但却脱离不了环境对它的制约和要求,公共艺术在公共空间中扮演着提升文化层面的角色(图1-34)。

图1-34 电话和羊结合创作的公共艺术品置于公共空间中
法兰克福邮电博物馆

公共艺术作为置于公共场所中的艺术作品,首先应具有与公众产生交流的性质,它不是完全独立的作品,公众对作品应可及并参与,甚至触摸。

公共艺术一向与它所存在的时代有着不可分离的互动关系,不论是时代影响艺术风格,还是艺术的前卫精神带动时代的风潮,可以说艺术反映了时代,时代产生了艺术。公共艺术的展现形态是千变万化的，它可以是一幅壁画，可以是座丰碑式的雕塑，可以是一组具观赏与娱乐的喷泉，但它必须受制于特定的人文环境和空间特质，才能展现出它独特的艺术魅力。

（4）古董文物。

古董可以是真品，也可以是现代人做的仿制品，一件过去的物品，一个年代久远的古董，无论价值多少，都会引发人们心灵深处对于文化的一些思考。如：仿明清时期的家具木雕，能体现浓重的中国传统文化，是众多公共空间中喜用的一种陈列物品，简洁流畅的线条及复杂精细的木工技术集于一身，这些家具的严谨、细致与现代的室内环境也相匹配（图1-35）。

（5）绿化陈设。

图1-35 古典家具置于
公共空间中
北京飒絮发型设计昆泰店

室内植物作为装饰性的陈设，比其他任何陈设更具有生机和魅力。现代建筑空间大多是由直线形构件所组合的几何体，令人感觉生硬冷漠。利用绿化中植物特有的曲线、多姿的形态、柔软的质感、悦目的色彩，可以改变人们对空间的空旷、生硬等不良感觉（图1-36）。

在室内布置一片园林，从而创造出庭园化的室内空间效果，是现代建筑中广泛应用的设计手法。特别是在室外绿化场地缺乏或所在地区气候条件较差的情况下，室内庭园的建造为人们开辟了一个不受外界自然条件限制且四季常青的园地。室内设计室外化是种常见的设计手法，通过在室内运用一些室外元素，把室内做得如同室外一般，置身其中，犹如身处充满生机的自然环境中。

图1-36 植物在室内柔化空间　　　图1-37 室内植物置于人适宜观赏的高度
巴黎卢佛尔宫　　　　　　　　　　北京金源时代购物中心

植物的配置需十分注意所在场所的整体关系，要把握好它与环境其他形象的比例尺度，尤其是要把植物置于人视域的合适位置。如大尺度的植物，一般多置于靠近空间实体的墙、柱等较为安定的空间，与人群通道空间保持一定的距离，以便于人观赏其植物的杆、枝、叶等整体。中等尺度的植物可放在略低于人视平线的位置，便于人观赏植物的叶、花、果等局部；小尺度的植物往往以其小巧而出奇制胜，一般置于搁板之上或悬吊空中，便于人全方位观赏。选择植物还要考虑房间的朝向和光照条件。要选择那些形态优美、装饰性强、季节性不太明显和容易在室内成活的植物（图1-37）。

通过以上对公共空间室内设计的特征和任务以及范例比较形象的概括介绍，说明了公共空间室内设计整体要把握的重点和相关的内容，具体的设计要点与练习参见后续章节。

第二章 公共空间室内视觉造型

视觉造型是一种有意识、有目的的创造行为，不仅要运用特定的技术与工艺，也要依靠富有创造力的艺术来进行处理与表现，在室内设计中必须综合运用技术与艺术的手段进行视觉表现，赋予室内空间一种特殊的视觉感受和空间效果[4]。

室内视觉造型可以从以下四个方面分别实现：

1. 采用空间造型的手段，利用形体来表现。先是大的空间划分，形态组合，可以涉及到墙、顶、地以及小的装饰构件。形体本身可以非常有变化，也可以简洁到什么也没有。

2. 采用色彩的手段，色彩完全可以不考虑形的存在，色彩本身就可以形成某个空间的特色，因而也成为影响空间的重要元素。设计中可以根据所设计的空间特点来选用色彩和进行色彩组配。色彩具有很强的可识别性，通过对色彩边界进行造型处理，在一定条件下可以改变物体的外形在视觉中的表现。

3. 通过照明的设计，可使空间形象大为改观。明亮的光线会使空间开阔，显得轻松。而低照度的光线会使空间产生压缩。光的出现可以影响到空间的色彩变化与造型变化，可以理解成光可以作为一种造型手段，能加强空间立体效果，营造整体的环境氛围，所以光也是一种材料，至少它是一种改变原有材料特性的辅助材料，就像室内立面的涂料一样，它可以独立存在或是依托于一些媒介存在。

4. 所有前边所谈到的造型、色彩、照明最后都需要用具体的材料实现，材料设计也是进行空间塑造的一种方式。利用材料的质感可以调整空间的比例，形成特定的气氛和意境。光洁的材质易使空间显得开敞，粗糙的材料可以使空间显得紧凑。材料的认定与选择会直接影响到最终的视觉效果，可以通过不同的材质之间的对比并进行材质的创新设计，来体现空间意境与氛围。

第一节 公共空间室内造型设计

空间造型是对建筑所提供的内部空间进行处理，在建筑设计的基础上进一步调整空间的尺度和比例，解决好空间与空间之间的衔接、对比、统一等问题。当设计师看完建筑图纸时，首先要对室内空间进行调整，在不影响结构的情况下，根据业主要求和设计思想更加合理的运用空间，协调好空间之间的转换关系，利用有利条件，排除不利因素，使室内设计更加舒适化、科学化和艺术化。按照空间处理的要求把空间围护体的几个界面，即对墙面、地面、顶棚等进行处理，包括了对分割空间的实体、半实体的处理，即对建筑构造

---

[4] 郝大鹏. 室内设计方法. 西南师范大学出版社，P61

体有关部分进行设计处理。

一、室内空间的特性

空间的美是以它宜人的尺度、深刻的艺术内涵来表现的，在一个成功的设计中，除满足功能以外，不同性质的房间应各具独特的形式。现代室内空间不应该只满足于那些静态的、均衡的空间，处处给人一种四平八稳，没有明显个性的空间感受，它的空间应该按照功能的需要和人们活动的实际情况来组织，有动有静、有分有合，给人一种充满生机的感受（图2-1）。

1. 人对室内空间的感受

图2-1 独特的空间形式
德国三角形美术馆

人对室内空间的感受和体验是由人的整个身躯和所有知觉包括逻辑的判断而感受到的。通过人的眼、耳、鼻、皮肤、肌体等器官不断输送到大脑，其中眼睛需要感受到连续的视觉形象。人在一秒钟之内可以捕捉到18个不同的动与静的物体和由各种线、面、体、棱、角和颜色构成的图形；耳则能听到室内空间环境的背景声，如人声、水声、音乐及各种活动和机械发出的种种不明显的声音；人的皮肤与肌肉又随时都在感触各种不同软硬、粗细的材质以及周围环境的不同温度和湿度的影响，如果失去了这些信息，人的各种感受将无法存在。

2. 空间的形状

空间的形状将直接影响到室内空间的造型，室内空间的造型又直接受到限定空间方式的影响，室内空间的高低、大小、曲直、开合等都影响着人们对空间的感受，因此室内空间的形状可以说是由其周围物体的边界所限定的，包括平面形状（图2-2、图2-3）。

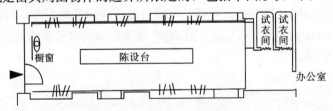

图2-2 矩形规则的平面

常见的室内空间一般呈矩形平面的长方形。空间的长、宽、高不同，形状也可以有多种多样的变化。不同形状的空间不仅会使人产生不同的感受，甚至还要影响到人的心理情绪。一个窄而高的空间，由于竖向的方向性比较强烈，会使人产生向上的感受。高耸的教堂所特有的又窄又高的室内空间，正是利用空间的几何形状，而使人产生一种满怀祈求和超越一切的精神力量。室内设计的关键在于既要保证其特定的功能要求的合理性，又要注入一定的艺术想像力，只有这样，才能称其为有特色的室内空间。

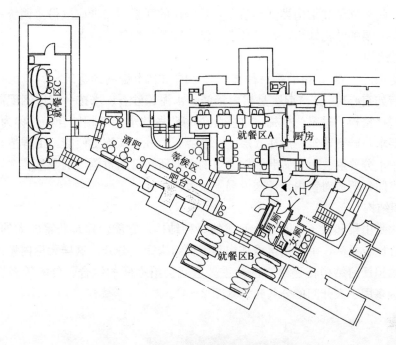

图 2-3 不规则的平面

使用功能决定空间形状。仅有合适的大小，没有合适的形状，也不能满足功能的要求，所以须尽量调整。如三角形、圆弧形、多边形等不规则的房间，这部分空间在使用上很不方便，视觉感受差，做好不规则空间设计是设计中的难点，必须下足功夫，才能合理利用空间。尤其那些不规则的斜角，经过空间的调整，原本在一般人眼光中视为缺憾的角很可能反而会变得生动。

3. 建筑结构

室内空间造型是建立在由建筑结构形式造就的原空间基础之上的，甚至有时原结构形式还对室内空间造型起着重要作用，对创造室内空间整体效果和审美意境发挥出其独特的魅力。作为结构形式，它只是一种手段，虽然同时服务于功能和审美这双重目的，但是就互相之间的制约而言，它和功能的关系显然要紧密得多。任何一种结果形式都不是凭空出现的，它都是为了适应一定的功能要求而被人们创造出来。任何一种结构形式，一旦失去了功能价值便失去了存在的意义。为取得较经济的效果，可以采用砖混结构；为适应灵活划分空间的要求，可以采用框架承重的结构；为求得巨大的室内空间，则必须采用大跨度结构。每种结构形式由于受力情况不同，结构构件的组成方法不同，所形成的空间形式必然是既有其特点又有其局限性。在现代技术日益发达的今天，对建筑的原结构形式如何利用、驾驭，使之更充分的融入室内空间，是室内设计师的重要任务之一。室内的原结构形式，对空间的整体效果固然有形式上可利用的一面，但并非完美无缺，有时受空调、照明、消防等设备管线的制约，使其结构的形式美无法充分展现，这就需要在利用结构构架基础上进行再加工。

对室内进行空间调整的前提应先了解建筑结构，才能根据具体结构情况作适当的空间调整。室内空间的创新和结构类型的条件有着密切的联系,二者应取得协调统一,这就要求设计者具备必要的结构知识,熟悉和掌握结构体系的性能、特点。

(1) 砖混结构

砖混结构中的"砖",指的是一种统一尺寸的由黏土烧制的建筑材料,也有其他尺寸的异型黏土砖如空心砖等。"混"是指由钢筋、水泥、砂石、水按一定比例配制的钢筋混凝土配料,包括楼板、过梁、楼梯。这些配件与砖做的承重墙相结合,总称为砖混结构。由于抗震的要求,砖混建筑一般在5层、6层以下。由于其施工便捷,工程造价低廉,故在多层建筑中十分普遍。由于砖混结构建筑的内部所布置承重隔墙的数量较多,不能自由灵活地分隔空间,所以对室内设计来说局限很大。

(2) 框架结构

框架结构是由梁和柱子共同组合而成的一种结构。它能使建筑获得较大的室内空间,而且平面布置比较灵活,由于把承重结构和围护结构完全分开,这样无论内墙或外墙,除自重外均不承担任何结构传递给它的荷重。这就会给空间的组合、分隔带来极大的灵活性,此种结构多用于大开间的公共建筑(图2-4)。

图2-4 典型的框架结构

(3) 剪力墙结构

剪力墙结构是高层建筑中常用的一种结构形式,它全部由剪力墙承重,不设框架,这种体系实质上是将传统的砖石结构布置搬到钢筋混凝土结构上来,在建筑平面布置中,有一部分是钢筋混凝土剪力墙,另外则是轻质隔墙,有足够的刚度来抵抗水平荷载。剪力墙结构的建筑平面在设计时会受到一些限制,只有轻质的隔墙可以拆除。

(4) 筒体结构

筒体结构具有极大的强度和刚度,建筑布置灵活,可以形成较大的空间,尤其适用于商业建筑。由两个筒体组成的称为筒中筒结构,它是由外筒和内筒通过刚度很大的楼板平面结构连接成整体而组成。外筒体往往多为由密排柱以及连接密排柱的截面较大的窗间墙梁所组成。外筒就是外部框架筒,内筒体一般是由电梯间、楼梯间等组成的薄壁井筒。这种筒中筒结构体系对于抗侧向水平力的能力极强,在超高层建筑中被广泛应用。

(5) 钢结构

主要承重构件全部采用钢材制作,它与钢筋混凝土建筑相比自重较轻,能建超高摩天大楼,又由于其材料的特殊性,能制成大跨度、高净高的空间,特别适合大型公共建筑。单纯从价格方面考虑,纯钢结构约是混凝土结构造价的 2 倍左右,钢和混凝土组合结构约是混凝土结构造价的 1.5 倍左右。但从综合效益方面考虑,钢结构建筑明显优于其他结构。钢结构自重轻,节约基础造价,钢结构可塑性强、韧性好,具有良好的抗震性能,无承重墙,结构占用面积少,增加建筑有效使用面积,空间可变性强,灵活分隔,弹性使用,减少室内设计限制,施工速度快,缩短工期,这些都是其他结构类型无法比拟的(图 2-5)。

图 2-5 典型的钢结构

二、空间的调整

室内设计中的空间处理就是对室内内部空间进行比例尺度等方面的调整,它是评判一个设计优劣的基本标准,因此掌握空间处理手法对一个设计师来讲尤为重要。一般设计师在着手空间设计之前,要充分了解该室内所提供的空间特点,业主在使用功能上的需求和审美上的需求等,在这个基础上再来思考如何处理空间。空间的合理化是设计的基本任务,不要拘泥于旧的空间形象。应通过恰当的空间组织,让人们获得更多的阳光,新鲜的空气和室外景色,从而提高室内的环境质量(图 2-6、图 2-7)。

1. 空间的划分与动线

空间划分是室内设计的重要内容。从哲学的角度说空间是无限的,但是在无限的空间中,许多自然和人为的空间又是有限的,怎样利用这有限的空间,使它得到合理的划分,是我们需要着重解决的问题。

空间的动线即是空间中人流的路线,是影响空间形态的主要动态要素。对室内的动线要求主要有两个方面:一是视觉心理方面,二是功能使用方面。动线组织空间序列可按其功能特点和性格特征而分别选择不同类型的空间序列形式。其可以是单向的,带有一定强制性,如博物馆、展览馆空间等,特点是空间序列的组织与人流路线相一致,方向性也很明确,还有就是多向的,它的空间方向性不甚明确,带有多向的特性,形式较为轻松、活泼,富有情趣。组织空间序列,首先既要有主要人流路线逐一展开的一连串空间,又要兼顾到其他辅助人流路线的空间序列安排,二者互相衬托,主次分明。空间之间可以相互连贯、相互渗透、相互流动,人们随着视线的移动可以得到不断变化的视觉效果。

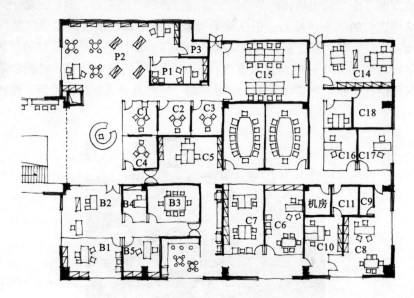

图2-6 调整前的平面房间采光效果不理想

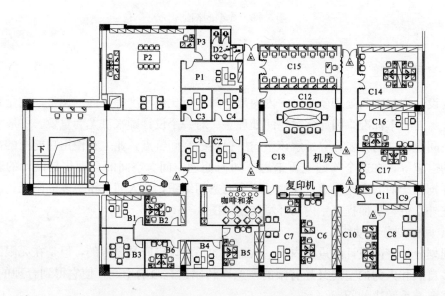

图2-7 调整后的平面房间采光效果较为理想

一般来说,在平面图中我们能作一些功能上的划分,但只此一种方法,还远不能满足室内设计的需求。一般人们总是喜欢从竖向分割空间,而不太习惯用另一种方式划分。实际上增加横向的划分,能使有限的空间变得无限,能使无趣的空间变得更有趣。

2. 空间布局

空间布局是设计构思表现的重要环节，是将抽象的室内使用功能以空间布局的形式表现出来，比如，各个功能的分布、室内家具的位置、数量及相互关系。在设计当中，一般多采用均衡的、不规则的构图形式，以便根据功能需要划分空间，同时不对称的构图多带来活泼的、丰富的视觉效果。均衡给人以灵活、变化、动感等心理感受；斜向空间则给人带来的方向性更强，动感也更强，因此这种方向性较强的空间也容易使人产生心理上的不稳定。斜向可为规整的空间带来变化（图2-8）。在室内空间中，曲线总是显得比直线更富有变化，更丰富和复杂。对称经常运用于较庄重的环境，对称给人以秩序、稳定、庄重等心理感受。

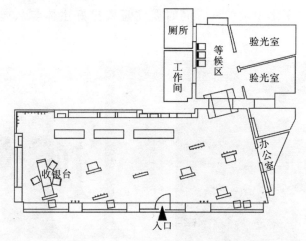

图2-8 斜向的布局带来动感效果
眼镜店平面图

3. 空间的利用

充分利用空间是空间设计的一项重要内容，这里所说的利用空间有两个不同的含义，一是如何利用剩余空间，在室内空间中，有许多边角如能加以利用，不但能发挥投资效益，还有利于保持空间的完整性。二是空间设置的多功能性。一个空间同时可具备两种或两种以上的功能存在。一些空间无论在功能实用方面还是在空间造型的艺术处理方面都不大尽如人意；特别在空间的利用方面显得更为突出，有些大空间本身就因先天不足而不大理想，要么感觉呆板、平庸，大而无当；要么就是不能较好的满足使用要求，既浪费了空间，又不能形成良好的艺术效果，对此，常见的手法如通过设置夹层来弥补大空间的空旷感。

4. 空间的尺度

对于公共活动来讲，过小或过低的空间会使人感到局限和压抑，这样的尺度感也会影响空间的公共性。而出于功能要求，公共空间一般都具有较大的面积和高度，如酒店共享空间、银行营业大厅、博物馆等，从功能上看要具有宏伟的气氛，都要求有大尺度的空间，这也是功能与精神所要求的。那些历史上的教堂建筑，其异乎寻常高大的室内空间尺度，主要不是由于功能使用要求，而是精神方面的要求所决定的。

欧美国家的空间着重于"隐私"，亦即独立使用的空间。因此空间概念创造提出了"亲密距离"、"个人距离"、"社会距离"、"公众距离"等。"距离学"即提出了空间的规范，规划出缓冲免于物理、心理威胁的侵犯；"亲密距离"，40cm内；"个人距离"，40～100cm，如一般说话距离；"社会距离"，1～3m之间如座谈、面谈之距离；"公众距离"，3m以上，如演讲、上课等活动距离。

5. 空间形态设计法则

(1) 统一

统一反映在造型的设计中，就是调和。就是在任何设计中，必须求得整体的调和、统一；必须有适度的对比和变化，这样方可算得上既和谐优美，又活泼而表现丰富的佳作。在统一中有变化，在变化中求统一，同时要注意安排好主体与从属部分的主次关系（图2-9）。

图2-9　条形的重复使用显得统一　　　　图2-10　不同高低的展台具有节奏感

(2) 变异

就是处在秩序性很强的设计形象群体中，有个别变异现象。表现形式就是在局部范围破坏这种规律，使这个局部显得很特殊，而引起观者的注意。这种构成形式，使人感到丰富变化，而且容易突出重点。在人们的视觉规律中，对于带有普遍秩序性的东西，给观者的视觉刺激作用较为一般，感觉平淡。而具有变异性质的事物，就会表现得奇特。所以，在设计中要有少量与众不同的造型，就会发挥其画龙点睛的效能。这是打破常规设计的一种可取的手法。

(3) 节奏

节奏富于理性，韵律则富于感性，设计中的节奏变化是以相似的形、色为单元作规律性重复（图2-10）。设计中的韵律所指是在空间中造成抑扬顿挫的变化，渐强、渐弱的韵律能打破单调沉闷，满足人们的精神享受。在空间序列中，空间与空间之间的衔接，通过一些小空间的过渡，一方面起空间收缩的作用，同时也可以借以加强序列的节奏感。空间的序列组织实际上就是在保证功能关系合理，从而形成一个有效的空间序列。

(4) 对比

一切事物都处在矛盾运动之中,造型设计中的对比,也就是形象之间的差异,这种差异就表现出设计形式的多种变化。一件好的作品,要有新奇的变化,这才能引起人们的视觉兴趣。作品的变化越丰富,就越能博得人们的观赏欲望。但是,这种变化不是无限度的,如果变化过多,其造型之间的差异太大,就会产生琐碎零乱的感觉。在一个整体当中,会使人感觉形象之间互不联系,各自为"政",甚至互相争夺,这就会使整体的良好秩序失去其美感。对比是指在造型中包含着相对的或矛盾的要素,比如,直线与曲线、圆形与方形、明与暗、大与小、虚与实均构成对比。调和是相同或相似的要素在一起,满足人们心理潜在的对秩序的追求。对比与调和相辅相成,过分的对比会造成刺激、不安定,过分的调和会造成平庸、单调,所以在视觉造型中必须注意把握对比与调和的适度。

(5) 重复

设计中的重复或再现,有助于空间整体与和谐统一,重复出现的构图要素,在某一方面有规律的逐渐变化,如加长、缩短、变宽、变窄,形成渐进的韵律。在人们观察事物的过程中,重复形象会扩大人们的观察视野,能够引起人们的视觉注意,容易形成视觉中心,因此,也往往会成为表现对象的重点。从美学角度来说,重复的造型能表现一种有秩序的视觉形象。由于这些相同的形象所产生的相互呼应作用,在客观效果上,使人感到有一种和谐的气氛。

(6) 重点

在整个内部空间中,一定要对空间作重点处理,而不是从形态上面面俱到,从而使人们的精力不能主要去注意其重点部位,无法给人留下深刻印象和视线停留,在空间中每种部件均具有其独特的造型、尺寸、色彩和肌理。这些特性协同其位置、朝向等要素共同决定了每一部件的视觉分量,既可以只有一个重点,也可有两个或以上的重点;它可以是壁画、雕塑,也可以是室内的结构构件和楼梯等,甚至可以是一个主立面。

三、室内空间的类型

空间有着各种不同的类型,室内设计师用空间来造型,正如雕刻家用泥土造型一样。把空间设计作为艺术品创作来看待,就是说,力求通过空间手段,使进入空间的人们能激起某种情绪。亨利·列斐伏尔(Henry Lefebvre)在《空间的生产》中,列举了众多的空间种类:绝对空间、抽象空间、共享空间、矛盾空间、文化空间、戏剧化空间、家族空间、休闲空间、生活空间、男性空间、精神空间、自然空间、中性空间、有机空间、创造性空间、物质空间、多重空间、现实空间、压抑空间、感觉空间、社会空间、透明空间、真实空间以及女性空间等。这种不厌其烦的空间分类方式表明了一点:空间从来就不是空洞的,它往往蕴涵着某种意义。尽管人们平时可能忽视空间,空间却影响着我们并控制着我们的精神活动。室内空间的多种类型是基于人们丰富多彩的物质和精神生活的需要。和外部空间联系面较大的称为开敞空间,和外部空间联系较少的称为封闭空间。

1. 开敞空间

空间的封闭或开敞会在很大程度上影响人的精神状态。开敞空间是外向性的,限定度和私密性较小,强调与周围环境的交流、渗透,讲究对景、借景,与大自然或周围空间的

图 2-11　开敞空间
法兰克福邮电博物馆

融合，和同样面积的封闭空间相比，要显得大些，开敞些。它可提供更多的室内外景观和扩大视野。在使用时开敞空间灵活性较大，便于经常改变室内布置。在空间性格上，开敞空间是开放性的，心理感觉表现为开朗、活跃（图2-11）。

2. 封闭空间

用限定性比较高的围护实体包围起来的，无论是视觉、听觉都有很强个性的空间称为封闭空间。其具有很强的区域感、安全感和私密性。这种空间与周围环境的流动性和渗透性几乎都不存在。空间的限定度较强，与周围环境联系较少，趋于封闭型；多为对称空间，可左右对称，亦可四面对称，除了向心以外，很少有其他的空间倾向，从而达到一种静态的平衡；多为尽端空间，空间序列到此结束，算是画上了句号。这类位置的空间私密性较强；空间及陈设的比例、尺度相对均衡、协调，无大起大落之感；空间的色调淡雅和谐、光线柔和、装饰简洁。

3. "母子"空间

"母子"空间是对空间的二次限定，是在原空间中用实体性或象征性的手法再限定出小空间（"子"空间），这种手法在许多空间设计中被广泛采用。它既满足于功能要求，又丰富了空间层次（图2-12）。许多子空间，往往因为有规律的排列而形成一种重复的韵律，它们既有一定的领域感和私密性，又与大空间有相当的沟通，"闹中取静"，很好地满足群体与个体在大空间中各得其所、融洽相处的一种空间类型。通过大空间划分成不同的小区，增强了亲切感和私密感，更好的满足了人们的心理需求，较好的满足了群体和个体的需要。

图 2-12　"母子"空间
巴黎现代馆

4. 共享空间

共享空间的产生是为了适应各种频繁的社会交往和丰富多彩的生活需要。它往往处于大型公共建筑内的公共活动中心和交通枢纽，含有多种多样的空间要素和设施，使人们无论在物质方面还是在精神方面都有较大的挑选余地，是综合性、多功能的灵活空间。共享空间的特点是大中有小、小中有大；外中有内，内中有外，相互穿插交错，富有流动性。通透的空间充分满足了"人看人"的心理需求。共享空间倾向把室外空间的特征引入室内，使大厅呈现花木繁茂、流水潺潺的景象，充满着浓郁的自然气息。加上露明的电梯和自动扶梯在光怪陆离的空间中上下穿梭，使共享空间充满动感，极富生命活力和人性气息（图2-13）。

图2-13 多数购物中心具备共享空间特征
金源时代购物中心

四、基本的室内造型元素

每个室内空间看似只是地面、顶棚、墙面、家具等不同材料、造型的组合，而实质上所构成空间内容及效果是很不相同的。就像音乐，相同的音符，不同的组合给人的感受相距甚远，可悲可喜、可扬可抑，就在作曲人的手中掌控。室内空间的各要素设计得不好，就会使其本质结果或是罗列堆砌，与原设计思路相去甚远；或是七拼八凑，成为格调低下的大杂烩；或是自以为别出心裁，实则是莫名其妙，俗不可耐。如何把握实体要素在空间中的状态，应遵循空间形式美的基本要领。

1. 墙体分割形式

室内空间要采取什么分隔方式，既要根据空间的特点和功能使用要求，又要考虑到空间的艺术特点和人的心理需求。空间各组成部分之间的关系，主要是通过分隔的方式来体现的，空间的分隔换种说法就是对空间的限定和再限定。至于空间的联系，就要看空间限定的程度（隔离声音、视线等）即限定度。同样的目的可以有不同的限定手法；同样的手法也可以有不同的限定程度。只围而不透的室内空间诚然会使人感到私密、闭塞，只透而不围的空间尽管开敞，但处在这样的空间中使人犹如置身室外，同样也失去了室内空间的意义。

（1）完全分割：这种分隔方法使空间界限异常分明，以实体墙面分隔空间，达到隔离视线、温湿度、声音的目的，形成一个独立的空间，具有很强的私密性。

（2）局部分割：使用非实体性的手段来划分空间，比如，不到顶的墙、屏风、家具、绿化、栏杆、悬垂物等手段，使空间仍具有部分的延伸感。空间界限不是十分明确，这种分隔形式形成的领域感和私密性不如绝对分隔来的强烈（图2-14、图2-15）。

（3）弹性分割：使用可活动的墙、推拉门、升降帘幕等手段，使空间可随需要而变化，随时开合，空间可大可小，可封闭可开敞。

2. 墙面造型的样式

墙面是室内空间限定的要素，它是空间的垂直组成部分。墙面的表现有助于室内空间的情调与气氛的烘托，是设计中重要部分。视觉心理学认为：人对空白存在着先天的恐惧感，当人注视一个墙面、一个空间时，目光总是要寻求一个"栖息"之处，希望有一个美的客观存在以满足视觉本能的需求。所以在墙体设计中可增加一些墙体的变化，这可以通过改变材料、造型、色彩来实现。在室内视觉范围中，墙面和人的视线垂直，处于最为明显的地位，同时墙体是人们经常接触的部位。

图 2-14　用矮墙隔断分隔空间　　　　　　图 2-15　用织物和铁艺分隔空间

　　进行墙面装饰设计时，要充分考虑与室内其他部分的统一，要使墙面和整个空间成为统一的整体。墙面在室内空间中面积较大，地位较主要，要求也较高，对于室内的隔声、保暖、防火等要求因其使用空间的性质不同而有所差异。墙面的装饰效果对渲染美化室内环境起着重要的作用，墙面的形状、图案、质感和室内气氛有密切的关系。

　　墙面的造型多样，这也是室内设计较难处理的一个重要方面，由于一个单独空间中多是四个墙面组成，有门有窗，所以四个墙面的统一协调很重要，既要有一致性，又要有所变化，突出重点（图 2-16～图 2-20）。

图 2-16　用旧窗扇加工后的装饰墙面
清华大学熙春园

图2-17 壁柱作为墙面装饰

图2-18 石膏浮雕处理墙面平淡感

图2-19 石膏花装饰墙面

图2-20 展柜装饰墙面

3. 地面造型样式

地面在人们的视域范围中非常重要，视距较近，而且处于动态变化中，是室内装饰的重要因素之一。就室内设计而言，它承受着室内设施、家具的压力，所以必须要坚固耐用。地面材质从硬到软，天然的、人造的材质众多，但不同的空间，材质的选择也要有不同的要求。实木地板自然纯朴、纹理优美，有温暖和舒适感；石材地板稳重有光泽，具有清凉感；瓷砖地面质感光滑、平整、图案色彩丰富，具有良好的装饰效果。

设计时应注意要和顶棚、墙面装饰相协调，和家具陈设等起到相互衬托的作用。注意地面图形的造型，色彩和质地。可强调图形本身的独立完整性，采用内聚性的图案，图形的连续性和韵律感，具有一定的导向性和规律性，或强调图形的抽象性，自由多变。不能只是片面追求视觉效果，同时要满足防潮、防水、耐磨、静音等实用目的。实用是第一位的，从材料上变化会有局限，主要从色彩和拼贴图形上处理，在空间中起到陪衬的作用（图2-21、图2-22、图2-23、图2-24）。

图2-21 石材拼贴地面

图2-22 马赛克拼贴地面

图2-23 木地板加金属装饰条地面

图2-24 不规则形状板岩地面

4. 顶棚造型

顶棚是室内装饰的重要组成部分，也是室内空间装饰中最富有变化，引人注目的界面，其透视感较强，通过不同的处理，配以灯具造型能增强空间感染力，使顶面造型丰富多彩，新颖美观。一般材料选用石膏板、金属板、铝塑板等。在公共空间项目设计时应考虑到顶棚内部的通风、电路、灯具、空调、烟感、喷淋等设施，还应根据空间或内部设施的需要，在层次上作错落有致的变化，以丰富空间、协调室内空间环境气氛。

悬吊式吊顶是在屋顶承重结构下面悬挂各种折板、平板或其他形式的吊顶，这种顶棚往往是为了满足声学、照明等方面的要求或为了追求某些特殊的装饰效果，使人产生特殊的美感和情趣（图2-25、图2-26、图2-27、图2-28、图2-29、图2-30）。

图 2-25　顶棚凹凸变化
北京规划博物馆

图 2-26　树枝编成的顶
沈阳云上茶堂

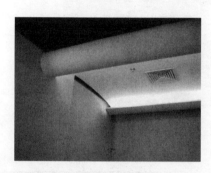

图 2-27　造型顶
飒絮发型设计时尚店

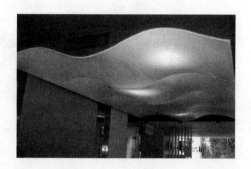

图 2-28　造型顶
北京法国文化中心

图 2-29　天顶造型
北京法国文化中心

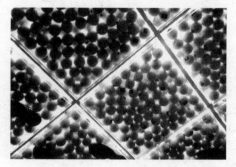

图 2-30　网球造型顶
巴黎某运动品牌店

5. 室内单体造型样式

室内整体空间中不可缺少的构件，如：柱子、楼梯、门、踢脚等都可结合功能需要加以装饰，获得千变万化、不同风格的室内艺术效果。

（1）柱的造型：柱作为建筑空间的特定元素在视觉上有重要的作用和意义，而且有独特的审美价值，在很大程度上能直接影响室内空间的视觉效果。柱子的装饰式样很多，人们公认的历久不衰的柱式当数古希腊、古罗马柱式。如多立克式、爱奥尼式、科林斯式。现代空间中的柱子变化也是多样的，根据不同的空间性质和柱体条件加以美化，有时需要加强有时又需要弱化和消隐（图2-31、图2-32、图2-33）。

图2-31 手形柱子装饰

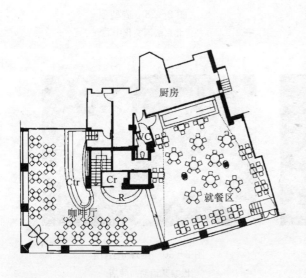

图2-32 手形柱子平面位置

图2-33 浮雕柱子装饰
沈阳云上茶堂

（2）楼梯的造型：楼梯在建筑中的功能是垂直交通，它不仅能沟通不同层面的空间，同时也丰富了空间的内容，设计中应该把楼梯作为空间中最生动的设计语言去表现，既要满足安全舒适的行走，又要满足结构技术要求。楼梯的设计应确保坡度合理安全，同时，楼梯休息踏步应稍大于宽度，以利于大型家具的搬运及人流疏散。

楼梯栏杆样式的设计和选配非常重要，是楼梯设计的重点，可根据室内风格进行配套设计（图2-34、图2-35）。

图2-34　龙扶手

北京后海酒吧

图2-35　绳扶手

东北虎餐馆

(3) 门和门套的造型：门作为建筑中一个不可缺少的元素，任何时候都是一个重要的设计符号和构成元素。而一般我们在尽心尽力的设计时，总是有意无意地忽略了门。其实门的实用性和装饰性都是不可替代的，而门套具有保护门边不被磕碰的作用，同时也是室内设计的重要语言形式，具有引人注目的视觉效果，同时门套应根据室内装饰风格的需要而变化其形式（图2-36）。

图2-36　另类的门套样式

绘画展馆

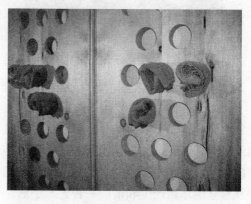

图2-37　实用的毛巾架造型且制作方便

飒絮发型设计时尚店

(4)踢脚的造型：踢脚的作用主要是保护墙面，常用实木或石材制作，样式根据室内风格有所不同，现代风格目前流行窄踢脚，5～6cm高。西洋古典风格的室内，常用线型复杂、很宽的踢脚。目前在公共空间里经常看到一些另类的踢脚处理手法，既给人耳目一新的感受又能起到保护墙面的作用。

6. 装饰图形设计手法在造型中的运用

装饰图形本身是经过抽象提炼的美的符号，是美化环境的重要手段。装饰图形是依附于实用物品而存在的，装饰图形除了在审美上要符合使用对象的审美要求外，在制作上还要受到材料性能和制作工艺的双重限制（图2-37）。由于制作条件的限制，装饰图形要对形象做归纳和概括处理，以平面的形式处理形象。装饰图形在室内边角处，材料的交接处，以及需要强调的部位，可加以装饰，起到烘托主题、显示边界和重复构图的作用。而装饰图形本身又往往是经过抽象提炼的美的符号，恰当的装饰位置和高质量的装饰图形是美化环境的重要手段（图2-38、图2-39）。

图2-38 装饰图形用于门上　　　　　图2-39 装饰图形在服务台上的运用
　　　　巴黎小店　　　　　　　　　　　　　　北京湘鄂情饭店

装饰图形的设计主要解决从写生到变化，也就是从自然形象经过概括、装饰处理，使之成为完整的图形形象，使之更理想化，但又不失去客观形象的形态，这也包括由点线面组织成的几何图形。它在旧石器时代原始艺术中就早被人类所运用，它来源于自然生活，有的形是从古代蜥蜴、蜂窝、蝙蝠、鱼、蛇的花纹中来的。装饰图形是图形的组织形式，是从对立的东西产生和谐的一种艺术手法。

在装饰图形设计中，变形是很常用的处理方式，好的变形应该是自然和谐的，其原则是有感而发，不要为了变形而变形。首先变形是为了强化感受，比生活更精炼、更浓缩，其次是构图表现的需要，因为图形中的图形和衬底，同样具有重要的价值，所以理想的装饰图形，应该是图与底互为依托，相互吻合，以给人留下饱和完整的印象。

装饰图形的设计和制作是以美化和实用为目的，因此，从内容题材的选择到形象造型的表现都应尽量美化，甚至可以把不同形象最有特点的部分集于一身，以创造出一个全新的形象。如传统图形中"龙"和"凤"就是人们臆想创造出来的一个形象，所以理想化的表现是它的一个特征。

第二节　公共空间室内照明设计

自古以来，光就是大自然提供给人类的恩赐，日出日落带动了人类的生生不息，日光为人类的白昼生活创造了不可或缺的物质条件。随着人类的发展、社会的进步，人类从钻木取火到发明电灯，人工照明将白昼延长至黑夜，光成为人类社会生活中必不可少的元素，其作用已不仅仅是让人们在黑暗的环境中可以如常活动，它已成为室内外空间装饰的一种手段。灯光的合理分配、光和影的无间配合，不仅可以渲染环境、烘托气氛，更可以丰富空间的层次，加强材料的质感。室内设计师只有充分了解、熟悉、掌握了照明系统设计的方方面面基础知识，才能配合专业的照明设计师将光和影运用自如，从而创造出一个和谐的空间效果。

在每一项室内空间的设计之初，几乎每一位设计师都会将照明作为设计必备元素加以考虑，但是照明设计的不易把握性以及相对于设计中其他元素而言所必备的科学技术含量使得很多设计师在空间设计后期本应最该规划照明系统的时候，反而把灯光设计给忽略了，只简单的将灯具作为必需的照明光源布置在需要照亮的地方，有时甚至会因此破坏了整体的空间设计效果。现今，很多国家已将照明设计作为独立的专业学科而进行深入地剖析、学习，以配合建筑以及室内外环境的设计，从而对最后的整体空间效果起到画龙点睛和烘托的作用。

一、室内照明系统的光源

1. 照明光的来源

光的物理特性决定了光的传播是多种形式的，也决定了任何物体所接收到的光能都不是来自单一的光源，而是周围所有自发光体和非自发光体所传播的光能的综合，这就决定了室内空间的采光来源也是多种多样的。理论上，我们可以将室内照明的光源大致分为直接性的来源和间接性的来源。

（1）直接性照明光源

室内空间光亮的直接来源不外乎于两个主要部分：来自外部的自然天光和来自内部的人工照明。

自然光源

太阳是人类所接触的最原始的光源，也是迄今为止人类所获得的地球天然光的惟一源头，同时，几百万年以来的不断完善使人类的生理结构已经完全适应了大自然的安排，日出而作、日落而息始终是人类认为最为健康的生活方式。因而即使在高科技智能化已深入到人们生活的每一个角落的今天，自然采光依然是现代建筑设计必不可少的考量因素之一。

室内空间的自然采光是与建筑主体的结构本身密不可分的，几乎完全取决于建筑的地理位置、使用功能、形式风格等因素。作为具有实用意义的建筑而言，自然采光要满足于使用者对于自然亮度的基本要求。通常情况下，室内空间自然光的吸纳主要通过采光口进行，而采光口的形式主要表现为各种形状的窗口，一般就其位置的不同可分为墙壁上的侧面窗口和屋顶设置的天顶窗口两种形式。天窗的采光效率要比侧窗高，一般是侧窗的8倍，而且具有较好的照度均匀性，因此，大型的公共建筑，比如购物中心、博物馆、综合办公楼、酒店等，往往由于其内部结构的围合跨度很大，仅仅依靠常规的侧面采光窗口已不能满足其中心区域的亮度要求，所以很多公共建筑会在中庭的共享区域设置大型的天窗，以解决建筑核心部位的采光问题。

采光口的大小、形式、材料也是决定室内空间所吸收的自然光亮度的因素。一个同样尺寸的室内空间之中，传统中式风格的木棱图案的窗口所吸纳的自然光要比现代简洁整体的玻璃幕墙所接受的自然光要少；磨砂玻璃或彩绘玻璃的透光性与透明的平板玻璃相比较要弱许多，其内部空间的亮度也会减弱。

（2）人工光源

自然采光不仅可以节约能源，而且其亮度会让人在生理上感到舒服和适然。但是在日落之后、夜幕降临之时，人类要继续白天的活动，人造光源就成为人类赖以生存、活动的不可缺少的基本设备。从古至今，篝火、火把、油灯、蜡烛、电灯等均为常用的人造光源。

人工照明不仅可以补充自然光在时间上的限制，同时也能补充建筑采光口由于结构等客观条件所造成的供光不足。受物理条件的制约，同一个室内空间中的不同角落所接收的自然光照度并不相同，一般临窗的位置所接收的自然亮度为室外天光的20%左右，而室内距采光口最远的角落所接收的光亮仅有1%左右（图2-40）。因此，建筑的采光口并不能均匀地将自然光分配给同一空间的每个角落，此时就需要借助人工照明系统的来满足每个角落的基本照明需求。我们常常见到这样的情况，在大型商业机构的办公空间中，尽管现代化流水线生产出的简洁的组合式办公设施将工作空间均匀地分配给每一位员工，但光线充足的临窗位置与远离采光口的中心区域，其地理位置的不同会反映出每位员工在该机

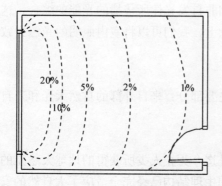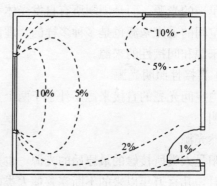

图2-40　不同条件的采光窗口对于室内自然光接收的影响

构行政地位的微小差别。为了更有效的工作，集合式办公空间的照明设计往往将灯光均匀分布在每一个区域，以照顾每个工作位置的亮度需求，也尽可能地削弱员工心理上的地位差距。

另外，不同的室内空间，甚至同一空间的不同角落，由于功能的不同，对于光线的方向、亮度、色彩等的个性要求也是千差万别的，而建筑为了外观的协调统一，其采光口并不能同时满足这种差异性要求，这时就需要通过人工照明手段来补充、调整。比如同一个综合性商业建筑中，购物环境、娱乐环境与餐饮环境所要求的照明系统的亮度及其分配区域是截然不同的。自选商场要求明亮本色的采光系统，帮助顾客认清每件商品的颜色、形状、成分等外部特征，以方便选购；歌舞厅却要求色彩缤纷的闪烁式照明系统，以兴奋人们的神经系统，达到娱乐功能；即使同属餐饮空间，咖啡厅与快餐、中式餐馆与西式餐厅也会因其经营品种与方向的差异，对于采光的亮度、色彩、形式等方面的要求也各不相同。

自然采光与人工照明直接提供了建筑内部各种功能空间所要求的光亮度，是室内空间中相辅相成的两种最主要光源。室内设计师与建筑师只有充分沟通、密切配合，才能有效地利用这两种直接光源，使其为空间功能服务。

（3）间接性照明光源

光最初是以直线的方式进行传播的。但在光的传播过程中，一旦遭遇某种介质，部分光线就可能会被反射，形成反射光；部分光被介质吸收，转化为热能，提高吸收体的温度，然后把热能辐射出去；一些光还就可以穿透介质，成为透射光。当介质为非透明物体时，光线的大部分就会被反射回去，这种介质表面的反射光就是室内照明的主要间接来源。

人们日常所说的天光即是太阳光通过空气中各种杂质的反射、折射、透射后传播到地面的。人们在白天无阳光直接照射的室内空间中所感受到的光亮，绝大多数也是建筑空间内部各种物体表面所反射的日光所综合而成的。同样，人工照明系统通过室内空间中各种介质产生的反射光也是人们在无天光条件下的光源之一。介质的材料不同，表面的光滑度不同，对于光的反射角度以及强度也不尽相同。光的反射可按其角度分为四种形态，即定向反射、散反射、漫反射和混合反射。顾名思义，当光的入射角基本等同于反射角，入射光线与反射光线总在同一平面内，这种反射即定向反射（图2-41）；散反射即反射光向各个不同方向散开，但其总方向一致；漫反射则是反射光的方向是呈完全不规则的分散状态。光的反射呈现出以上三种基本反射状态的综合形态时即被称为混合反射，混合反射光的反射强度反映在各个方向也会因反射状态的不同而有所差异。同样条件下，介质表面越是光滑，其反射强度越高，反射比（光的反射在其传播总量中所占的百分比值）越大。抛光的平板金属电镀表面或玻璃镜面的反射比可达90%，白色瓷砖的反射比在65%至80%之间，而烧制红砖的反射比只有30%。同时，介质表面的色彩也可以通过光的反射渗透至空间中，从而丰富空间的色彩（图2-42）。

图2-41　镜面材质对光的定向反射　　　　图2-42　金色拱顶对于光线的混合反射
　　　美国洛杉矶六十小姐专卖店　　　　　　　马来西亚吉隆坡东方文华酒店

　　由此可见，有效地利用各种材质对于调整室内空间中的光照极为重要。不同功能的公共空间对于间接光源的形式、光照强度要求也有所不同，由此产生的视觉效果也会不同。当室内环境中的各个物体表面的亮度比较均匀时，视觉作业效果最为舒适。在办公空间、图书馆等需要长时间作业的环境中，设计师往往选择反射比相近的材料，以取得比较均匀的室内光亮度，便于使用者在生理、心理上都取得较为平衡的状态；而在娱乐场所以及某些餐饮环境中，金属、纺织品、木材等反射比差距很大的几种介质的相互搭配，使得空间的光亮度有组织的明、暗交织，从而不停地兴奋人的神经系统，促进消费。

　　2. 照明光源的颜色特质

　　从室内环境设计的角度而言，人工照明系统的规划较之自然光的吸纳、利用对室内设计师来讲更为重要。灯光照明早已作为一门独立的学科被众多的专业人士研究、开发、利用着，人工照明在室内空间主要反映在对于光的色彩、亮度等方面的实际应用。

　　众所周知，光实际是电磁波，是能量的一种形态，它是以波状运动的辐射方式进行传递的。一个光源所发出的光是由不同波长的辐射组成的。当一束光受到色散后的辐射能量被聚焦，并使其各个分波按波长的顺序排列形成的一系列图像，即是光谱。不同的波长以及不同辐射量的电磁波传递到人的眼睛时，就会产生明暗、色彩等不同的视觉感应。在室内人工照明的环境中，光色的认知主要表现在光源本身以及被照物体的色彩显示方面。

　　(1) 光源的颜色

　　光源的颜色特质主要反映在光源的色表以及光源的显色性两个层面：光源的色表即人眼所见的照明光源发出的灯光表观颜色，如人们在常规条件下所见到的红灯泡发出的红光，白炽灯发出的橘黄色光等；光源的显色性即光源照射到物体上所显现出来的颜色。

　　(2) 光源的色表

　　在照明光学中，光源的色表通常用色温来定量。一个在任何温度条件下均能够把投射到其表面的任何波长的能量全部吸收的物体被称为"黑体",当一个光源的颜色与黑体在某一温度下发出的光色相同时,黑体的温度就被称为该光源的色温。色温越低,色彩感越暖;色温越高,色彩感越冷。因此,一般色温低于3000K的光源称为暖色型光源,色温在3000－5300K为中间色型光源,而高于5300K的则为冷色型光源。人们会觉得白炽灯光总是比荧光灯光要温馨,这是因为即使高功率的白炽灯泡的色温一般也低于2800K,而日光色的荧光灯色温高达6500K,即使暖白色的荧光灯的色温也会高于2900K。

与普遍的色彩学原理一样,不同光源的色彩在人的心理上也会产生冷暖、轻重、远近等不同的反应。同等条件下,暖色光使人兴奋,冷色光使人镇定;暖色光照射的物体会有甘、甜、柔软之感,冷色光下的物体则感觉酸、淡、坚硬。在公共空间的设计中,用灯光来调节空间气氛,有时可以达到事半功倍的效果。将暖色型灯光作为照明系统的主体布置在餐馆中,不仅可以更好地烘托出温馨、舒适的就餐环境,而且可以加强食物的诱惑力,提高食欲;反之,在办公机构中,冷色的荧光灯照明将会创造一个冷静、高效的工作环境。

(3) 光源的显色性

光源能够使物体显现颜色,但是,所示的颜色与物体本身的一致程度会受到各种外界因素的影响。光源的色表与显色性都取决于辐射光源的光谱组成,然而,不同光谱组成的光源即使具有相同的色表,其显色性可能会有很大差别;同样,在某些情况下,色表区别明显的两个光源可能反映出相近或相同的显色性。因此,光源显色性是不可以从其色表来判断的。

在照明设计领域,光源显色性的优劣用显色指数来评定。光源的显色指数的最大值为100,指数越低,显色性能越差。指数为80以上,光源的显色性能优良;指数为79～50,显色性能一般;50以下,光源的显色性较差。就现有而常用的照明灯具而言,白炽灯的显色性最好,500W的白炽灯显色指数可达95以上,日光色荧光灯的显色指数为70～80,荧光高压汞灯为30～40,普通高压钠灯的指数仅有20～25。

在公共环境中,光源的显色性直接左右着人们对于空间中物体的直观认识,从而进一步影响到人们心理上的反应,所以,在色彩认知程度要求较高的室内环境中,例如购物中心、图书馆、博物馆等,一定要用显色指数高的照明光源,以便人们对于物品本色有更清晰的了解;而显色指数较低的照明光源一般用于对物体色彩显示要求不高的空间,如库房、楼梯间等功能性空间。

(4) 物体的颜色

在人工照明环境下,物体表面对于其照射光线中某一种波长的光的反射或透射反应较其他波长的光要强烈,此时反射或透射得最强的光即为该物体的色彩。例如,我们所见的黑色物体就是对于各种颜色的光都有较强的吸收性,并且几乎不进行反射,所以无论在何种人工或自然照射条件下均呈现黑色;与之相反,白色物体能够反射所有色彩的光线,所以其显示的色彩与照明光源的颜色相同:红色光照下呈红色,自然光下呈白色。

在室内环境设计中,照明设计需要紧密联系空间中各种物体的颜色、质感,以便正确地利用照明手段判断、协调彼此的色彩关系。比如,荧光高压汞灯的光谱中青、蓝、绿光较多,而红光较少,利用其照射在蓝色的帘幕或特色墙壁上,会使蓝色显得更加突出、单纯，强化了帘幕或墙壁在空间中的装饰作用；但是，将此光源照射在红色的物体上，物体就会呈现黑紫色。如果将这种荧光高压汞灯作为主体照明光源用于人流较多的区域，灯光在肤色较白的人的脸上反射的青、蓝、绿光就会比较多，人的脸部会呈现青灰色。同理，若照射蓝色帘幕所选用的是发射光谱无蓝色光的钠灯，可想而知，钠灯的光线几乎全部被蓝色吸收，而无任何反射光，蓝色帘幕只能呈现出黑色。因而，把握好照明光源的颜色特质、正确地利用照明光源是室内人工照明系统的设计关键，否则再好的空间设计也会被非正常的颜色显示破坏殆尽。

3. 照明灯具的形式选择

作为人工照明系统最直接的表达媒介形式，照明灯具不再仅仅是泛泛地提供人类活动所需的基本亮度，而是以多样的造型出现于室内空间中，成为室内装饰的主体部分之一。

室内灯具是光源、灯罩以及附件的总称。灯罩的作用不仅是保护光源，而且可以控制光的辐射方向和范围，将光线有效地传播至需要的地方，同时，避免眩光以保护视力。灯的附属配件因其作用有开关、亮度调节器、支撑架等。

灯具的配置是要根据环境及功能需要来选择的，通常，一个公共室内空间可就其使用功能划分为不同的区域，而不同的环境对于照明亮度以及光亮的来源要求是不同的，而且灯具的造型和位置、安置方式均会直接影响照明的亮度和功效。比如一间星级酒店的大堂通常要突出酒店的豪华气派，总体照明系统要求通透、明亮，但细化到每一个具体功能空间又有层次上的差别：服务台以简洁、高效为目的，灯光一般来自顶部，多以筒灯为主，且亮度要满足书写、阅读的基本要求；等候或休息区则以宁静、典雅为基调，除了来自大堂其他区域的间接光源，台灯或落地灯的柔和光线也会令人感到亲切温馨。

灯具根据其安装位置和方式可分为吸顶灯具、垂吊式灯具、附墙式灯具、隐藏式灯具以及活动式灯具等几种类型。

(1) 吸顶灯具

吸顶灯具就是将灯具吸贴在顶棚表面，主要适用于建筑梁架不高，而且没有人工吊顶的室内空间。由于灯具的位置处于室内空间的最高处，光线的辐射一般不会受到阻碍，所以照明效率很高，但由于紧贴顶棚，其造型的立体可视性以及观赏性受到限制，所以一般吸顶灯具的装饰性较弱，主要强调其应用的功能性。

图 2-43 吸顶灯具
美国奥斯丁四季酒店

从广义上讲，无论灯具的造型和照射方向如何，只要是直接安装在顶棚的灯具均可称为吸顶灯具，因而吸顶灯具在公共空间中的应用场所相当广泛，从办公空间到医院、从酒店客房到厂房仓库，吸顶灯具以荧光灯、射灯、裸灯泡等各种形态出现于人们的生活空间（图 2-43）。

(2) 垂吊式灯具

垂吊是一种历史悠久并且应用广泛的灯具装置方式，它主要利用杆、管、线、链等不同材料，将光源体悬垂在顶棚和地面之间，从而达到照明目的。灯具悬垂位置的高低与悬垂的原因、照明目的、灯具造型均有很大关系，若室内空间的建筑梁架很高，比如展览馆、体育场馆、交通枢纽站（机场、车站等），而且照明亮度要求很强的情况下，灯具的垂悬位置会比较接近被照对象，可能相对整体空间高度就稍低（图2-44）；若灯具本身非常具有装饰意义，而照明只要求集中于某一限定范围，那么此时灯具就需要固定悬垂于被照的空间范围以内。

图2-44　垂吊式灯具　　　　　　　　　图2-45　大型吊灯的装饰作用
法国巴黎国家图书馆咖啡座　　　　　　泰国曼谷东方文华酒店

垂吊式灯具由于悬置于半空之中，其造型的可视角度是全方位的，而且通常情况下，在垂吊灯具的周围空间中，近距离之内一般无其他装饰或结构作为陪衬，所以其个体造型的空间装饰性要求很强，比如缤纷闪烁的大型水晶吊灯常常作为一个空间的装饰主体出现于购物中心、酒店等公共场所之中（图2-45）。

（3）附墙式灯具

顾名思义，附墙式灯具即安置在墙壁、柱子上的照明灯具，这种灯具装置方式既可以将照明灯具紧贴壁、柱安装，又可以利用辅助支架伸展于空间之中。在公共室内空间中，附墙式灯具主要用于局部照明，比如卫生间洗手盆上方的镜前壁灯为人们洗漱、整容提供了必要的照明光亮度（图2-46）。

图2-46　壁灯　　　　　　　　　　　图2-47　壁灯对墙体材料的强化作用
泰国曼谷东方文华酒店　　　　　　　美国威尼斯石材专卖店

45

由于附墙式灯具的安放位置大多都在人们正常的可视范围之内，所以其造型的装饰功能是不容忽略的。在大型公共空间的设计中，附墙式灯具的装饰性不仅表现为灯具本身的造型，更体现在灯光对于照明对象（墙壁、柱子）在色彩、图案、质感等方面的强化作用（图2-47）。

（4）隐藏或嵌入式灯具

在不需要直接照明光线的室内空间中，照明灯具往往会被某些人工装饰结构所遮挡，使其光亮从侧面或装饰缝隙中泄漏出来，从而形成隐藏式的灯具装置方式。隐藏式照明灯具往往与其遮挡结构相结合，光线柔和、温馨，对于室内的环境气氛起到独特的烘托作用，因此适用广泛，任何装饰墙体、顶棚、地面、甚至非实用功能性家具均可将或明或暗的照明灯具安置其后，加强其装饰效果（图2-48）。

有些照明器具不宜直接裸露，或不宜突出于安装平面，此时的照明灯具可以安装在顶棚、墙壁或者家具、装饰物的内部，称为嵌入式灯具。在很多商业机构的大面积办公空间中，由于工作人员以及所需的办公用品繁杂非凡，所以办公空间的环境设计与配置从色彩到形式均要求简洁明了，照明系统一般也是将统一风格的日光灯箱镶嵌于吸声顶棚之中，以保持顶棚形态的单纯、整体（图2-49）。

图2-48　隐藏式照明
日本罗瑞农场衣饰店

图2-49　顶棚嵌入式照明灯具

（5）活动式灯具

固定的灯具设施不可能为人们某些临时的活动随时随处地提供照明光亮，这时就需要可以移动或者便于携带的活动式灯具来补充固定灯具的不足。活动式灯具即可以随意安置的照明器具，它们通常是依靠电池或插座以解决电力来源。根据室内空间活动的不同需求，活动灯具主要表现为台灯、落地灯、手提灯、单体射灯等形式，因离需求者的距离较近，外形通常以做工精美、造型小巧为要。

在功能单一、固定的室内空间中，比如商品卖场、咖啡座、图书馆等，活动灯具可以随手开关，方便补充人们对于审视、书写、行动时的亮度需求（图2-50）；在功能调整性较强的展示性场馆中，易于移动位置和调整照射方向的活动灯具借助光影关系又成为辅助空间进行重新分配、组合的有效手段。

灯具的造型配置也是影响室内空间整体风格的一个重要因素，设计师或者空间使用者的个人审美对灯具造型配置起决定性作用。由于灯具是一种更换频率较大的消耗品和装饰品，灯具的外观造型材料随着流行趋势的发展总是在不断推陈出新，以适应室内设计总体风格的变化（图2-51），同时，公众场所的照明灯具由于损耗大，常常需要频繁维修或更换，特别是大型公共空间中的照明系统，灯具的安置位置与方式均要考虑到正常的维护与保养，以避免由于位置过高或者过于隐蔽而带来维修上的不便。

图2-50　活动式落地灯　　　　　图2-51　灯具的造型需配合空间的整体风格
　　意大利罗马火车站咖啡座　　　　　　泰国曼谷东方文华酒店

　　灯具作为照明光源赖以依附的载体，虽然造型千姿百态、位置也可按需选择，但是灯具的本质还是为照明服务，所以在公众使用的空间环境中，灯具形式上的选择还是以满足多数空间使用者对于光亮度的需求为最终目的，完成其室内环境的人工照明功能。

二、照明系统的功能属性

　　1. 照明系统的分类

　　人工照明系统的目的是提供人类在黑暗环境下视觉功能可以正常发挥的基本亮度，但是，人类对于照明亮度的要求不是一成不变的，读写和观赏、休息和运动等不同的行为要求不同的光亮环境。有些人类行动只需微弱光亮，提示出空间方位即可；有时却需要明亮而集中的光束，以便清晰被视对象，完成观察、审视功能。因此，人工照明系统按其作用可划分为环境性照明系统、加强性照明系统、专属性照明系统以及安全性照明系统。

　　（1）环境性照明系统

　　人类在空间中可以自由行动，很大程度上是依赖于视觉对于物体的形状、颜色、空间位置等的正确辨认，并以此决定相应的行为方式。比如如何躲避障碍、何时转弯、何处可以休息、是否需要采用蹲、跳等动作以拿到物品等。而光亮是影响人类视觉判断的必备的外部条件，能够满足人类基本视觉需求的照明即为环境性照明系统或背景性照明系统，顾名思义，在室内空间中，无论人们的行为方式、目的如何，背景性照明系统均要提供基础性的光亮环境。

　　日光是人类生活中最基础的环境性照明，在正常的白昼条件下，人类在室内空间的各个角落均可以借助建筑采光口引入的自然光如常活动。人工条件下的环境性照明系统最单纯和原始的目的也是以天光为基准，为室内空间提供人类可以正常行为的明亮环境。传统的房间中一盏吊灯的做法，就是最典型的人工背景性照明方式。由于顶部光源辐射范围大、亮度分布均匀，所以也成为最常见的环境性照明布置形式。环境性照明系统对空间提供了较均匀的亮度，所以空间中的物体一般不会产生特别明显的阴影（图2-52）。在人流繁杂的大型公共场所，例如机场、车站、购物中心、办公机构、学校等，环境性照明系统常常作为主导的照明方式，以确保社会生活中各种年龄、文化、背景的公众的基本行为安全（图2-53）。

图2-52 办公机构的背景性照明

图2-53 公众场所的背景性照明
台湾桃园国际机场

（2）加强性照明系统

现代公共场所的室内设计越来越强调空间的装饰与美化，照明系统被用来突出某些装饰亮点即称之为加强性照明系统。加强性照明现已成为室内照明的主要任务之一，设计师将照明灯光集中于某一装饰物品或装饰墙面，强化其颜色、质感、结构形式等特质，以吸引人们的视线。当前最常见的加强性照明系统如突出特色墙壁质感的射灯（图2-54）、强调室内人工小景观的地灯（图2-55）等。

图2-54 材料的加强性照明
2003年亚太设计获奖作品

图2-55 室内景观的加强性照明
2003年亚太设计获奖作品

（3）专属性照明系统

环境性照明系统所提供的亮度满足了人们普通室内活动的需要，但是不同性质的活动人们对于照明的灯具、位置、亮度、颜色等条件的要求也是不同的。安置于某一指定位置、满足某种专项用途的照明系统称之为专属性照明系统。

在公共空间中，专属性照明系统通常应用于操作环境，以便在环境性照明系统之外，提供额外的灯光，满足操作功能的需求。常见的专属性照明有图书馆的阅读灯、餐馆开放式工作台的操作灯、设计师图板的照射灯等（图2-56）。为了更好地配合工作需求，操作环境的专属性照明要求灯光的亮度适中，过强或过暗均会对人的视觉神经造成损害。同时，光源的方向基本处于操作者的上方偏左，以免形成妨碍性阴影，影响视觉的正常工作。工作台面的材质也是影响照明系统功能发挥的因素之一，过于强烈、刺激的反射光会使眼睛疲劳，降低工作效率。

图2-56 厨房操作台的专属性照明

图2-57 客房的专属性活动灯具
美国芝加哥西汀酒店

在某些相对比较私密的公共空间中，专属性照明系统提供了人们活动时的必需亮度。比如某些酒店客房的台灯，既可作为书桌的读写灯，为正常的文件处理提供照明，又可作为床头灯提供夜间起居所需的最低安全光亮，使人们准确地认定所处的室内方位（图2-57）。

（4）安全性照明系统

人工照明的最初意义就是提供光亮，保护人们在黑暗的环境中如常地行动，不会跌倒或碰撞到障碍物。照明技术发展至今，尽管照明系统已从单纯的光源提供提升至讲求效率、注重装饰的高度，但安全保障仍旧是照明系统设计的基本理念。

在公共环境中，由于人群流动量大，照明系统首先要明确流动系统的方向性。在剧院或音乐厅中，我们常常见到在过道的地面或墙壁下方有微弱的灯光设置，从播映厅入口直至最前排座位，连续不断，其主要作用就是引导人流走向，保证人们在黑暗的环境中准确入位或离座，而不会因失去方向感而打扰其他观众。有些小型公共空间中的楼梯、人造景观也是借用此手法梳理空间顺序，同时加强空间的装饰层次（图2-58）。

图2-58 照明系统的方向指示性
日本东京日式料理餐馆

图2-59 应急安全指示灯
英国布莱顿大学主图书馆

灯光的指示性安排不仅可以疏导人群流动，还可以起到警戒作用。例如在多层建筑中庭区域的透明玻璃栏杆的前方地面设置一排小型嵌入式射灯，其灯光的光柱会形成无形的栅栏，提醒人们注意安全，避免危险隐患。

在安全性照明系统中，最直接明了的安全指示即为应急照明。在所有公众性场所，独立的应急系统是必须配备的照明设施，以便突发事件时确保公众的人身和设备的安全，减少损失。应急照明系统可分为常备式、长明式以及控制式等照明方式，从灯具形式上又可分为由外备电源或内发电机提供临时光源的照明灯、标明紧急出口、疏散通道等方位指向的指示灯，带有楼梯、消防栓等通用符号图样的标志灯等种类。应急照明灯具主要分布于人流主干道以及各交通流线的枢纽部分，在人群密集的场所，或者空间分割细碎的公共环境中，站在任何一个流线上的位置均要求可见一个明确的方向指示灯，以确保紧急情况下每一个空间利用者的快速撤离（图2-59）。

照明系统的安全性还表现在照明灯具的安置方位。照明系统的技术进步以及装饰功能的强化使得灯具的安放位置随意性变得越来越大，随之而来的安全隐患也越来越多。在公共环境之中，固定式灯具的空间位置一定要以人体工程学为参考，在便于利用的条件下，避免妨碍人们正常的行动和速度，任何低于人均高度的吊灯、突出于地面的嵌入式地灯、位置较低的壁灯，均有可能成为人们急速行动时的障碍，尤其是在办公机构、医疗空间的设计中，无障碍流线是保证顺畅交通、高效工作的前提条件之一。

任何一个室内公共空间中的照明环境均不是由单一功能的照明系统独立完成的，是不同功能的照明互相配合而组成的整体系统。各照明组合只有相辅相成，才能满足复杂的公众环境对于照明条件的不同要求，达到提供光亮和美化环境的目的。

2．人工照明的方式

不同功能的照明系统对于灯具的安排以及光线的照射角度要求也是不同的。尽管人工光源的直接利用可以充分发挥光的效能，但在一定的条件之下，就光亮的需求者和空间环境而言却是光能的浪费，有时甚至是极大的干扰。比如一间服饰品牌专卖店一般可划分为接待、选购、试衣、等候等几个基本功能区域，若所有功能空间的照明光源体均不加修饰地直接利用，势必造成照明光区的大面积重叠、照明色彩的交叉混合，形成空间中光环境炫耀刺眼、空间层次混乱不堪，从而引起人们心理上、行动上的烦躁不安，影响客户对于商品认识和挑选的质量；反之，若所有的照明灯具均被藏匿于装饰体的后面，或者被半透明材料所包藏起来，此时整体空间环境中的光线就会变得柔和、暗淡，人们也会因此变得平和、慵懒，而无法激起任何购买商品的欲望。

因此，根据不同公共空间的功能对于照明亮度和光线方向的要求来调整、配置照明系统的照射方式和角度，以便有效地利用光能，丰富空间层次就成为照明设计的重要任务之一。根据物体接受光源的角度来讲，室内照明系统通常可分直射照明、半直射照明、漫射照明、半间射照明以及间射照明[5]（图2-60）。

---

〔5〕（英）波里·康维等著．家居与配置．布莱顿：罗德克国际机构，2004．P94

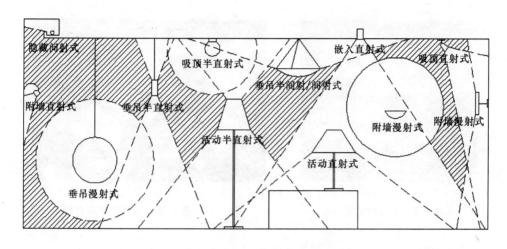

图 2-60　照明灯具的形式及其照射方式

(1) 直射照明

受光物体与照明光源之间距离较近，而且之间无任何阻挡，照射光线的中心直接落在受光体上，此时的受光体对于光源体直射光线的接收超过 90%，即成为直射照明（图 2-61）。直射照明的光效利用最大，光线集中，而且照明形成的光晕会形成一定的围合范围，从而圈定出其专属的空间限定。直射照明大量地应用于展示性较强、照明亮度要求较高的场所，例如展览馆、博物馆、服饰或工艺品卖场空间等。通过专属性的光照系统突出展品或商品的个体形象，以使观赏者能够更清楚地认识被照物体的独有特质（图 2-62）。

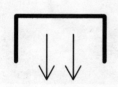 

图 2-61　直射照明方式　　　图 2-62　卖场空间的直射灯具
　　　　　　　　　　　　　　　　日本亚当的绳索服饰店

(2) 半直射照明

有时光源体的照射目标不是受光体，但是受光体处于光源体的直射照明范围之内，光照中心落在受光体附近，此时受光物体对于直射光线的接收略少，大约在 60%～90% 之间，这种照明方式即称为半直射照明（图 2-63）。半直射照明的亮度很强，但不会刺眼炫目，所以公共空间的基本亮度通常依赖半直射照明方式来解决。例如图书馆、办公机构等实用功能性较强的大众场所，常常通过顶棚日光灯箱或有罩台灯来满足工作、学习所需的亮度要求（图 2-64）。

图 2-63　半直射照明方式　　　　　图 2-64　遮光罩所形成的半直射照明

(3) 漫射照明

若一个照明系统无任何限定的照射目标，其光线的辐射对所有方向的空间几乎相等，即称为漫射照明（图 2-65）。漫射照明条件下的受光体所接收的亮度几乎一半来自光源体本身，而另外一半则来自于空间对于直射光线的反射。为了更公平地将光亮均匀地分配给空间的每一个角落，同时避免灯光的耀眼刺目，发挥漫射作用的灯具往往外部用半透明材料作为灯罩，比如磨砂玻璃、纺织品或纸制品等，以加强其辐射四周的功能。传统的垂吊式球形灯体是使用最为广泛的漫射照明体，常见于餐馆、候车厅等公共空间环境之中。现代设计已将球形变化成方形、椭圆形、筒形等多种形式，以适应整体空间设计风格的变化（图 2-66）。

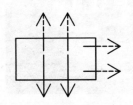 

图 2-65　漫射照明方式　　　　　图 2-66　灯光均匀扩散的漫射灯具
　　　　　　　　　　　　　　　　　　　　2005 米兰灯具贸易展

(4) 半间射照明

在某些公共场所中，为了使空间的照明环境更柔和、温馨，同时防止耀眼刺目的眩光出现，空间设计师利用调整灯具的照射方向、改变灯罩的材料等手段将光源体所发出的 60%～90% 的亮度照射向顶棚或墙壁等空间围合物体，并利用围合体的颜色、材料等将光亮反射回受光目标，另外 10%～40% 的光亮则是由光源体直接照射到受光体的，这种照明方式即称为半间射照明（图 2-67），常见于餐馆、酒店、机场的半透明碗状吊灯或壁灯就属于半间射照明的灯具（图 2-68）。

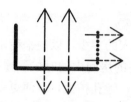

图2-67 半间射照明方式　　　　图2-68 半间接照射的吊灯
　　　　　　　　　　　　　　　美国纽约喜来登酒店

(5) 间射照明

用建筑的实体结构或装饰物件将光源体遮蔽起来，使受光体不能接受光线的直接照射，此时室内空间中90%以上的有效亮度来自于结构、物件表面的反射照明，这种照明方式被称作间射照明（图2-69）。利用媒介物所形成的反射照明，其光线辐射为分散状的，因此空间中的受光体几乎不会投下界定清晰的阴影，光影关系柔和、暧昧，使多功能的空间布局显得整体、统一，但与此同时，若灯具本身的照射亮度与其所附着墙体、顶棚的反射亮度相当，也会削弱空间环境的层次，使整个空间显得平淡、无趣（图2-70）。

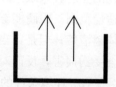

图2-69 间射照明

图2-70 顶棚的反光构成空间的主体照明　　图2-71 间射照明会提升空间高度感
　　　　西班牙巴塞罗那共和书店　　　　　　　　　意大利罗马火车站商场

在许多公共空间的设计中，比如地铁站、会议厅等，天顶或空间上部装置间射照明系统，使照明光亮从顶棚或者墙壁上方反射下来，还会从视觉上提升空间的高度感，调整人们由于建筑条件所造成的空间狭促之感（图2-71）。

3. 人工照明的舒适度

人类对于其生存环境中的任何物体均是通过身体的感官来认知的。视觉神经系统就是照明光源作用于人体的媒介，人类通过眼睛对于采光及照明有了最直接的认知与接纳。因此，人类视觉的舒适度就成为人工照明系统的设计基准。在室内空间中，由于外部条件或空间功能等原因，照明环境会发生一定的变化，人类的视觉系统也会随之产生调整，此时，人工照明系统就成为协调室内照明条件的辅助工具，以减轻视觉系统的负担，避免因适应环境而带来的视觉伤害。

(1) 视觉的舒适度

众所周知，人眼主要是通过瞳孔的缩放来调整光亮进入的多少，以便平衡不同照明亮度下眼睛的适应度。当人们处于一个光线充足，非常明亮的房间中的时候，瞳孔会缩小，这样进入到眼睛里的光便比较少；反之，在黑暗的条件下，瞳孔扩大，以便更多的光进入到眼睛里。照明水平的突然改变常常使得瞳孔没有时间来调整，往往会伤及视觉系统，进而引起整个身体的不适。

因此，在所有光的物理特质中，惟一能够直接对人类的视觉系统产生刺激作用的就是光的亮度。人眼的瞳孔及组织肌肉的伸缩有一个生理限度，所以对于亮度的接受也有一个适应范围。眼睛能够察觉的最低亮度称为"最低亮度阈"，随着亮度的提高，眼睛所见物体越清楚；但是，当亮度超过眼睛的适应范围，瞳孔的作用已发挥极致时，视觉的功能就会受到损害，反而对物体认识不清。因此，过明或者过暗的亮度均会影响视觉功能。

(2) 环境条件的视觉适应

自从人工照明方式进入人类的生活，人类的所有活动就一直处于三种基本照明条件之下，即夜间照明条件、人工照明条件以及日光照明条件。因此，室内人工照明系统的设计也应该是以人们视觉器官对这三种照明条件在室内环境中的基本适应情况为基准的。

图 2-72 楼梯扶手下的隐藏灯光为视觉适应空间的亮度过渡提供了安全保证
英国布莱顿大学主图书馆

夜间照明条件的视觉适应：

在人类自然状态的生活中，夜深人静是自然照明亮度最低的时候，此时人们若睁开眼睛，眼睛对于室内环境光的最初适应水平完全要依据室外的亮度来调整的。月明之夜，月光从无遮挡的采光口进入室内，无论是起夜，还是夜间值班人员应付突发事件，月光就足以满足夜间行动的自如。无月之夜，或是窗帘遮挡了室外的其他环境光源，此时外部自然照明不足，在室内空间的床边、门口或其他某个必要的位置就需要放置一个照明设备，如低功率或高暖色型的夜灯，以便给黑暗的空间提供必需的亮度。严格来讲，该灯光的亮度应该与明月的照明亮度基本相等，在日光或正常的人工照明条件下应该是不可视的，这样在黑夜才不会造成瞳孔的突然收缩，引起眼睛的不适。

人工照明条件的视觉适应：

当一个人在室内环境中从一个区域转移到另外一个区域的时候，其视觉器官因为亮度环境的转换所进行的适应性调整被称为人工照明条件的视觉适应。在室内环境中，从明至暗或者从暗至亮，人的眼睛需要有或短或长的适应时间，因此，过渡性照明亮度是保障人们室内行为安全的因素之一。当一个人从明亮的房间出来，由于眼睛的适应度还未来得及调整，在门厅或楼梯较暗的地方容易发生危险，此时，照明系统就要求在每一个交通结点处都安置"信息光源"。与夜间照明条件不同的是，人工照明条件下视觉需要适应亮度变化的两个空间均备有照明设施，不同之处仅仅在于照明亮度的强弱差距，所以人工照明条件下的适应性亮度应该介于两个空间的亮度之间，否则非但不能起到过渡作用，反而加重视觉负担（图2-72）。

日光照明条件的视觉适应

人们都了解阳光对于人类健康的重要性，但过强的日光反而会损伤身体。在建筑结构设计时，国际照明委员会和各国的建筑标准已经为日光对于建筑围合体内部空间的影响制定了一个合理并且科学的限定。但是，室内空间由于功能不同、使用者的背景不同等因素影响，对于日光吸纳的程度、角度等的个性化要求就需要依靠在室内设计过程中加以调整。例如博物馆中公众休息的空间要求日光充足，但展示区域则要绝对避免阳光直射，以免耀眼的光束干扰人们对于展品的观赏，同时保证展品的收藏环境不会变化无常。在整体室内环境的规划中，采光口的位置、朝向、大小尺寸等均是可以改变室内日光照明条件的因素，同时，还可利用不同透光程度的材料对采光口进行装饰，以便调整室内的照明亮度，使其能够更加适合日光照明的条件下人们视觉功能的发挥。

(3) 影响舒适照明的因素

在室内环境的公共空间中，基本照明亮度是保障普通公众人群安全的根本条件，解决亮度不足的最简单办法只需增加光源的数量或调整灯具的功率。因此，在人工照明条件下，干扰人们视觉舒适度的问题更多地来自于照明亮度过于强烈，从而引起视觉神经的疲劳。由于任何光亮度的强弱均是相对而言的，所以，视线之内各种物体之间的亮度差别、距离远近等均可成为构成影响视觉舒适度的原因。

眩光

当人们的视线之内出现亮度极高的发光体或者过于强烈的亮度对比时，会引起眼睛的不适，这种现象即为眩光。在人工照明的环境中，眩光产生的原因是多方面的，照明灯光与背景环境亮度的强烈反差、光源过亮、灯具照射的角度、环境物体的反光材质等均会引起视觉系统的不适之感，降低眼睛对视觉对象的可见敏感程度，甚至在某一时段内出现暂时盲视等不同程度的影响。通常，眩光引发的视觉影响不一定会降低视觉对象的可见度，更多地表现在视觉神经的疲劳方面。因此，在涉及照明系统时，需要充分考虑眩光产生的各种原因，以便调整影响照明效果的各个因素之间的关系，使人们可以在一个舒适的照明环境中愉快地休息、社交、工作和学习。

亮度对比

在公共室内空间中，照明光源的强弱是与其所在的环境背景的亮度相比较而言的。例如人们对于阅读时的照明亮度要求较高，所以阅读台灯是公众图书馆的必备设施。当夜幕降临时，阅览区域的背景照明尽管已经提供了人们浏览、选择书籍时的基本亮度，但读者若对书籍内容进行较长时间的精读就需稍亮的照明条件，否则会影响视力，此刻台灯作为专属灯光就可适时地发挥其补充亮度的作用；但若台灯作为阅读时的惟一照明光源，它与黑暗的背景环境之间的强烈反差形成眩光，读者就觉得灯光耀眼刺目，很快眼睛便会感觉疲劳不堪；而在晴朗的白天，阅览室内的充足日光已可满足阅读的亮度需求，此刻即使打开台灯，灯光与环境亮度的反差也是微乎其微的，阅读者往往不会有较强的反应，甚至感觉不到台灯灯光的存在。

因此，公共空间的照明系统、尤其是专属性照明系统的设计要充分考虑到照明亮度与所处背景以及环境光源之间的对比度，避免眩光的产生，也避免造成能量的浪费，最大限度地发挥其功用。人工照明系统的设计中，理想的照明对比状况是背景性的照明亮度为专属性或加强性灯光中心的1/3，而且，周围环境的照明亮度不低于专属性或加强性照明的10%[6]。

适合公众活动的室内空间由于体量较大，其整体照明环境组成复杂，往往借助自然光源与人工光源的互相渗透，各种形态、属性、方式的人工照明系统也需互相补充、利用。由于照明环境会随着时间、空间的改变而不断变化，与专属性或加强性光源之间的亮度对比也会随之改变，为某些照明系统配置亮度调节器成为调整亮度对比的常用手段。亮度调节器的服务对象要视其对比对象的情况而定。如环境性照明系统的亮度已固定，调节器就需要配置专属性或加强性照明系统；反之，若专属性或加强性照明系统已达到其功能的需求亮度，调节器要安装在环境性照明系统中。在酒店的客房或医院的病房中，床头灯主要为起夜和卧床阅读服务，而视觉对于这两种活动的亮度需求差距很大，前者的亮度要求的最低值可以等同于夜间照明的条件，后者的理想亮度则为日间的照明条件。因此，若保证床头灯与房间环境亮度的理想对比状态，同时照顾到眼睛的舒适度，床头灯的亮度需要按需调解。起夜时作为空间惟一光源的床头灯的亮度需要调到很低，睡前短暂浏览杂志时调到适中即可，但若需长时间的卧床阅读，灯光的亮度就要设定于阅读必需的专属限度范围之内，此时就需要房间中其他环境性照明的配合，保证对比强度的平衡，避免眩光的出现，保护视觉神经系统。通常，照明灯光的亮度越高，越要考虑调整周围的环境亮度，以避免亮度的强烈对比而产生的视觉不适。

环境的反射

眩光的产生不仅仅取决于照明系统的本身亮度与其环境亮度的强烈反差，而且与灯具的位置、照明光源的辐射方式都有密不可分的关系。

有时，眩光产生的原因不在于照明光源本身，而是由于环境对于照明光源的反射和折射。不同的颜色、不同的表面材质都有着不同的反射强度。众所周知，色彩中白色的反射性最强，黑色最弱，而在材质方面，平滑的表面比粗糙的表面反射性要强。某些时候人们在台灯或落地灯下阅读精美的杂志会觉得头痛，究其原因，是因为台灯或落地灯的灯光直射在书本上，白色且平滑的纸质对于灯光有极强的反射作用，眼睛的不适反馈到大脑，就会引起阅读者神经系统的疲劳。此时，可以通过灯光的半间射或间射的方式来避免灯光对于眼睛的额外负担。通常情况下，眼睛与照明光源及其中心辐射线的角度不大于45°为最佳照明角度（图2-73）[7]。上述的例子中，如果人们把杂志偏移到一定的方向，就可避

---

[6]（英）波里·康维等著. 家居与配置. 布莱顿：罗德克国际机构, 2004. P94
[7]（英）波里·康维等著. 家居与配置. 布莱顿：罗德克国际机构, 2004. P94

免反光。灯具的遮光罩也是防范眩光的工具。遮光罩是科学地分析了光源产生的眩光与人眼视线角度的关系而设计的。一般灯具的光源中心与遮光罩边缘的水平夹角要求在15°～30°之间[8]（图2-73），这样无论照明灯具处于空间何种位置，均可最大限度地将刺眼的灯光遮挡，有效控制眩光对视觉的干扰。

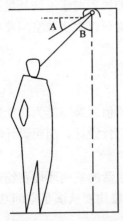
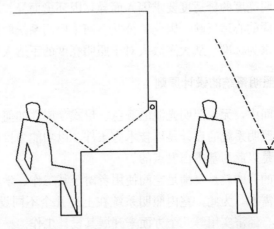

图2-73　A. 灯具遮光角　　　　图2-74　通过灯具位置的调整削弱光源的反射
　　　　B. 眼睛与照明光源的夹角

因此，在设计室内空间的照明系统时，特别是空间利用者与光源的位置均相对固定的办公室、学校、图书馆等空间时，要充分考虑到照明光源周围环境的颜色及材质的反射强度以及使用者与光源之间的位置关系，以便创造一个利于工作和学习的舒适的照明环境（图2-74）。

（4）光源与视觉对象的距离

当一个物体与照明光源的距离过近，物体与光源同时进入视线之内，此时视觉系统会因发光亮度、可视目标与被视目标不一致等原因，造成瞳孔的收缩与映像焦距之间的矛盾，从而造成眼睛对物体的可视度降低，甚至不同程度的盲视。造成这种情况的原因主要取决于两个因素，即照明光源、眼睛和物体之间的夹角，以及照明光源的亮度。

通常，光源、被视物体与眼睛所成的理想夹角的最小角度为40°[9]，小于这个角度，物体的可视程度就会受到光源亮度的严重干扰。通常，照明光源与视觉对象的近距离所造成的眩光大多发生在加强性或专属性照明系统中。解决这种问题的最简单方法就是减小光源、眼睛以及物体之间的夹角，拉近眼睛与物体的距离，或将物体远离光源点均是可行性办法（图2-75）。

照明光源与被照物体之间距离过近时，其间巨大的亮度

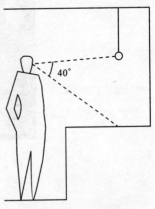

图2-75　光源、物体、眼睛之间的理想夹角

---

[8]　魏澄中主编. 室内物理环境概论. 北京：中国建筑工业出版社，2002. P28
[9]　(英)波里·康维等著. 家居与配置、布莱顿、罗德克国际机构，2004. P95

差别也是造成物体可视度降低的原因。因此，在设计室内公共空间时，加强性或专属性照明系统的布置就要根据其服务对象的颜色、材质、体量等特征来进行分析。改用较小功率的照明灯泡、改变光源颜色等措施均可以减弱照明光源亮度，从而减少光源与物体之间的亮度差，避免因此而产生的眩光。

总之，照明亮度的舒适度要求因人而异，因环境而异。不同的民族对于不同环境下的照明亮度有不同的心理反映，因此，公共空间中照明系统的舒适度可以大多数空间使用者对于亮度的要求为标准，从大多数人对于照明亮度的不适入手。

三、室内照明系统的设计原则

在公共空间中，无论照明光源的颜色、形式、属性如何，其价值总是归结为功能性的表现。因此，照明系统的设计是以技术为条件、以功能为目的实用性设计，照明设计时需考虑的因素也是以此为基本出发点的。

室内设计的目的就是要满足空间使用者对于其工作、学习、生活的室内环境在物质上以及精神上的需求，为此，室内照明系统在上述几个不同设计阶段均要从满足空间功能、强化空间装饰、经济实用等几个方面来开展其设计工作。

1. 满足空间的使用功能

空间的主要功能是室内照明设计的首要考虑因素，特别是在设计公共空间的时候，空间的利用目的、使用者的成分等基本情况作为一个项目设计的基本着眼点，是设计师在和客户进行项目接洽以及设计前期接触的时候就需要明确了解的，由此设计师才可以进一步进行照明光源的颜色、亮度、灯具的选择，决定布光方式。

图 2-76　公共空间中各区域对于照明功能要求不同
美国圣迭戈喜来登酒店

在大型公共场所中，室内空间因功能的不同需求、空间划分的面积以及使用者的构成均会有所变化。其中必然有一部分为单一功能的封闭空间，如健身房、阅览室、病房等，其使用者的成分也较为单纯，此时，布光方式较为简单；但有些公共场所是综合性、多功能的开放式空间组合，如有些西式酒吧会划分为吧台区、座位区、游戏区等不同区域，办公机构、大型博物馆以及酒店的大堂也会有接待咨询、休息等候、谈话交流、咖啡茶点等多种服务功能区域，此时，首先要考虑到各种功能空间对于照明系统的独特要求。保证基本亮度需求的背景性照明系统是开放式公共空间的最基本要求，而各个功能区域的个性照明常常依靠专属性照明来解决其特殊需求，同时，还需考虑临近的空间之间的光亮渗透。通常，在大型公共空间中，各种不同功能区域之间的照明系统在空间上会有一个光亮度的过渡区域，以避免照明光线在颜色、亮度上的过分干扰。然而，许多的多功能公共空间并不是所有功能同时利用的，所以设计师若能充分考虑不同功能区域的照明光亮度共同使用的可能性，将照明光源按照使用情况、亮度标准来分组，尽其可能地协调灯具的位置，光源的照度等，使得照明系统充分发挥其作用，也可有效地避免电能的浪费（图2-76）。

图2-77 夜晚的咖啡座照明
马来西亚沙兰协和酒店

有时，为配合某些功能区域的照明要求，背景性照明系统也采用主体照明光源附加亮度调节器来调整空间整体的明暗。比如，很多豪华酒店的开放式咖啡厅白天主要为人们提供茶点，以休闲为目的，所以空间照明的设计往往通透明亮；而在夜晚许多高档咖啡厅则常常成为人们娱乐、社交的场所，消费以酒水为主，有时会有乐队、歌舞为伴，此时的空间照明亮度要求创造温馨、柔和的气氛，此时，用于白天的背景性照明系统就需要借助亮度调节器来降低其区域内的光亮度，以配合夜晚较暗的环境氛围（图2-77）。

图2-78 灯光对于空间的围合界定作用

此外，照明系统可以作为开放式空间中某种特定功能区域的分割方式。特别是在多功能的公共环境中，灯光的辐射在空间中圈定出一定的范围，以这种或清晰或模糊的，无形却可视的界定方式与其他功能区域分割开来。通常，这种软性界定方式大多是由专属性照明系统形成的，比如，台灯或落地灯的水平高度和人们在阅读时的眼睛的高度基本属于同一个空间水平，给人们提供了一种近距离的亲密空间，所以人在这种灯光的环围之中会感到温馨舒适。同时，台灯或落地灯借助灯罩的遮挡在空间中形成锥形的明亮区域，无形中将使用者包围在统一的灯光之下，任何未经允许闯入此区域的外人均会引起使用者心理上的不安（图2-78）。

2. 强化空间的装饰功能

如前所述，照明系统利用其灯光的颜色、照射角度、明暗强度等手段突出、强调空间中的装饰界面或某一物体的特质，以达到充分发挥他们装饰功能的目的。一个粗糙的表面在正常日光或者光线垂直照射的情况下，其材料的组成、颜色清晰可见，表面平滑、温和，但其质感和肌理效果并不强烈；将照明光源移至较为偏斜的角度时，材料、色彩也许就会变得混沌不清，但其表面的凸凹便会借助光影的明暗关系被夸张、放大。因此，照明灯光要明确其被照对象以及目的，才能充分发挥其装饰强化作用（图2-79）。

图2-79 灯光对于材料肌理的强化作用

此外，灯光色彩的选择也是照明系统的一个关键所在。一个恰当的灯光颜色，不仅能够烘托空间气氛，而且能够强化对比色的存在。

3. 照明系统的经济实用

作为实用空间的设计师，室内设计人员在规划公共空间的照明系统时，首先要考虑施工时的造价、经济地规划线路、精确地计算配电功率、合理地布局灯具位置等，这些均为控制照明系统成本的有效措施。此外，设计师更应考虑到照明系统使用时的成本消耗，其中不仅包括此前提及的照明灯具的正常损耗、更新，还要顾及到照明系统整体线路的维修以及改造时的方便。在某些经济或工业不发达地区，更要考虑到当地供电系统的负荷承受力以及用电收费情况，避免设计与实际使用相脱节，造成材料以及人力、财力的浪费。

能源的浪费以及环境的污染已成为当今全人类所关心的话题。在20世纪90年代国际上环境学者提出"绿色照明计划"，很快在国际范围内得到广泛响应。1996年中国政府也制定了"中国绿色照明工程"实施方案[10]，提倡采用节约能源、保护环境，益于提高人们生产、工作和学习的效率，提升生活质量，保护身心健康的照明系统和措施。"绿色照明"主要包括照明节能以及环境保护两方面的内容。照明节能主要是指合理控制电能使用，采用高效、长寿的灯具，环境保护从推广新型照明器具入手，使照明器材的废弃物成为可回收、利用的二次资源，尽量避免由此产生的环境污染[11]。

此外，充分地利用日光，使其与人工照明密切配合，也是节省成本、节约能源的简单有效的方法。

四、光与影的设计

在照明科技日新月异的今天，人工照明系统已可轻而易举地为人类提供光亮，把人们从黑暗的环境中解脱出来，满足了人工照明最原始的目的。但是，随着生活水准的提高，人们对于所处的室内外环境提出了更高的审美要求，仅仅完成平衡自然光源与人工照明的互补已不再是今日设计师们所关注的重点，相反，如何在明亮的条件下创造和利用暗影成为建筑师以及室内设计师竞相追求的目标。

1. 光与影的关系

人类所接触的最原始的光来自太阳、月亮等自然界的发光体，而有了光人们才得以看清五彩斑斓的世界，才能进行获取生存物质的各种活动。因而，自然光源对于人类的祖先而言绝对是大自然的恩赐，也是最原始的宗教的起源，光代表了生存、希望，而黑暗代表了邪恶与不幸。作为最初级的人工照明工具，火的发现与利用延伸了光崇拜的意义[12]。为了使光更加醒目耀眼，黑暗的衬托作用就显得尤为重要。因此，光与影是辩证的两个因素，光创造了影，而影的出现突出了光的存在。光与影是并存的，没有阴影的空间是不存在的。千百年来，人们利用光影创造着开放或私密、喧闹或沉静、欢快或平和等各种空间性格。光影的设计实际是利用明、暗两个辩证因素在强度、面积等方面的比例所造成人们在心理上的不同反应来强化空间的气氛。因此，从某种角度讲，现代照明灯光的设计实际是光与影的设计[13]。

阴影的产生主要取决于光源的方向、强度等条件。在天气晴朗的阳光照射下，各种物体产生的阴影清晰明了，而阴天时的物体周围只有恍惚不清的暗影；正午时阳光直射，阴影仅集中于物体下方的小范围地面，而早晚阳光下的物体则会留下细长的投影。因而，光束的方向不仅决定被照射物体本身的明暗关系，同时也决定了阴影的方向、强弱、面积比例等，这些客观因素都直接作用于人们对于光影关系的心理理解，影响着照明系统在空间处理方面发挥的作用以及程度（图2-80）。

---

[10] 王晓东主编. 电器照明技术. 北京：机械工业出版社，2004. P124
[11] 李永井主编. 建筑物理. 北京：机械工业出版社，2005. P137
[12] （英）约瑟夫·瑞克维持. 亚当的天堂之屋. 纽约：现代艺术博物馆，1972, P12
[13] （日）面出薰著. 关忠慧译. 光与影的设计. 沈阳：辽宁科学技术出版社，北京：中国建筑工业出版社，2002. P13

图 2-80　同一建筑结构在有无阳光及灯光照射条件下所形成的不同光影关系的比较
希腊雅典 2004 年奥林匹克运动场馆主入口

在传统的审美条件下，人类已习惯于正常的交流对象面对光源，而且主要照明的光源来自脸部上方，当黑暗中一个背对惟一光束的人站在面前，或者光束由下向上地照射在对方的脸部，这种违背常规的光源位置所形成的光和影的夸张对比就会令人们产生恐惧、危险等非常的心理反应，因此，在公共空间的光影设计中，凡安置在常人高度范围之内的照明系统的布置要求保证大多数公众的正常心理安全程度，维护人们惯常的工作、生活、社交的空间氛围。

2. 光影的装饰性

对于室内设计师而言，照明系统的设计除了强调物体本身的装饰功能之外，主要利用物体所造成光与影的交错关系来丰富空间的层次。

图 2-81　结构的光影丰富了建筑的内部空间
西班牙巴塞罗那现代艺术馆

"光是一种材料"[14]。很多现代的大型公共建筑设计遵从简洁的功能性原则，其室内空间的整体造型以及颜色运用亦相对单纯，此时，很多建筑师借助自然及人工照明系统于被照对象所形成的光与影的明暗关系来表现建筑的立体空间结构，丰富建筑内部的空间层次（图 2-81）。

在进行室内空间的设计时，光影设计主要体现于光与影在各受光平面上以及整体的立体空间中所形成的美学关系。任何一个物体及其阴影在一定的审视角度下均可整体地作为点、线、面等构成概念的基本元素来看待。照明光源（特别是加强性照明光源）将其形状、大小、位置、方向、肌理等视觉元素强化，并以照射角度来形成重复、渐变、求异、放射等不同的组合方式，体现出光与影之间不同疏密、虚实等的构成关系，从而成为用以丰富单调空间的一种手段。

在公共空间中，大到空间结构的壁、柱，小到精美的

---

[14]（日）面出熏著．关忠慧译．光与影的设计．沈阳：辽宁科学技术出版社．北京：中国建筑工业出版社，2002．P12

饰物摆设，从人群到植物，只要有明确的光源体存在，室内空间中任何实体均可成为暗影产生的物质主体。由于物体所投下的阴影在空间中是无形的，其形象的可视性以及构成关系需要一个最终的体现媒介，所以室内空间中相对单纯的墙壁、顶棚以及地面往往成为光影的表现界面（图2-82）。公共环境中利用光影的装饰照明需要注意阴影的投射范围，特别是图案细碎的阴影落点，尽可能避开人群活动较多的区域，以免处于非流动状态下时人的面部成为阴影的显示界面，而留下非正常光影，干扰周围人们的视觉反映（图2-83）。

图2-82 利用人群的投影创作的装饰壁画
希腊雅典地铁站

图2-83 利用光影丰富空间装饰
2003年亚太设计获奖作品

图2-84 楼梯灯光的线条排列使空间构成元素间有了对比
意大利威尼斯阿斗塔货栈

室内空间的照明灯光不仅是制造环境所需亮度的机器，灯光装置本身还是提供空间美学构成元素的工具[15]。照明灯具借助所依附的墙、柱、楼梯等实体结构，充分发挥其光影的互补关系，从而创造一些细节的变化，使某些空阔单调的大比例空间产生疏密、大小等对比关系，活跃整体空间的气氛（图2-84）。

---

[15]（日）面出熏著，关忠慧译. 光与影的设计. 沈阳：辽宁科学技术出版社，北京：中国建筑工业出版社，2002. P12

图2-85 灯具装置是装饰工具
日本东京藏酒馆

另外，灯光装置本身亦是空间装饰的一种工具[16]。此处所指的灯光装置不同于灯具造型的装饰性，它是指人们所感知的灯具辐射出的光亮或方或圆、或长或扁的几何形状。光亮的形状作为装饰构成的点、线、面等概念要素组合排列成等富于韵律感的展示形式，并以此来增加空间的装饰关注点（图2-85）。总而言之，自从人类懂得了如何利用火、电，人工照明的开发利用就一直是人们不断探求的问题。时至今日，城市夜间的亮度已成为一个国家或地区发达程度的衡量标准之一。但是随着生活水准的不断提高，人们对于室内外环境有了更高的审美追求，特别是在室内环境中，灯光越亮越好的传统标准已被讲究实用、情调、气氛互相结合的现代生活观念所替代。许多室内公共环境中的人工照明系统的设计已不仅仅满足于提供光亮，而且将照明光影作为服务空间主题功能的有力工具。因此，在现实的空间设计实践中，室内设计师对于照明系统的把握更集中于充分利用光与影的辩证关系，力求用最少的光电能耗装置创造一个较为舒适的灯光环境。为此，室内设计师需要与专业的电气工程师密切配合，从工程基本设计阶段到最后完成安装调试，不断地积累经验，调整预想的照明设计，从而完成光影与空间功能的和谐统一。

第三节 公共空间室内色彩设计

色彩学是公共空间室内设计中一门重要的学科，随着近年来公共空间室内设计学科的快速发展和相关门类的完善，色彩学也得到了长足的进步。在公共室内空间中，色彩除了人们正常理解的可起到引导与疏导人流的作用外，还可起到调整社会人群压力，完善室内设计功能等诸多方面的作用。尤其是在大型的公共室内空间里，色彩对于整个人流的引导和室内功能的完善起到的作用是极其重要的。介于色彩学是一个极其庞杂的学科，在本章节中我们只将色彩学中与公共空间室内设计有关的知识点进行了整合与介绍。

一、色彩系统概述

1. 色彩产生原理

日常生活中，我们要通过光感受很多种颜色和色调。在不同光源影响下固定颜色会产生不同的变化。在本节中将要阐述的正是在光的影响下色彩产生的原理。

就像形状和质感一样，色彩是所有形态的内在视觉属性。在所处的环境背景中，我们被色彩包围着，然而，赋予实体的色彩源自照亮并揭示空间和形态的光，有了光，色彩就

---

[16]（日）面出薰著，关忠慧译. 光与影的设计. 沈阳：辽宁科学技术出版社，北京：中国建筑工业出版社，2002. P12

会存在[17]。

想要感受到这多彩的客观世界，很大程度上依靠视觉，而这必须要有两个前提：一是有光照，二是有一双能感光和感色的眼睛。其中，光照是根本，黑暗中就连物像也一并消失了，所以"光"是色彩显现的前提。光源有很多种，太阳、月亮以及各种人工光源，其效果也会不同。除了亮度不同，其最主要的区别是具有不同的"光色"，色彩学上以"色温"为衡量的指标——色温高，光色偏于蓝紫；色温低，光色偏于橙黄。不同色温的光照射在同一对象上，其色彩的呈现是不同的，通常被通俗地理解为色光的"染色"效果。

日光经三棱镜折射，会映射出红、橙、黄、绿、青、蓝、紫等一系列"光谱色"，色彩学上把其中色差最明显的六种称之为"标准色"，即红、橙、黄、绿、蓝、紫（图2-86），所以，所谓白光，其实是色光的混合，但同样多的色彩混合，结果却是相反的黑浊色。因此，色光和色彩虽具有同样的颜色感，却是完全不同的事物。色光越加越亮，而色彩越加越暗（图2-87）。

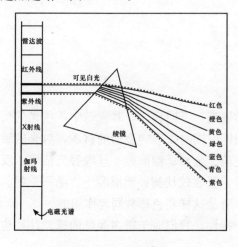 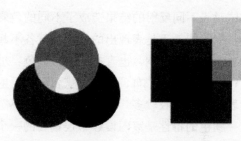

图2-86　光谱色图　　　　　　　图2-87　色彩的混合

物理学将色彩看成是一种光的属性。在可见光的光谱内，色彩是由波长决定。从波长最长的红光开始，我们经过光谱中的橙光、黄光、绿光、蓝光和紫光到达波长最短的可见光。当这些有色光以大致相等的数量出现在光源中时，它们就结合成了白光，看上去是无色的光。

白光照在不透明物体上，会发生选择吸收现象。物体的表面吸收某种波长的光，反射其他波长的光，我们的眼睛将反射光的色彩看成是该物体的色彩。

哪些波长或范围的光波吸收，哪些光被反射从而成为物体的色彩，是由物体表面的色素决定。红色的表面呈红色是因为它吸收大部分落在它上面的蓝光和绿光，反射光谱中的红光，同样，蓝色的表面吸收红色光。依此类推，黑色表面吸收整个光谱中的光；白色表面反向射整个光谱中的光（图2-88）。

虽然在室内设计中主要涉及的是色彩的运用，但是对色光的基本概念一定也要有所

---

[17]（美）程大锦著．室内设计图解．2003，P106

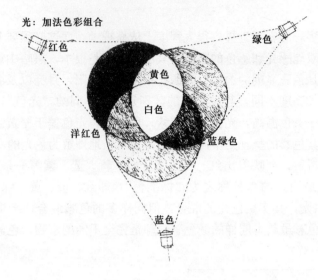

图 2-88 色彩的组合

掌握。

2. 色彩的表现

物体对光不同反射的结果造成了不同的色彩表现。不同物体，对光谱中各色光的反射率和吸收率不同，于是表现出的色彩也就各不相同。同时，事物表面的材质，对光的吸收和反射也有很大的影响，也直接影响到显色：玻璃、金属、釉面砖、丝缎等光洁面，反射很强烈；粉刷、涂料、布、革等细腻表面，反射、吸收较均衡；而混凝土、毛石、呢、麻等粗糙表面，就吸收较多。我们常说的"质感"总是这样和色彩共同起作用的。

这一颜色的特性是室内设计中很重要的一个特性，我们对于很多颜色的感觉往往也和质感一起表现出来。

3. 色彩分类

(1) 三原色

红、黄、蓝三色可以调配出其他各种色彩，而其他色彩无法反过来调和出它们，因此，红、黄、蓝色称为三原色。

(2) 间色、复色、补色（图 2-89）

a. 间色：又称"二次色"，由两种原色混合而成，如红＋黄＝橙、黄＋蓝＝绿、蓝＋红＝紫，橙、绿、紫即是间色。但应注意，间色不同于原色的惟一性，它是一系列同类相近色彩的总称。

b. 复色：又称"三次色"，是由间色混合而成，如：

橙＋绿＝（红＋黄）＋（黄＋蓝）＝（红＋黄＋蓝）＋黄＝黑浊色＋黄＝灰黄

绿＋紫＝（黄＋蓝）＋（蓝＋红）＝（红＋黄＋蓝）＋蓝＝黑浊色＋蓝＝灰蓝

上述两种难以确切命名的灰黄、灰蓝便是复色。复色即是包含着所有三原色成分的混合色，只是依其中红黄蓝色的成分的多寡，在黑浊色中带有某种色偏，其色彩比原色或间色要灰暗多了，颜料中的赭石、土红、熟褐一类均是属于复色，许多天然建筑材料如土、木、石、水泥等的本色，大抵都是深浅不一的复色，色彩均较沉稳。

c. 补色：又称"余色"，色环中处于180度两端的一对色彩，一般视作互为补色（图2-90）。

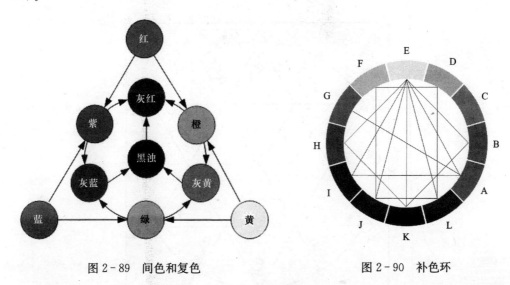

图2-89 间色和复色　　　　图2-90 补色环

（3）冷暖色

色彩在客观心理上有冷暖感，这是一般人都有的感受，由此而引出色彩的另一种重要的特性。事实上，即便黑、白、灰也只是理论上的绝对中性，一旦应用起来，它们也有色偏，这种细微的差异，在应用中却不可小看。

在室内设计中，细微的冷暖色差异与色偏的倾向都会主导空间营造的不同氛围。

4. 色彩三要素——色相、明度、纯度

物体表面的材料拥有天然色彩，这种天然色彩可以用含有色素的油漆或染料来改变。有色光在性质上是加法的（addictive），然而色素是减法的（subtractive）。每种颜料都吸收一定比例的白光。当将颜料混合到一起时，它们所吸收的光结合起来使光谱中不同的光消失，由保留下来的光来决定混合颜料的色相（hue）、明度（value）和纯度（intensity）。

色彩有3种量度：

（1）色相（hue）：我们辨认、描述色彩的颜色属性，例如红色或黄色。

（2）明度（value）：与黑白有关的色彩的明度或深度。

（3）纯度（intensity）：与相同度的灰白色相比，色彩的纯度（purity）或饱和度（saturation）。

色彩的所有这些属性之间是有必然联系的。每种色相都有正常的明度。例如，纯净的黄色比纯净的蓝色的明度低，当将白、黑或一种互补色加入到一种色彩中去减轻或加深它的明度时，它的纯度也将会减弱。如果没有同时改变其他两种属性，很难调整色彩的任一属性[18]。

---

[18]（美）程大锦著. 室内设计图解. 2003，P108

许多色彩系统试图将色彩以及它们的属性按照一定的可视顺序排列。最简单的一种是将色彩按照主要色相、次要色相和第三级色相排列，例如 Brewster 色环（color wheel）或者 Prang 色环（图 2-91）。

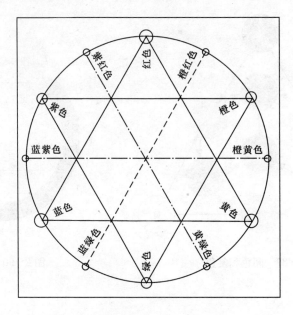

图 2-91 色环

（1）色相：系指各种色彩的不同相貌。它通常是与光谱色中一定波长的色光反射有关，习惯上以红、橙、黄、绿、蓝、紫标准 6 色或根据不同的研究体系以更多些的 10 色、12 色、24 色甚至 100 色的连续色环来表示。

但色环上的色都是没有杂色的艳色，在生活中，尤其在室内设计应用上，更多地会出现一些非色环上那样单纯的色彩，于是色相种类就变得非常繁杂，人们对一些难以直接命名的则常在标准色前加以深浅、明暗、粉灰甚至偏 x 的 x 色，带 x 的 x 色等来约略地称呼，以求区别，这是广义的色相。

在实际应用中，因为需利用颜料进行设计，和颜料名称挂钩的色相认识可能更有实际意义。下面以红黄蓝三类色彩中，不同称谓颜料的色偏作一概略介绍：

红类：朱红——红偏黄

　　　大红——偏橙

　　　曙红——偏紫

黄类：奶黄——黄偏白

　　　柠黄——偏绿

　　　中黄——偏橙

蓝类：钴蓝——蓝偏白

　　　湖蓝——偏绿

　　　群青——偏紫

（2）明度：指色彩的明暗度。一般有两重含义，一是指不同色相会有不同明度；二是指同一颜色在受光后由于前后的不同，或者是加黑加白调色后的明暗深浅变化，如红色的暗红、深红、浅红、粉红等（图2-92）。表2-1是一些色彩与黑白色相比较的明度值。

一些色彩与黑白色相比较的明度值　　　　　　表2-1

色相	白	黄	橙	绿	橙红	蓝绿	红	蓝	紫红	蓝紫	紫	黑
明度	100	78.9	69.85	30.33	27.73	11	4.93	4.93	0.80	0.36	0.13	0

图2-92　不同明度的红色　　　图2-93　孟塞尔色系统图示

了解这一系列数值，对认识色相间明度差异的幅度很有好处。室内色彩设计要想达到醒目的设计目的，决不在于色相的缤纷，而在于明度反差的加大。

（3）彩度：又叫纯度、艳度，也就是色彩纯净和鲜艳的程度。与色相、明度一样，无褒贬之分，只看应用场合的需要。公共空间的室内设计色彩应用中，大面积的墙面等处，多半会以低彩度、高明度的姿态出现，以避免高彩度色彩的过于刺激夺目。

孟赛尔（Munsell）系统是一种更具综合性的、用来精确定义和描述色彩的系统，该系统是由阿尔伯特·孟赛尔（Albert H. Munsell）提出并发展起来的。根据色彩的色相、明度和纯度等属性，这一系统用三种有秩序的均匀的视觉阶梯值将色彩排列起来（图2-93）。孟赛尔系统是以五种主要色相和五种中级色相为基础的。这10种主要色相分别放在10个色相阶梯（hue steps）中，并水平地排列在圆中。

垂直延伸色相的中心便得到一个中间色的明度尺度表，从黑到白，这一尺度表被分成10个视觉阶梯（visual steps）（图2-94）。垂直的明度尺度表也反映了纯度的等级。等级的数量将根据每种色彩的色相和明度可达到的饱和度而变化（图2-95）。有了这一系统，具体的色彩可用以下的符号识别：色相　明度/纯度简化为HV/C，例如：5R5/14将代表具有中级明度和最大纯度的纯净的红色。

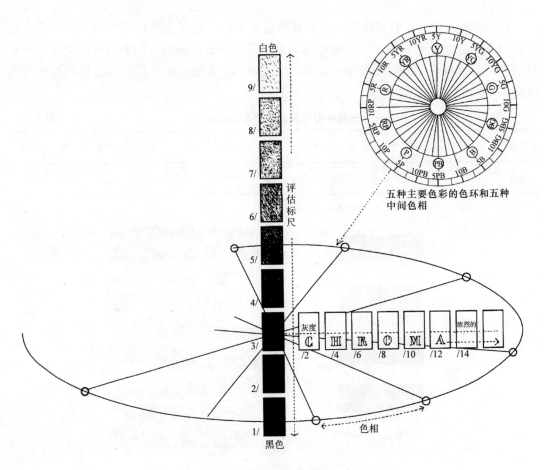

图 2-94 视觉阶梯图

图 2-95 色彩的饱和度

无论是在科学、商业上还是在工业中，在没有实际样品的情况下，能够准确表达某一具体色彩的色相、明度和纯度的能力是很重要的，但是色彩的名字和符号仍不足以用来描述色彩的真实视感。在光下所看到的实际样品的色彩，对于色彩搭配的设计过程来说是必要的。

二、色彩在公共室内空间中对人的心理与生理影响

色彩感觉和效果问题比较复杂。首先要注意到，客观的公共室内环境很少由单一色彩构成，而常以色彩的组合关系在起作用；其次，色彩感觉涉及主观联想故因人而异，带有主观性、多样的色彩敏感性和偏爱是普遍存在的；第三，色彩总是依附于具体的对象和空间，而对象的性状和空间的不同形式肯定要对色彩感觉产生影响。

进行公共室内空间的色彩设计，应注重色彩的客观效果，力求将设计者个人的感受好恶与大众的接受心理产生共鸣。理性地把握色彩感觉，对出效果是绝对必要的，但应避免去追求像数学或化学那样的精准的、公式化的"配方"，这类违背艺术规律的努力，往往是徒劳的。

1. 色彩的象征性意义

色彩的视觉感受本是一种生理反映，但人类生活经验不断积累和对色彩事物的相关体验，又自然会产生心理影响，一定的色彩引起一定的心理联想，进而又客观或主观地赋于色彩以一定的象征意义。对于主观的象征意义，因为是人为的，没有普遍性。

色彩的象征性，与人的心理活动相联，而人和人之间的阅历、文化教养等都不一样，心理活动地会有相应差异；就是同一人，在不同的心境下，对客观事物也会作出不同的反应，对色彩也同样，所以，所谓色彩的象征性并没有严格的对应性，但大致的性质范畴却是有约定俗成的认同性的，一般认为：

红：热烈、喜庆、革命、警醒等；

黄：光明、忠诚、轻柔、智慧等；

蓝：深远、沉静、崇高、理想等；

橙：成熟、甘甜、饱满、温暖等；

绿：青春、和平、生命、希望等；

紫：忧郁、神秘、高贵、伤感等；

褐：沉稳、厚实、随和、朴素等；

灰：孤寂、冷漠、单调、平淡等；

黑：深沉、严肃、罪恶、悲哀等；

白：纯洁、清净、虚无、高雅等。

但是当各种色彩明度、彩度稍有改变时，其象征性联想会非常不同，如黄色，加白提高明度，会给人以稚嫩感；可一旦彩度降低，就变为枯黄，马上会和苍老、腐败、病态等相联系；紫色加白色提高明度，变为粉紫，绝不再忧郁，而有一种明快轻盈的象征，也没有了神秘感而是变得亲切了；各种非黑白混成的"灰色"，由于蕴含着三色成分，绝不同于真正的"灰"的冷漠，而是在应用中很有亲和力的色彩[19]。

---

[19] 张为诚，沐小虎编著．建筑色彩设计．2000 年，P8

这里从日本色彩学会进行的社会调查就能够感受到色彩对于我们生活的象征性意义。

在东京、汉城、上海和中国台北四个城市中对青年人中进行色彩象征意义的调查发现，对于每一个词的色彩描述，大家的基本色感是几乎相同的（图2-96）。

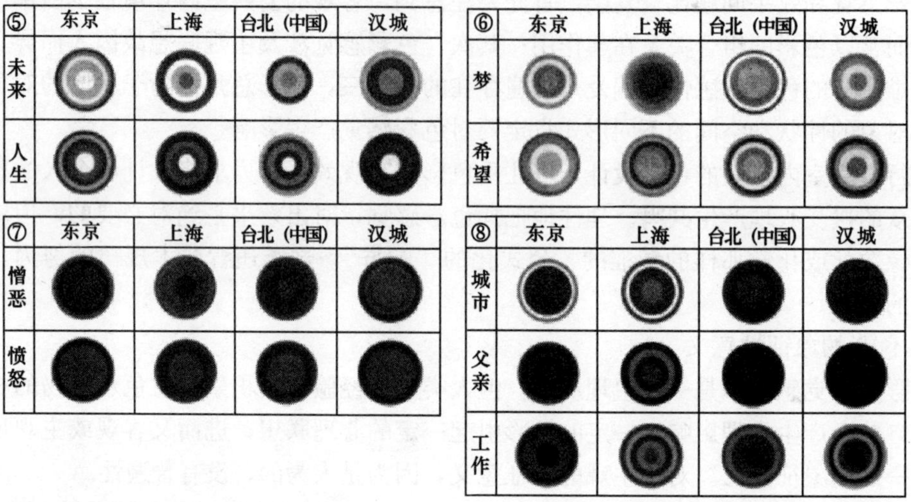

图2-96

但同时，因为所受教育以及社会大环境各种综合因素的不同影响，对个别词的理解会出现不同。比如：对父亲这个词的理解。中国上海对于父亲的理解中除了有稳定而威严的深灰和黑外还带有一定阳光温暖的暖色，而受父权社会影响较深的韩国和日本则基本上都是威严而严肃的黑色。从简单的颜色描述中我们就能深深感受到颜色的象征意义对于人的重要性。

类似的调查已得到大致相同的结果。图2-97为"色的联想"调查表。该表选取美国108名和日本126名中学生为调查对象，进行色彩意义联想的调查。图表最上端为颜色内容，上段为美国学生的颜色意义联想，下段为日本学生的颜色意义联想。带有下滑线的内容为两国学生有共同联想的内容。

2. 一般心理感觉

A、面积感——明度高的色彩有扩张感；明度低，特别在冷色时有收缩感，紫色为最。

B、位置感——暖而明的色朝前跑；冷而暗的色向后退。

C、质地感——复色、明度暗、彩度高时有粗糙、质朴感；如驼红、熟褐、蓝灰等；色相较艳、明度亮、彩度略低时，有细腻丰润感，如牙黄、粉红、果绿等。

D、份量感——高明度冷色，感觉轻，如浅蓝、粉紫（雪花、飞絮、雾霭等的联想）；低明度的暖色，感觉重，如赭石、墨绿（岩石、机器、老建筑等的联想）。

黑	白	红	橙	黄	绿	蓝	紫	褐	灰色
死亡的 64	和 平 68	热情 75	戏耍 36	炉嫉 28	自然 62	信任 49	欺骗 34	男人 26	委屈 51
黑暗 58	裸体 59	情绪 71	可笑 27	厌恶 25	自然的 30	合作 38	毒 26	男性 23	惊吓 47
杀人 44	婴儿 51	气质 69	祭祀 25	快乐 25	毒 25	调和 36	不幸 25	厌恶 23	过去 47
担忧 36	灵魂 51	活动 65	快乐 25	权利欲 22	年轻人 18	献身 36	盗窃 24	父亲 21	老人 42
悲惨 30	单纯的 48	反抗 52	早上 23	笑 22	愿望 16	胶(腺) 36	泪 22	工作 21	理论 42
欺诈 28	儿童 48	力量 50	胜利 25	苦痛 21	善 16	责任 31	悲伤 21	依存 20	担心 40
谎言 25	心 40	性欲 48	欣喜 23	利益 15	自我介的 30	生病 21	职业 19	工作 38
盗窃 21	尊敬 30	紧张 46	独创 21	快乐 15	慈善 15	女子 21	担心 20	兄弟 19	溅(不幸) 36
损害 21	母亲 30	爱情 43	成功 19	野心 20	帮助他人的心 15	儿子 30	黄昏 20	盗窃 19	悲伤 32
有毒的 21	宗教 29	主动的 40	调和 15	祭祀 20		帮助他人的心 29	拘束 19	溅(不幸) 19	孤独 30
	孤独 27	胜利 38	利益 15	自发性 20		母亲 29	炉嫉 19	机械功能 19	
		羞耻 36				满足 29			
死亡的 51	护士 60	热情 79	女儿 44	玩笑 49	自然 64	科学 41	炉嫉 38	父亲 42	失败 56
黑暗 47	心 41	胜利 57	家庭 41	儿童 43	自然的 47	泪 40	怨恨 33	老人 40	机械 47
杀人 36	善 29	欲望 46	女朋友 41	玩笑 39	调和 36	儿子 37	怜悯 30	劳动 39	不幸 46
有毒的 27	自由 28	活动 45	欣喜 41	单纯 33	合作 33	兄弟 37	毒 29	工作 29	生病 45
男人 26	和平 26	祝祭 43	满足 36	玩笑 31	从顺 29	男性 36	性欲 28	职业 28	委屈 40
怨恨 25	未来 26	力量 43	可笑 34	成功 29	教育 28	悲惨 35	宗教 28	社会的 24	惊吓 40
憎恶 21	一个人 25	反抗 39	爱情 33	快乐 28	有用 27	理论 35	黄昏 27	礼仪 24	苦难 39
苦难 21	灵魂 25	爱情 33	快乐 33	利益 25	亲切 25	理想 34	情绪 23	不利 22	老人 39
男性的 21	裸体 25	炉忌 28	母亲 33	婴儿 23	和平 25	确信 29		苦难 21	担心 36
灵魂 20	良心 24		幸福 30 女性	未来 20 合作	儿子 25	年轻人 29	灵魂 担心 22 憎恶	盗窃 21	苦恼 35

图 2-97

3. 因人而异的色彩联想倾向

　　儿童——简单、鲜明、活跃
　　青年——明朗、清新、偏于表露
　　老年——沉稳、柔和、偏于含蓄
　　女性——鲜艳、华丽、雅致
　　城市——淡雅、清晰
　　农村——浓艳、强烈
　　南方——明丽、素雅
　　北方——深沉、朴实

三、公共空间中色彩的运用

　　生活中离不开色彩，色彩用途十分广泛，衣、食、住、行哪一样都与色彩有关。公共空间的室内设计中色彩的作用也是极为重要的。寻根究底，色彩的各种各样的作用都是源发于色彩三个基本的功能。

　　1. 物理功能

　　色彩的物理功能主要指色彩的光属性。白色之所以看起来是白色的，是因为它反射了所有色光。色彩既然是物体在光照下呈现于人眼的一种感觉，那么，它和物体材质有一定的关系。

在公共空间室内设计中，我们要特别注意各种室内装饰材料的反射率与颜色特性（参见表2-2、表2-3）。

建筑材料反射率（％）引自《建筑色彩设计》　　　　　　　表2-2

白砂	20~40	白大理石	50~60	水泥粉刷	25	红砖（新的）	25~35
水面	2	石膏面	92	水泥地面	23	石材	20~50
人造石	30~50	石灰粉刷	50~70	红砖（旧的）	10~15	水磨石	60
石棉瓦	46	铝（光面）	75~84	金	60~70	黑玻璃	5
混凝土路面	12~20	银（光面）	95	铜	50~60	乳白玻璃	60~70
草地	8	玻璃	80~85	锡箔	20~30		
绿化	5~8	白铁片（新的）	30~40	白帷幔	35		
木板（杉）	30~50	铅	70~75	透明玻璃	10~12		

油漆色彩的反射率（％）引自《建筑色彩设计》　　　　　　　表2-3

银灰	35~43	大红	15~22	深蓝	6~9	深棕	6~9
深灰	12~20	棕红	10~15	淡黄	70~80	黑	3~5
湖绿	7~11	天蓝	28~35	中黄	56~65		
粉红	45~55	中蓝	20~28	淡棕	35~43		

表面粗糙的物体反光少，吸收光能多，即使反光也是漫射光。表面光滑的物体反光强，越光滑越能引起相邻物体色相的变化，有时反光产生的冷暖效果甚至超过固有色的冷暖效果。光线照在物体上，只能有三种情况：透射、反射和吸收。对一个公共空间来讲，要达到保温、隔热的效果，显然，选用反射率高的材料作为外表面饰材是在情理之中，从表2-2我们可以知道，常用的建筑材料对光线的反射率，这不仅有助于设计外墙面，也用来设计室内空间，调节室内的明暗光线，粗糙质地等。表2-3则揭示，即使同为油漆饰面，色彩反射率差别也很大。

2. 生理功能

色彩引起人和动植物生理上的反应，这反映了色彩所具有的生理功能。色彩对有生命的动植物均有影响。生理心理学认为，我们的感官能够把物理刺激能量，如压力、光声和色彩、化学物质转化为神经冲动传至脑中从而产生一系列感觉和知觉等生理现象。

科学研究表明，白色太阳光分离成的色彩光谱从排列顺序看，"红、橙、黄、绿、青、蓝、紫"与人的色彩兴奋到消沉的刺激程度是完全一致的。处于光谱中段色彩在其他条件相同情况下，引起视觉疲劳程度为最小，处于光谱中间的绿色因此被称为"生理平衡色"。依次类推，属最佳色彩是淡绿色、淡黄色、翠绿色、天蓝色、浅蓝色和白色等。进一步研究发现，我们的大脑和眼睛需要中间灰色，如果缺乏这种灰色就会变得不稳定，无法获得平衡和休息。这也是视觉残像现象的根源所在。人眼注视一色块，当目光移开后见不到该色的补色，会自动产生其补色，以寻求色彩平衡。第二次世界大战后，美国色彩专家率先应用"色彩调节"技术于医院手术室，将白墙改刷绿色油漆，不但稳定了医生情绪，还可消除眼睛疲劳，尤其是久视血红而产生的补色需求，可直接从环境中得到满足，从而大大提高工作效率。色彩在生理层次上的研究，为色彩应用提供了较为科学的根据，避免了主观臆测的种种缺陷。在1797年，英国科学家朗福德（Benjamin Thompson Ramford，1753～1814年）提出色彩和谐的观点，认为色光混合后呈白色的话，这些色光就是和谐的。相应地颜料色混和后成灰黑色的话也认为是和谐的。由此可见，我们在色彩搭配时，不论颜色的多寡，或用类似色还是对比色，都须注意总量的平衡，以寻求和谐和舒适的色彩环境。不过，这种"量"并不是简单的数量，如面积大小，明度或彩度等的差别，而是指对人眼的"刺激量"。

3. 心理功能

都市中的交通指示灯选用的色光是红、绿、黄。究其原因既有色彩的生理作用也有心理作用。事实表明，色彩引起人的兴奋速度以红色最快，绿、蓝次之，而黄色较明亮，白天尤为醒目、穿透力强。因此，交通灯用这三色。在具体用途上，可能心理作用起了很大作用。红色让人联想到危险，如火、血之类，故红灯亮时禁止车辆通行；绿色能给人以安全、快适之感，让人想到的是有蓬勃生命力的草地、植物等。而黄色有轻快、镇定作用，光感强，常用来表达光明、注意等信息。色彩的联想可以是具象的、直接的，也可以是抽象的、间接的。尽管人们对色彩的心理联想存在着种种差异，但不排除有相当的共同之处，尤其是比较直接的，如对色彩的冷暖、轻重、远近等感觉方面几乎没有什么不同。正因为如此，色彩调节技术才具有普遍意义。众所周知，鲜艳色彩搭配适当，能有效增进儿童思维能力的发展；花园式工厂不仅美化了环境，也有利于生产效率的提高。资料表明，色彩调配得当，工人不易疲劳，劳动生产率可提高10%～20%。总之，对公共空间中色彩的不断地探究可能会使用途更为广泛[20]。

4. 色彩在公共空间室内设计中的作用

色彩既然是一种视觉元素，在公共空间室内设计上主要作用还是造型方面。就是在造型方面，色彩作用因为建筑室内外环境、功能等差异而显示出不同的特征。室外环境中光源主要是自然光即太阳光，夜间才是人工照明。在建筑上，色彩处理侧重表现材料的固有色，强调的是块面效果，也就是为远距离观赏着想。而公共空间的室内就不同了，色彩设计更注重灯光作用以及对材料的影响，选用材料强调质感或纹理，便于近距离观察。前者以突出形体、增强识别为色彩设计的主要目标，而后者在公共空间室内环境中更注重营造氛围，突出功能以实现房间的功能目标。由于室内更适合于近距离观赏，因此，细部是不能忽视的。实际上，色彩在建筑中的作用并不仅限于造型方面，还有热工方面的作用，比如，被动式太阳房集热板外表面涂黑，以提高吸热效率，而遮阳板则相反，选用抛光白色铝板则有利于反射日光。

根据信息在视觉上传达的原理，色彩作为一种视觉符号，它所能传达的信息不外乎有四大功能：

---

[20] 张为诚，沐小虎编著. 建筑色彩设计. 2000年，P15—18

(1) 物理功能：主要是建筑热工方面的作用。

(2) 识别功能：主要指建筑群体环境中色彩可用作为标识、区分的手段，划分空间层次，显示不同功能区域，表明其用途，对使用者有导引作用。

(3) 美感功能：主要体现在单体造型上，色彩有调整比例、掩饰缺陷的作用，能够突出室内形体的特点，烘托功能，也能够加强材料、灯光等的表现力，这在室内环境中尤为突出。比如，法国国家图书馆中一个公共阅览室的色彩处理着力强调木材本色，油漆和灯光都加强了本色的表现，同时也营造了一个静谧、舒适的读书环境。

(4) 情感功能：主要指由色彩联想引发的文化象征作用。人们对于色彩的爱好、选择不是随意的，而是受制于民族、地域、宗教、民俗甚至个人的文化修养、审美习惯、职业等因素，这一种约定俗成的现象或规律值得我们注意和研究[21]。

色彩的联想把观念、情感等内容引入后，久而久之成为色彩的象征，以致上升至文化层次，从而就有了民族、个人之间的种种差异。

在书后，我们引入五个利用比较单纯颜色进行公共空间室内设计的实例，希望读者能从中进一步领悟与理解关于颜色设计与颜色调和的更多知识（色彩范例见附录3）。

第四节　公共空间室内装饰材料

设计的独创往往不仅限于造型本身，而更多的是由材料应用的创新、结构方法的创新所带来的新的造型。

室内设计师虽然接触到多种装饰材料，但设计作品绝不是各种材料的堆砌，设计师应合理而巧妙的利用不同材料来体现自己的设计，并且要经常注意材料的变化，在可能的条件下，争取使用最新的环保材料和地方材料，作为创造健康、安全、优美的室内生活空间的基本保障[22]。

实质上装饰材料对室内设计最终效果至关重要，相同的造型、照明、色彩，不同的材料表现，会形成不一样的空间品质。在工程设计中如果因为价格方面的原因选错材料还可以理解，若是由于对材料了解的偏差和审美判断有误造成损失，就很遗憾了。所以学习和了解材料方面的相关知识很重要。我们在关注材料自身质量的同时，也应当关注材料自身的艺术表现力，不论是什么材料，它都要服务于他所在的实体的空间，让空间更具有表现力，能够为处在空间中使用者更好的服务。

一、室内装饰材料的特性

室内装饰材料可分为实材、板材、片材、型材、线材等。实材也就是原材，主要是指原木及原木制成的规方，以 m^3 为单位。板材主要是把由各种木材或石膏加工成块的产品，统一规格为 1220mm×2440mm，板材以块为单位。片材主要是把石材及陶瓷、木材、竹材加工成块的产品，在预算中以 m^2 为单位。型材主要是钢、铝合金和塑料制品，在装修预

---

[21] 张为诚，沐小虎编著. 建筑色彩设计. 2000年，P19
[22] 杨捷. 室内设计趋势与装饰误区

算中型材以根为单位。线材主要是指木材、石膏或金属加工而成的产品,在装修预算中,线材以 m 为单位。室内装饰材料按装饰部位分类则有墙面装饰材料、顶棚装饰材料、地面装饰材料。按材质分类有塑料、金属、陶瓷、玻璃、木材、涂料、纺织品、石材等种类。按功能分类有吸声、隔热、防水、防潮、防火、防霉、耐酸碱、耐污染等种类。

1. 室内装饰材料的作用

(1) 保护功能:现代室内装饰材料,不仅要改善室内的艺术环境给人以愉悦的视觉感受和身心的舒适感,同时还应兼有绝热、防潮、防火、吸声、隔声等多种功能,起着保护人体和建筑物主体结构,延长其使用寿命以及满足某些特殊要求的作用。通过装饰材料,使主体结构表面形成一层保护层,不受空气中的水分、氧气、酸碱物质及阳光的作用而遭受侵蚀,起到防渗透、隔绝撞击作用,达到延长使用年限的目的。

(2) 使用功能:所选用的一切材料都应以创造一个能提高生活水准的环境为宗旨,也就是其物质功能,即材料的使用功能。轻质高强、性能优良与易于加工是理想装饰材料的特征。许多人工合成材料具有优良的物理、化学、力学性能,又便于粘贴、切割、焊接、塑造等加工。

(3) 声学功能:有些材料能辅助墙体起到声学功能,如反射声波或吸声、隔声的作用。

(4) 装饰功能:室内的装饰效果是由质感、色彩构成。材料的正确使用可形成某种氛围,或体现某种意境,以下所介绍的相关内容主要是由此展开的。

2. 室内装饰材料的质感

实体由材料组成,这就带来质感的问题。所谓质感,即材料表面组织构造所产生的视觉感受,常用来形容实体表面的相对粗糙和平滑程度,它也可用来形容实体表面的特殊品质,如石材的粗糙面、木材的纹理等。不同的质感有助于实体表达其不同的表情。材料的质感是丰富室内造型、渲染环境气氛的重要手段,不同的环境由于材料质感的差异,其装饰效果很不相同(图 2-98)。

每种材料的质感都存在两种基本类型,即触觉和视觉。触觉质感是真实的,在触摸时可以感觉出来;视觉质感是眼睛看到的,所有的触觉质感也给人们视觉质感;一般不需要触摸就可感觉出它外表的触感品

图 2-98 粗糙的质感

质,这种表面质地的品质,是基于人们过去对相似材料的回忆、联想而得出的反应,有时完全相同的造型,材料不同时会产生完全不同的效果,甚至尺度大小、视距远近和光照,对材料的质感上的认识都是重要的影响因素。

材料的质感主要表现为软硬、冷暖、粗细、明暗等。如木、竹,触感较暖;金属、石材,触感较凉;麻、布、皮革等质地柔软。

各种材料无论贵贱,都有其各自的特征与美感。大理石的华贵,混凝土的粗犷,木材的亲切都可以创造出好的室内设计作品,问题的关键不在于材料的贵贱,而在于设计师对于材料的体验。

3. 装饰材料的污染问题

室内设计装修的目的是提高生活品质，但伴随装修而来的环境污染也悄然进来，室内污染物在各种致癌源中独占鳌头，其中室内装饰材料是室内污染物产生的主要来源之一。因此为消除室内污染对人体带来的危害，设计师在考虑设计材料选用时要注意选择环保的，经质量认定的材料，拒绝使用假冒的廉价材料。适宜选用的材料应是集视觉、触觉宜人的材料；可回收再利用的材料；可耐久使用的材料；性价比较高的材料；天然、健康、绿色的材料。

(1) 环保型材料的特征

A. 基本无毒害型：是指天然的，本身没有或极少有毒害的物质，生产过程中未经污染，只进行了简单加工的装饰材料。如：石膏、滑石粉、砂石、木材，某些天然石材等。

B. 低毒、低排入型：是指经过加工、合成等技术手段来控制有毒、有害物质的积聚和缓慢释放，因其毒性轻微，对人类健康不构成危险的装饰材料。如：甲醛释放量较低，达到国家标准的大芯板、胶合板等。

C. 目前无法确定和评估的材料：如环保型乳胶漆、环保型油漆等化学合成材料。这些材料在目前是无毒无害的，但随着科学技术的发展，将来会有重新评定的可能。

(2) 室内空气污染源

A. 甲醛：甲醛（HCHO）是一种无色易溶的刺激性气体，甲醛可经呼吸道吸收，其水溶液"福尔马林"可经消化道吸收。甲醛具有强烈的致癌和促癌作用。

室内空气中的甲醛来源：

室内装饰的胶合板、细木工板、中密度纤维板和刨花板等人造板材中含有甲醛。因为甲醛具有较强的粘合性，还具有加强板材的硬度及防虫、防腐的功能，所以用来合成多种黏合剂，目前生产人造板使用的胶粘剂是以甲醛为主要成分的脲醛树脂，板材中残留的和未参与反应的甲醛会逐渐向周围环境释放，是形成室内空气中甲醛的主体。

B. 苯：苯是一种无色具有特殊芳香气味的液体，目前室内装饰中多用甲苯、二甲苯代替纯苯作为各种胶、油漆、涂料和防水材料的溶剂或稀释剂。人们通常所说的"苯"实际上是一个系列物质，包括"苯"、"甲苯""二甲苯"。苯属致癌物质，苯可以引起白血病和再生障碍性贫血已被医学界公认。人在短时间内吸入高浓度的甲苯或二甲苯，会出现中枢神经麻醉的症状。

室内空气中苯的来源：

苯主要来自建筑装饰中使用大量的化工原材料，如涂料、填料、油漆、天那水、稀料、各种胶黏剂、防水材料、一些低档和假冒的涂料。

C. 氡：氡是天然产生的放射性气体，无色、无味，不易察觉。多种建材和装饰材料都会产生氡，从而导致室内氡浓度逐步上升。氡对人体健康的危害主要表现为肿瘤的发生和诱发肺癌。

室内空气中氡的来源：

户外空气带入室内的氡，建筑材料中析出的氡以及用于取暖和厨房设备的天然气中释放出的氡。

D. 氨：氨是一种无色而具有强烈刺激性臭味的气体，是一种碱性物质，它对接触的皮肤组织有腐蚀和刺激作用。可以吸收皮肤组织中的水分，使组织蛋白变性，并使组织脂肪皂化，破坏细胞膜结构。长期接触氨的人可能会出现皮肤色素沉积或手指溃疡等症状；氨被呼入肺后容易通过肺泡进入血液，与血红蛋白结合，破坏运氧功能。

室内空气中氨的来源：

主要来自建筑施工中使用的混凝土外加剂，特别是在冬季施工过程中，在混凝土墙体中加入尿素和氨水为主要原料的混凝土防冻剂，这些含有大量氨类物质的外加剂在墙体中随着温湿度等环境因素的变化而还原成氨气从墙体中缓慢释放出来，造成室内空气中氨的浓度大量增加。另外，室内空气中的氨也可来自室内装饰材料中的添加剂和增白剂。

二、室内装饰材料的种类

人们生活在空间环境中，随时随地都会接触到各种材料，材料对任何人来讲都不会陌生，而设计材料学却是一门非常广博而难于精通的学问。一方面自然材料种类繁多，人工材料日新月异。另一方面，材料的结构奇巧莫测，材料的处理变化万端。本节所涉及的是可用于表面的主要装饰材料。对于装饰材料来说，只有在充分认识、了解它的特性、种类、优缺点之后，才能真正的掌控它。因此就要求设计师对材料有充分的认识和把握才能将其更好的运用到实际的设计中去。

1. 木材装饰

木材是一种质地精良、感觉优美的自然材料，一方面它的强度坚硬，韧性特佳，不仅易于施工，而且便于维护。木材也有缺点，最为显著的是容易造成胀、缩、弯曲和开裂现象，同时有节疤、变色、腐朽和虫蛀等弊病（图2-99）。

常见的实木板是采用规整的方材制成的木板材。这些板材坚固耐用、纹路自然，是装修

图2-99 木材原料

中最佳之选。但由于此类板材造价高，而且施工工艺要求高，并且容易变形，所以在装修中使用反而并不多，实木的板材一般多用于收口。

木材种类繁多，虽有色彩深浅的变化，但是选择时主要应考虑它的硬度、纹理及价格，色彩效果可通过色精擦色达到满意的木色效果。常用的木材种类繁多，以下简单介绍几种常用木料。

（1）柚木：柚木具高度耐腐性，在各种气候条件下不易变形，易于施工等多种优点。含有极重的油质，这种油质使之保持不变型，其密度及硬度较高，不易磨损，且带有一种特别的香味，能驱虫、鼠、蚁、防蛆。锯、刨等加工一般较容易，胶粘，油漆和上蜡性能良好。

柚木从生长到成材最少经过50年，生长期缓慢，又因一些原产国禁止砍伐，所以近年以缅甸进口的为上品。近年来，世界柚木资源出现萎缩，一些柚木出产国开始对柚木原料限制出口，致使柚木的价格较为昂贵。

（2）水曲柳：是比较常见的木材，其特殊而无规律的纹理有着出神入化又巧夺天工的

艺术魅力，能给人以回归自然的原始心态和美的艺术享受。水曲柳材质略硬，木纹清晰，有光泽，无特殊气味，耐腐、耐水性能好，木材工艺弯曲性能良好，材质富于韧性。锯刨等加工容易，刨面光滑，着色性能好，具有良好的装饰效果。水曲柳价格比较便宜，刷清油后颜色比较黄，但是只要细心加工，充分展现水曲柳的木纹效果，可以创造出优雅不俗的装饰效果。水曲柳可以漂白，褪去黄色，使颜色变浅；在木纹上染有黑色或白色，创造曲柳的现代感。

图2-100　竹材在设计中的应用效果

（3）胡桃木：胡桃木分黑胡桃木、灰胡桃木、红胡桃木。胡桃木是一种中等密度的坚韧硬木材，易用手工工具和机械加工，其干燥缓慢，木质细腻，不易变形，极易雕刻，色泽柔和，木纹流畅，耐冲撞摩擦，打磨蜡烫后光泽宜人。容易上色，可与浅色木材并用，尺寸稳定性较强，能适合气候的变化而不变形。胡桃木可以制作很多高级的家具，用柔美的线条来展现室内浪漫而典雅的风格，外加一些带装饰性的雕刻设计。

（4）竹：竹为速生材种，生长期大大短于木材，不易变形。经高温蒸煮与碳化，不生虫抗潮耐水，柔韧性能好，植物粗纤维结构，密度大，纹理自然、优雅，生长半径比木材小，受日照影响不严重，色差小。硬度高可循环利用，属可持续发展的材料。在室内设计中能体现自然的感觉（图2-100）。

2. 常用油漆

木材的应用一向离不开油漆的存在，二者搭配使用可以形成多样的变化。

（1）清漆：清油是指在木质纹路比较好的木材表面涂刷的油漆，操作完成以后，仍可以清晰地看到木质纹路，有一种自然感。漆膜干燥迅速，一般为琥珀色透明或半透明体，十分光亮（图2-101）。常用的清漆有：酯胶清漆、酚醛清漆、醇酸清漆、虫胶清漆、硝基清漆。

图2-101　涂刷清油

图2-102　中密度板作为顶棚装饰材料

（2）混油：混油是指工人在对木材表面进行必要的处理（如修补钉眼，打砂纸，刮腻子）以后，在木材表面涂刷有颜色的不透明的油漆。混油系油料、颜料、溶剂、催干剂等调和而成。漆膜有各种色泽，其质地较软，适用于室内一般金属、木材等表面，施工方便，使用广泛。

3. 人造板装饰

(1) 防火板

防火板是将多层纸材浸于碳酸树脂溶液中，经烘干，再以高温加压制成。表面的保护膜处理使其具有防火防热功效，且有防尘、耐磨、耐酸碱、耐冲撞、防水、易保养、多种花色及质感等性能，是目前越加广泛使用的一种新型材料，防火板的厚度一般为 0.8mm、1.0mm 和 1.2mm。

(2) 铝塑板

铝塑板是一种新型装饰材料，以其经济性、可选色彩的多样性、便捷的施工方法、优良的加工性能、绝佳的防火性受到人们的青睐。铝塑板是由经表面处理并涂装烤漆的铝板作为表层，聚乙烯塑料作为芯层，经过一系列工艺处理，选用进口高分子膜热压复合而成的新型装饰材料。它平整度好，颜色均匀，色泽光滑细腻，无色差，易于加工成型。铝塑板可以切割、裁切、开槽、钻孔，也可以冷弯、冷折、冷轧，还可以铆接、螺丝连接或胶合粘接等。

(3) 中密度板

中密度板是以木质纤维或其他植物纤维为原料，施加脲醛树脂或其他适用的胶黏剂制成的优质人造板材。它以稳定的性能明显优于其他人造板，并集轻质、高强、隔声、隔热、不变形、平整度好、不易开裂、粘合力强、易于加工等特点于一体，但也存在韧性差、怕潮等不足（图 2-102）。

(4) 装饰面板

装饰面板是用木纹明显的高档木材旋切而成的，厚度在 0.2mm 左右的微薄木皮，以夹板为基材，经过胶粘工艺制作而成的具有单面装饰作用的装饰板材。它是普通胶合板上覆贴一层名贵树种木皮而成，厚度为 3mm，广泛用于装修的表面装饰。装饰面板是目前有别于混油做法的一种高级装修材料。常见木皮有樱桃木、枫木、白桦、红桦、水曲柳、白橡、红橡、柚木、花梨木、胡桃木、白影木、红影木等多个品种。

(5) 集成板

这是一种新兴的实木材料，采用优质进口大径原木经深加工而成，是像手指一样交错拼接的木板。由于工艺不同，集成板的环保性能优越。这种由实木制作的板材可以直接上色、刷漆。

4. 石材装饰

石材是一种质地坚硬耐久，感觉粗犷厚实的材料。一方面，石材具有耐腐、绝燃、不蛀、耐压、耐酸碱、不变形等特性。另一方面，多数石材的色彩沉着，肌理粗犷结实，而且造型自由多变，但是也存在施工较难、造价昂贵、易裂、易碎、不保温、不吸声和难于维护等缺点（图 2-103）。

图 2-103　石材加工厂

（1）花岗石：花岗石属岩浆岩。其特点为构造微密、硬度大、耐磨、耐压、耐火及耐大气中的化学侵蚀。其花纹为均粒状、斑纹及发光云母微粒。花岗石一般为浅色，多为灰、灰白、浅灰、红、肉红等，是室内装饰中最高档的材料之一。在成品板材的挑选上，由于石材原料是天然的，不可能质地完全相同，在开采加工中工艺的水平也有差别，所以多数石材是有等级之分的。其中矿物颗粒越细越好。花岗石多用于地面、台面的装修。可加工成粗面板材，其表面平整、粗糙，具有较规则加工成条纹的板材。主要有由机刨法加工而成的机刨板、由斧头加工而成的剁斧板、由火焰法加工而成的烧毛板等。表面粗犷、朴实、自然、浑厚、庄重，也可加工成镜面板材，经粗磨、细磨、抛光而成的，表面平整，具有镜面光泽的板材，豪华气派、易清洗。

图 2-104　大理石原料

（2）大理石：大理石是指变质或沉积的碳酸盐的岩石，组织细密，坚实可磨光，颜色品种繁多，有漂亮自然的条状纹理，不耐风化。大理石抗压性高，吸水率小，易清洁，质地细致，是一种较高级的室内装饰材料。大理石的缺点是在环境中会很快和空气中的水分、二氧化碳起反应，使其表面失去光泽，变得粗糙，所以常用于室内墙面（图2-104）。

（3）洞石：洞石是一种地层沉积岩，意大利，土耳其和伊朗是盛产洞石的国家。意大利洞石在使用上有着非常悠久的历史，历史之悠远，古典气息之浓厚，艺术感之强烈都是无与伦比的。天然洞石有着与花岗岩、砂岩等其他石料不同的特点。它具有吸湿、干燥、保温、防滑的优点，其材质坚硬，不易风化，是花岗岩、大理石所不可比拟的，比较适用于墙面的装饰。

（4）砂岩：砂岩是一种沉积岩，是由石粒经过水冲蚀沉淀于河床上，经千百年的堆积变得坚固而成。后因地球造山运动，形成今日的矿山。砂岩是一种亚光石材，不会产生因光反射而引起的光污染，又是一种天然的防滑材料。而大理石、花岗石是光面石材，只有光才显示装饰效果。砂岩是零放射性石材，对人体无伤害。大理石、花岗石都存在微量放射性，长期生活在其中对人身会有伤害。从装饰效果来说，砂岩创造一种暖色调的风格，显素雅、温馨，又不失华贵大气。在耐用性上，砂岩则绝对可以比拟大理石、花岗石，它不会风化，不会变色。砂岩颗粒均匀，质地细腻其耐用性好。

（5）板岩：是一种易于劈解成薄片、质地较硬、表面粗糙、多层次的石材。色彩以蓝灰色为主，也有带绿、红和黄色倾向的。它品质坚硬、色泽古朴，纹理粗犷豪放，给人一种朴实、自然的亲近感。防滑、易加工、可拼性强，其调和的整体效果印象深刻，耐人寻味，给人一种返璞归真回归大自然的感觉。它不含对人体有害的放射元素，是一种价格低，效果佳的装饰石材。其形态变化多样，也可加工成不同的尺寸，适于装饰墙面和地面铺装（图2-105）。

图2-105 板岩装饰墙

图2-106 鹅卵石装饰

（6）人造石：是由天然碎石粉末、高级水溶性树脂、碎石黏合剂合成，可加热处理弯曲，可以拼接和设计出不同的花色，可以很容易的修边、保养和翻新。人造合成石材样式繁多，外观漂亮，但硬度差，易有划痕，而且化学材料成分复杂、不环保、价格较贵。

（7）鹅卵石：天然鹅卵石，取自于河床，颜色主要有灰色、青色、暗红三大色系，经过清洗、筛选、分捡等工序而成。其造价低廉但运费高，装饰效果极其朴素，施工有一定难度，可先用水泥沙浆铺底，再将鹅卵石凝结在混凝土的表面。鹅卵石适用于反映自然朴实的环境当中（图2-106）。

5.玻璃装饰

玻璃是一种透明性极好的人工材料，它以多种物质的混合物经1550℃左右高温熔成液体，然后冷却而成。玻璃的透明性好，透光性强，而且具有良好的防水、防酸和防碱的性能，适度的耐火、耐刮的性质。经色彩、磨边处理后，玻璃表面具有不同的变化。同时玻璃又是一种容易破裂的材料，如何固定与搁放是需要特别设计的。玻璃具有极佳的隔离效果，同时它能营造出一种视觉的穿透感，在无形中将空间变大，例如一些采光不佳的空间，利用玻璃墙面能达到良好的采光效果。

（1）叠烧玻璃：是一种手工烧制的玻璃，它既是装修材料又有工艺品的美感，其纹路自然，纯朴，能现出玻璃凹凸有致的浮雕感，有着奇妙的艺术效果。

（2）镜面玻璃：可以反射景物，起到扩大室内空间的效果。用镜子将对面墙上的景物反映过来，或者利用镜子造成多次的景物重叠所构成的画面，既能扩大空间，又能给人提供新鲜的视觉印象，若两面镜子面对面相互成像，则视觉效果更加奇特。

（3）有机玻璃：是热塑性塑料的一种，它有极好的透光性、耐热性、抗寒性和耐腐蚀性、其绝缘性能良好，在一般条件下尺寸稳定性能好，成型容易。缺点是质地较脆，作为透光材料，表面硬度不够，容易擦毛。

（4）磨砂玻璃：是采用机械喷砂、手工研磨等方法将普通玻璃板的表面处理成均匀毛面。可以遮挡人的视线，由于表面粗糙，使光线产生漫射，可使室内光线柔和。喷砂处理和酸蚀是对表面进行均匀的，无光泽半透明的处理。表面的一些微凹痕容易滞留一些脏的和油性物质，这使得其很难清洁。

（5）钢化玻璃：是由平板玻璃经过"淬火"处理后制成，比未经处理的强度要大3—5倍，具有较好的抗冲击、抗弯、耐急冷、急热的性能，当玻璃破碎裂成圆钝的小碎片时不致伤人。一般用大尺寸的整块玻璃装饰时，都必须进行钢化处理。钢化玻璃的钻孔、磨边都应预制，施工时现场再行切割钻孔十分困难。

（6）玻璃空心砖：是一种用两块玻璃经高温高压铸成的四周密闭的空心砖块。玻璃砖以砌筑局部墙面为主，最大特色是提供自然采光而兼能维护私密性。它本身既可承重，又有较强的装饰作用，具有隔声、隔热、抗压、耐磨、防火、保温、透光不透视线等众多优点。玻璃砖晶莹剔透、不含有毒原料，可自由组合图案、色泽丰富、便于清洗、施工方便。玻璃砖为低穿透的隔声体，可有效地阻绝噪声的干扰。玻璃内近似真空状态，可使玻璃砖成为比双层玻璃更佳的绝热效果，更是节约能源的最佳材料（图2-107）。

图2-107 玻璃空心砖样品

（7）琉璃：作为新的装饰材料，可做成隔断、屏风、墙体、门把手等。它的主要特点是流动的、多彩的美，和灯光配合使用效果更好。风格古朴华贵。上海新天地的"透明思考"餐厅，其间的装饰就是采用现代琉璃为主要材料，近千块色彩斑斓的方形琉璃砖拼砌出盛唐的辉煌气韵。目光所及、手足所触，琉璃无所不在。

（8）PC阳光板：它的柔性和可塑性使之成为安装拱顶和其他曲面的理想材料，弯曲的半径可能达到板材厚度的175倍。PC阳光板具有良好的化学抗腐性，在室温下能耐各种有机酸、无机酸、弱酸、植物油、中性盐溶液、脂肪族烃及酒精的侵蚀。PC阳光板在可见光和近红外线光谱内有最高透光率、抗紫外线、防老化，视颜色不同，透光率可达12%～88%。

阳光板的最突出特点，是能避免对人造成伤害，对安全有极大保障。PC阳光板质量轻是相同玻璃的1/12～1/15，安全不破碎，易于搬运、安装，可降低建筑物的自重，简化结构设计，节约安装费用。

6. 金属材料

金属为现代室内设计的重要材料，它不仅质地坚硬，张力强大，而且热与电的传导性强，防火和防腐性能佳，通过机械加工方式可制成各种形式的构件和器物。金属的缺点是易于生锈和难于施工。

（1）钢材：钢材按外形可分为型材、板材、管材、金属制品四大类。普通钢有圆钢、方钢、扁钢、六角钢、工字钢、槽钢、等边和不等边角钢及螺纹钢等。角钢俗称角铁，是两边互相垂直成角形的长条钢材；槽钢是截面为凹槽形的长条钢材；螺纹钢是常用于钢筋混凝土配筋用的直条或盘条状钢材。钢材经常作为构造材料运用同时又可获得极佳的现代感（图2-108）。

图2-108　用槽钢做门套　　　　　图2-109　用不锈钢板做门套
　　　　天海商务大厦　　　　　　　　　　北京脑血管病医院

（2）不锈钢：不锈钢为不易生锈的钢，其耐腐蚀性强，强度大而富于弹性，表面光洁度高，在现代室内设计中的应用越来越广（图2-109）。但是，不锈钢并非绝对不生锈，故保养工作十分重要。

（3）铜材：铜材表面光滑，光泽中等，经磨光后表面可制成亮度很高的镜面。铜常被用于制作铜装饰件、铜浮雕、门框、铜栏杆及五金配件等。常用的铜材种类有青铜、黄铜、红铜、白铜等。

三、室内环境中常用材料的应用

通过市场调研可以认识到装饰材料并不是想像当中的拿来就用，而是要进行花色的挑选，材质的挑选，还有对其强度、防腐能力、是否对人体和环境有害、怎样安装等方面进行挑选，还要符合设计原有的味道，有些材料可能会找不到，还要进行方案调整。

我们在建材市场看到的装饰材料已经是半成品了。除了原材料有自身的属性特征，例如木材的温馨感、亲和力，石材的高贵，金属的酷，设计师对原材料的半成品加工方式又赋予了材料的其他情感。同样是瓷砖，不同肌理、图案、色彩，带给人的感受是完全不同的。在铺装时也可采用不规则的形状或斜向的排列，构成一幅独具风味的艺术拼贴画。由于这种装饰方法对贴面砖的要求较低，所以造价不会太高。打破固有的规则，于松散的状态下，于无定势中彰显个性是瓷砖铺装方面的突破（图2-110、图2-111）。

图2-110 瓷砖装饰

图2-111 瓷砖拼贴细部

装饰材料和服饰一样有着自己的流行趋势，更新换代很快，品种也越来越丰富。随着科技的发展，新型装饰材料层出不穷，除了为室内形象上的突破和创新提供了更为坚实的物质基础外，也为充分利用自然环境、节约能源、保护生态环境提供了可能。然而，当一种新的材料面世的时候，人们往往对它还不很熟悉，总要用它去借鉴甚至模仿常见的形式。随着人们对新技术和新材料性能的掌握，就会逐渐抛弃旧有的形式和风格，创造出与之相适应的新的形式和风格，充分挖掘出新材料和新技术的潜力。

在设计中即使是同一种技术和材料，到了不同设计师的手中，也会有不同的性格和表情以及不同的使用方式。目前装饰材料中出现了许多合成材料，其可塑性非常好，其仿木材和石材等的效果，几乎可以假乱真。现在的装饰材料市场上出现了许多技术含量高，无污染，可循环利用，智能化等新的材料，美观实用，清洁环保，很受欢迎。传统材料早已进行了革命，马赛克、壁纸不再是以前那副模样，也已是种类繁多，色彩纷呈。老工艺新的设计处理，使它们变得异常的新鲜。其实，室内装饰材料在长时间的发展中，加工工艺和复合式概念的渗透比材料本身的变化多得多，同种材料在不同的加工工艺下展现出焕然一新的面貌，被设计成各种各样的外观及加入各式的加强功能，或以全新的或以代替模拟某种不合理材料出现，以适合不同的环境，满足各种品味和需要。

1. 墙面材料

墙面最终用什么材料去表现需仔细考量。一般材料的选用最常见的是涂料和壁纸，不过在一些主要墙面的处理上，可以采用多种多样的表现手法，对设计师而言其具有充分的创作空间。

(1) 涂料墙面：涂料是一种液态材料，它通过某种特定的施工工艺涂覆在墙体表面，经干燥固化后形成牢固附着，具有一定强度，有装饰和保护墙面的功能。它色彩丰富，可任意调制各种色彩，施工效率高，是室内装修中大量使用的装饰材料之一。常用的为水溶性涂料，它以水为溶剂，无污染，有一定的透气性。底漆一般作用是促进面漆的附着力，阻止涂料过多地渗透到基材里面影响附着力。面漆是涂装中最终的涂层，具有装饰和保护功能。目前市场上最常见的是"多乐士"、"立邦"、"大师"、"华润"漆等。这类漆特点是有丝光，似绸缎般质感，一般要涂刷两遍。

(2) 壁纸墙面：壁纸品种繁多，施工方便，易更换，是装饰墙面比较好的装饰材料，它具有相对较高的耐磨性、抗污染性，便于保洁等特点，是应用较广的内墙装饰材料之一。现在有些壁纸引进了高科技含量，与室内的整体融合更加紧密。壁纸的种类和质量也处在不断的变化更新之中。壁纸主要的种类有：手工金银箔壁纸、织物壁纸、天然材料壁纸、塑料壁纸等。金银箔壁纸是以金色、银色为主要色彩，面层以铜箔仿金、铝箔仿银制成的特殊壁纸，金属箔的厚度为 0.006～0.025mm，具有光亮华丽的效果。织物壁纸采用天然的棉花与纱、丝、羊毛类等为表层而制成的高级织物壁纸。天然材料壁纸以草、麻、竹、藤、木、叶等天然材料干燥后压粘于纸基上，无毒无味、吸音防潮，保暖通气，自然质朴，具有浓郁的乡土气息。另外塑料壁纸所用的塑料绝大部分为聚氯乙烯，简称 PVC 塑料壁纸。PVC 塑料壁纸，具有花色品种齐全，耐擦洗，防止霉变，抗老化，不易褪色等特点目前在市场上比较受推崇。

(3) 黑板墙面：用黑板作墙面装饰，能同时具有两种功效，一方面具有实用功能，可以在它上面写留言和提醒语，供孩子们涂鸦等，另外，白色粉笔的图形文字同时还具有装饰作用，所以在环境中放置部分黑板墙面能给公共空间提供一个富于创造性的背景（图2-112）。

(4) 软包墙面：具有吸湿、隔声、保暖、富于弹性等特点，毛麻、丝绒、锦缎、皮革装饰的墙面华贵典雅。一般是在胶合板上裱贴一层10～20mm 厚的塑料泡沫，再将织物包贴于上，分块拼装于墙面（图2-113）。

图 2-112 黑板装饰墙

(5) 水泥板墙面：带圆孔的水泥板墙面不加任何装饰，墙面上的圆孔即极具装饰效果，它不同于普通水泥板，表面非常光滑，棱角分明，无任何装饰，只是在表面涂一层或两层透明的保护剂，显得十分天然、庄重。将其固定于室内墙面，可起到很好的装饰作用（图2-114）。

(6) 马赛克：马赛克即锦砖，其种类多样，有传统的陶瓷马赛克、大理石马赛克，有近年来流行的玻璃马赛克。玻璃马赛克是由天然矿物质和玻璃制成,质量轻,是优秀的环保材料,耐酸、耐碱、耐化学腐蚀,最适合装饰在近水域的部位。玻璃马赛克一般色彩鲜艳抢眼、绚丽典雅,能立刻抓住观赏者的视觉焦点。它不同于其他瓷砖和大理石材,零吸水率使其成为最适合卫生间等墙面装饰的理想材料,不易藏污垢,耐碱度优良且颗粒颜色均一,不像其他瓷砖只有表面施釉,所以历久弥新。玻璃的色彩斑斓给马赛克带来蓬勃生机,尤其使用混色系列,混色可以变幻出更多的色彩,华丽却不媚俗。其丰富的色彩不仅在视觉上给人以冲击和美感,更赋予了空间全新的立体感(图2-115)。另外还有一种鲍贝马赛克是由天然的鲍鱼壳制作而成,选用天然珠宝磁片(珍珠贝、鲍鱼贝、图画石、斑点石、铁石、虎眼石、蓝金砂、紫萤等稀有天然材料),经加工后制成,令平凡的室内焕发出堂皇的气派。

图2-113 软包墙面

图2-114 水泥板装饰墙
北京规划博物馆

图2-115 马赛克墙面
飒絮发型设计昆泰店

(7)玻璃纤维壁布墙:玻璃纤维壁布是由石英砂、苏打、石灰和白云石等天然原料,高温下熔融拉制成纤维,进而纺成各种规格与强度的玻璃纱,最后织成的特殊装饰布。可用于几乎所有表面平滑的墙壁上,除最普通的砖墙、水泥墙和石膏板墙表面外,还可用于木质、陶瓷、塑料、金属以及其他众多光滑的材料表面。具有特殊的加固墙壁的功能,通过玻璃纤维的作用,可使墙壁上细小的裂缝不至于扩大。其寿命极长,它可多次被涂饰涂料并可用洗涤剂进行冲洗,仍能保持花纹的立体感,具有极高的强度,耐碰撞、抗磨损和刮擦。它由天然的无机材料制成,不会孳生微生物和寄生虫,有效防霉,还有极佳的阻燃性,不会散发有毒气体,不积静电,确保使用者的安全,适用于各种场合。丰富的织纹和图案组合、质感,壁布表面呈现出不同的凹凸状,具有强烈的立体感和良好的吸声效果。

(8)木质吸声板墙：木质吸声板不但能降低噪声，而且能使混响时间达到国家声学设计标准，使音质更加丰满，清晰，富有立体感，还具有很强的装饰效果。基面采用密度板，饰面采用天然木皮，底面采用防火吸声布。基面油漆采用防火清漆，是理想的环保新型装饰材料。它既具有木材本身的装饰效果，又具有良好的吸声性能，有各种颜色、各种样式供选择（图2-116）。

2. 地面材料

地面材料的选用主要应考虑耐磨、易清洁，与室内氛围协调。

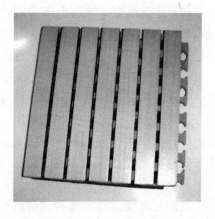

图2-116 木质吸声板样品

（1）花岗石地面：花岗石由于它坚硬、光洁度好、易清洁，给人高雅、华贵的感觉，由于结实耐磨，价格昂贵，故一般适用于人流量大的公共场所。花岗岩的表面处理可以是磨光还可以是烧毛等多种表面处理，设计时可根据风格需要选择加工。另外，花岗石还可以根据设计的需要加工成各种拼花图案，以填补较少家具给室内空间带来的平淡效果。

（2）地砖地面：地砖有耐重压、易于清洗等优点，尤其在公共空间中较为实用。地砖有釉面砖、玻化砖等多种材质，釉面砖是一种单面上釉的陶质薄砖。釉面精致防水性强，并易于维护，但抗击性脆弱，隔热与隔声差。由于面砖具有耐热、防水和易清洗的特点，它理所当然地成为卫生间必不可少的装饰材料。一般好的地砖厚度在8mm以上，并且防滑设计独到，当釉面沾上水后反到变涩，而且表面不规则细微凸起的花纹圆滑过渡，不会积存污垢，易于清洁（图2-117）。

玻化砖是一种强化的抛光砖，它采用高温烧制而成。质地更硬更耐磨，主要用于地面的装饰材料。光滑、色泽浅淡，洁净感强，但价格也较高，并存在不防滑和容易渗入有颜色液体等缺点。

图2-117 釉面砖地面

（3）强化复合地板：强化复合地板的特点是耐磨性、抗压性强，表面装饰层花纹优美，色泽均匀，铺装快捷，但弹性和脚感不如实木地板。这种地板由表层、芯层、底层三部分组成，表层由耐磨并具有装饰性的材料组成，芯层是由中高密度纤维板或刨花板组成，底层是由低成本的层压板组成，目前饰面已逐渐改为用含有耐磨层的三聚氰胺树脂浸渍装饰纸，故严格的讲，强化复合地板不能称其为木地板。

（4）木地板地面：木材因其色泽柔和、纹理丰富，给地面带来浓浓的暖意。它除了具有观赏性外还是室内铺地最实用的材料之一，并经得住日常磨损，适用于公共场所中高档或较为私密的空间中，至今木材仍保持了其几个世纪以来室内铺地材料首选物的地位。

(5) 地毯地面：地毯由于保暖性好，看上去比较松软，又能降低噪声，踩上去舒服，所以它在众多地面材料中保持了一种独特的地位。地毯的主要原材料分为天然及化纤材料。天然材料主要为羊毛、椰丝纤维、黄麻等，因为耐磨性差，通常少量地运用于公共空间。化纤材料主要为尼龙、丙纶、晴纶、涤纶等，其中尤以尼龙为佳，尼龙是人工合成纤维中最坚韧耐磨的，且具有易清洗、防静电、防尘、防污及防火安全等卓越品质，是公共空间中首选材质。目前对纤维进行的种种"耐脏"处理，已使得

图2-118 地毯销售样品

地毯对污迹的耐抗能力大大增强。地毯一般用来铺地，被踩在脚下，所以在选择纹样时应注意不宜用严肃的主题性题材。地毯图案不宜太花太杂，凹凸不能太大，立体感不能太强，图案构图力求平稳、大方、安静（图2-118）。

(6) 榻榻米：榻榻米是日本传统风格的地面铺装材料，它是采用优质生态稻草经过净化、熏蒸、防腐、防虫处理，用日本传统工艺精工制作而成的垫子。榻榻米平坦光滑、草质柔韧、透气性好、色泽淡绿、散发自然清香，赤脚走在上面，时刻可按摩通脉、活血舒筋。榻榻米具有良好的防潮性，冬暖夏凉，有调节空气湿度的作用。榻榻米可在最小的范围内，展示最大的空间。榻榻米铺设的房间，隔声、隔热、持久耐用，而且其搬运方便，更换简单清洁容易，可用于日式风格的各种公共空间中（图2-119）。

图2-119 日式榻榻米

(7) 水泥自流平地面：以水泥为基本的地面自流平材料，适合于商业地面如商场、剧院、超市等，可以手工也可以泵送施工，具有良好的平整度，施工效率快，表面耐磨不起砂，色彩鲜艳，有红色、白色、黄色、灰色、绿色、深灰色等多种颜色可供选择。水泥自流平是由水泥、细骨料及添加剂经一定工艺加工而成的，在现场加水搅拌后即可使用的高强、速凝材料，使用面极其广泛且施工操作简单迅速，用料省，薄而耐磨，美观大方。

(8) 塑胶地板：塑胶地板在欧美国家非常流行，具有舒适的脚感和良好的防滑性能，美观且安全。迄今为止，已有相当多的医院、健身房、办公场所正在使用这种新型环保、

吸声的弹性地材产品。塑胶地板分为同质透心卷材、复合卷材,具有良好的吸收和降低噪声功能。多种标准色可供选择,更可订制颜色,并能够拼接各种图案,施工方便,易清洁,易保养,耐磨性好,寿命持久,而且环保无甲醛污染(图2-120)。

3. 顶面材料

屋顶下面的天棚(俗称吊顶)其主要作用是用来掩盖建筑的一些结构(如桁架、梁、管线等)和调节空间(特别是垂直空间的大小),当然也具有调节光线和形成视觉美感的作用。

图2-120 塑胶地板
天津医学中心

(1) 石膏板吊顶:轻钢龙骨石膏板吊顶是由纸面石膏板和轻钢龙骨系统组成,由于其成本低、易造型,能够迅速简捷安装,并能制作多种不同造型,防火性能好、易施工而被广泛应用于各类工程吊顶上(图2-121)。但由于工艺相对复杂,而且在满刷高档乳胶漆石膏板上会有或大或小的裂缝,在大面积石膏板吊顶上尤其突出,此裂缝虽不影响功能使用,但却影响美观。

(2) 硅钙板吊顶:是公共空间室内中常用的一种吊顶形式。它的优点是安装简便快捷,在投入使用后,还能随意打开顶部进行电路或设备的检修,而不会破坏外观的效果(图2-122)。

(3) 铝格栅吊顶:轻盈简洁、大方美观,安装极为简便,可将灯具、空调气口、换气口等均隐蔽于铝格栅内,最大限度满足灵活配合的设计需求。有方格、长方格、多种型号供选择,可广泛应用于大型公共建筑以及室内装修,成为当今集美观、装饰于一体的金属天棚(图2-123)。

图2-121 石膏板吊顶
北京脑血管病医院

图2-122 硅钙板吊顶
天津医学中心

图2-123 铝格栅吊顶
东升大厦职工餐厅

四、装饰材料的应用延展

装饰材料多样化是保证风格多样化的基础。合理处理标准化与多样化的矛盾，研究材料深加工性，可形成在材料的材质、结构、色彩、肌理、连接等方面的多样选择。各种装饰材料由于其材质及制作工艺的不同，会呈现出不同的质感，但通过室内设计师的编排和组合，再由工人加工后，就会呈现出不同的"表情"。这些装饰材料的"表情"，必须与整个空间的风格相统一，否则就会给人不协调的感觉。有的室内装饰，在装饰完工后才发现装饰材料的美学效果和功能效果方面具有负面作用。如选用天然大理石装饰内墙，由于装饰工艺本身不仅是施工而且是一种艺术创作，在切割和镶嵌过程中必须考虑到天然大理石的纹理，处理得好时可收到好的艺术效果，但如镶嵌水平低可能弄得杂乱无章，不但无艺术魅力可言，反而显得粗俗甚至使人反感。

1. 室内设计如何选择与利用材质

一切材料在一定程度上都有一种质感，而材料的肌理越细，其表面呈现的效果就越平滑光洁，甚至很粗的质地，在远处看去，也会呈现某种相对平整效果，只有在近看时才可能暴露出质地粗糙程度。在选用材料时，空间中有些位置没必要非得用高档豪华材料，相反，一些普通而又适宜的材料反而会显得恰如其分，相得益彰。选材应注意与场所内涵相一致，不同的室内环境选材应有所不同，所以选材的真正任务，在于对这两者的协调，因为材料能够烘托环境的气氛，也界定着环境的品质。这些都基于对材料特性的熟悉和正确使用。

人们利用材料的质感在很大程度上是为了满足精神方面的要求，如大量使用不锈钢、磨光花岗石等反光性能特强的材料，无非是要衬托环境豪华、夺目，使人们的情绪更加活跃和激动。而大量使用竹、藤、砖石等材料，则是要环境显出典雅、宁静，造成一个耐人寻味的氛围。大量使用新材料，有展示经济实力，显示科技进步的意义。有意使用传统地方材料，则是更多追求与历史和自然的联系（图 2-124、图 2-125）。

图 2-124 中式纹样用石材处理

图 2-125 吊挂的空心砖墙

设计中利用材料质感要注意一些问题。如用粗糙材料做的界面宜大不宜小，宜远不宜近，因为面积大或距离远看上去较为均匀，否则会使人感到粗糙；而光洁材料做的界面宜小不宜大，因为面积小看起来较精致，过大容易暴露材料本身的缺点或显得空洞。

2. 材料的组配

材料是媒介是表情，它们共同的组合塑造了空间的气质。在材料上的选择不一定要贵，但一定要有整体考虑，无论木材、石材、金属材质都要搭配得当。一个环境中一般是由多种材料所组成，组配的好能够提升环境气氛，反之会给人不协调的感觉，所以材料之间的组配是很重要的。材料的不同组配能加强环境的性格特征，也能削减环境的性格特征。例如采用特殊的皮制材料进行装饰，配合木质、钢铁以及棉麻等原始感觉的材料，使得整个环境有着豪放的西部感觉，充满了冷静自我的个人意识色彩，与众不同。材料无所谓好坏之分，主要是依据情况需求而定，对材料的单一元素无法进行评判，只有材料的恰如其分的配置才能界定材料选择及其优劣（图2-126、图2-127）。

图2-126 三种不同的材质组合

图2-127 木材与金属管材的组合

3. 开创性的使用材料

虽然材料种类繁多，加之每种材料又具有无数的颜色变化，但无论如何可选择的材料范围其实也不大。使得大家都选择相同的材料的原因，可能主要出于造价方面的考虑，因为好的材料，由于价格昂贵，一般设计很难选用。

室内设计成功的关键是追求个性化和多样化，而相同的材料不同的用法，就成了区别一般化的极好办法。首先我们应跳出传统的取材框框，用艺术家的眼光来看待材料。作为一名设计师不能局限于流行或一些现成的材料，要勇于发现、协调材料之间的关系，变废为宝，开拓材料的新空间！尝试采用非常规装饰材料。每种材料都有它本身的性格，没有严格的好坏之分，不同场合对材料的要求不同，要看用在什么地方。尤其是要对现在边缘的一些材料，包括身边的一些非常规材料更加关注，发掘其中所隐涵的发展前途，只有这样，才能使常规材料以后越来越发展，现在的边缘很有可能就是未来的主流。

以自我创意作为出发点，才能设计出与众不同的室内风格。没有任何一种材料是必须淘汰的，只有适用与不适用之分。任何一种材料都是具有两面性的。有些似乎绝对不可能用于装饰材料的材料，却意想不到地制成了装饰材料，一些毫不沾边的东西意外的组合，出现了奇特的与众不同的效果。

(1) 材料肌理的应用手法

材料质感的粗糙程度可以唤起人们对材料表面的触觉，这也就是肌理效果。改变材料表面的肌理效果，这往往是利用低档材料去追求材料豪华、贵重效果的一种方法，在满足功能的前提下，以获得室内设计最终的视觉效果（图2-128、图2-129）。

图2-128　用铁网包覆小鹅卵石的局部效果　　图2-129　小鹅卵石加铁网装饰柱子

肌理变化可以说是较为简便的方法。以某种材料为主，局部换一种材料，或者在原材料表面进行特殊处理，使其表面发生变化（如抛光、烧毛等）都属于肌理变化。有时不同材料肌理的效果可以加强导向性和功能的明确性，不同材料肌理的运用可以影响空间的效果，而且用肌理变化还可组成图案作为装饰。

A. "水泥"这种价廉、方便、坚固的人工合成材料就开始在现代建筑中建立了自己一统天下的地位了，而又是因为水泥这种建材的"价廉"的特性，所以往往人们不把它作为装饰材料来应用，其实水泥也可以在特定的场合中展露自己特有的装饰效果。

B. "黏土砖"是一种建筑材料，由普通的黏土制成一定形状，风干后，经过炉窑高温焙烧而成。普通黏土砖为长方体，其标准尺为240mm×115mm×53mm，它有的呈红色，有的呈青色，可以作为一种装饰材料和特殊的建筑立面进行小范围使用（图2-130）。

C. "加气混凝土"是将70%左右的粉煤灰与定量的水泥、生石灰胶结料、铝粉、石膏等按配比混合均匀，加入定量水，经搅拌成浆后注入模具成型，固化后切割成坯体，再经高温蒸压养护固化而成制品。其是一种轻质的建筑材料，具有保温、隔热、可锯、切、钉、钻等特点，剖开加气混凝土制品从切面上看，其结构是由许许多多个大小不等的气孔和气孔壁组成的结合体，具有较强的可塑性，硬度较高，能抵抗一定程度的硬物冲击，防水防火性能较好，价格相对低廉。浅灰色的表面小有孔洞，经过对其外形简单塑造，就可以成为一种方便有效的室内墙面装饰材料（图2-131）。

图 2-130　砖肌理墙面　　　　　　图 2-131　加气混凝土装饰材料样板

(2) 节约有限资源

在室内设计中，应注意减少不必要的材料和资金的浪费，这就需要我们调动自身的"智慧"资源去弥补这个空缺。要对有限的物质资源进行最合时宜的设计。为了节约资源一个较稳妥且经济的方法是，在大量使用的基材上包覆一层珍贵材料的薄层，这种改变饰面效果的做法是仅改变表皮材料，而让人感到的是整体材料的改变。例如，微薄木贴皮板材的应用，就是要达到此种功效。另外还可以采用仿饰油漆法，它能仿大理石花纹，目的在于模拟真实的材质和物品，这种处理手法最适合在不耗费昂贵材料的情况下模拟富丽华贵的表面（图 2-132）。罗浮宫的一些展厅的墙面有些是运用仿制石材的手段而起到以假乱真的作用。在人们专注地看展品的同时，谁还会注意墙上的变化呢？但在与人接近的部位却全部采用大块的石料加工，给人厚重的感觉。不能因为一时的视觉享受而造成浪费，设计师应始终抱有负责的态度。人类的总体资源是有限的，因此在材料的应用中应尽可能的充分利用每一种材料，最好能够做到废物利用，节约现有的资源（图 2-133）。

图 2-132　手绘墙面装饰　　　　　　图 2-133　锌板铆接装饰材料
　　　　　　意大利　　　　　　　　　　　　　　学生作业

在选择装饰材料时，设计师重点要使选购的装饰材料准确的表现设计的意图与效果。在同等效果的情况下考虑工程所需材料的造价，作为设计师要尽可能的降低所选择装饰材料的价格，以节省总体工程成本，并且要挑选那些绿色环保、质量过硬的新型建筑装饰材料。

目前材料市场的材料价格相差较大。做设计的时候应该根据自己的方案和业主的要求进行选择，不应该盲目的追求高价位的材料。有时候高价位的材料不一定能收到好的装饰效果。方案的预算决定了你选择材料的价位，超出预算的设计与材料选择虽然时常发生，但应该尽量避免。然而随着时代的进步发展，环保健康、经济实用、易变易换、可与使用者互动的材料将成为主流。设计以人为本。材料的选用一定要保证对人身的无害以及对环境的保护，其本身还应是可持续发展的。现在的科技高速发展，材料本身的科技含量日益增加，生产周期越来越短，并且产品种类日益繁多。因此，以前的那些绿色指标不达标的装饰材料应该绝对禁止。绿色无污染的材料对人体无害，是否环保决定于材料本身和加工过程，在加工方面要想达到无污染，成本会增大，所以造成价格偏高。在材料的设计中不仅仅要注意到装饰的艺术性，也同时是要考虑到材料本身对于环境，对于人的种种影响，应抱有可持续发展的态度。还要考虑此种材料在今后的使用中可能会产生的种种后果，会带来的一些问题。

第三章 公共空间室内设计课题

第一节 商业空间室内设计课题

商业空间是提供给人们购物消费的场所,相对于办公、餐饮、居住、交通等人类活动的其他功能的空间,商业空间则为人们提供了一个社会交往、休闲消费的活动场所,因而其环境特征较为活跃,讲求极佳的展示效果并具有较强的视觉冲击力,其目的为了吸引购物者,延长购物者的停留时间。

商业竞争力有很大的比重来自于对环境的经营,这里所说的环境不仅包括商业环境,更包含创意环境,二者共同构成空间竞争力、商业竞争力。因此,正是商业空间设计的新颖性、独特性和可识别性才构成整个商业五彩缤纷的景象。

随着经济与生活环境水准的提升,以及休闲时间增加,逛街、购物已逐渐被视为生活中不可缺少的内容。它可以是一种人文活动,也可以是商业活动,更可以被视为是一种艺术与教育活动。如今消费者对消费环境也有了更高的要求,去购物不仅仅是为了买东西,同时还想体验一下轻松而优雅的消费环境,或去或留,在很大程度上取决于购物消费的环境质量。商业空间不仅是购物场所,也是各种社会活动集中和发生的场所。所以商业空间是人类活动空间中最复杂与多元的空间类别之一。

总而言之,商业空间室内设计既要表达出经营者和商品的情感诉求,又要做到购物环境与消费者互动与交融,这是现代商业空间室内设计的核心追求,并且还应包含更多的功能要求和市场特色。在商业空间的功能布局、材料使用、灯光处理、家具配置等各个方面都要满足商业空间的特殊要求,以提高购物环境的舒适度,增加消费者逗留的机会,从而创造出一个轻松、舒适的购物环境,以满足顾客购物时的生理和心理需要。作为设计者应了解商业空间的经营特性和设计的基本方法,掌握不同消费群体的消费取向,对不同的商家和经营范围进行针对性的策划,从而创造出具有更具个性的商业空间形象。

一、商业空间的基本特性

商业是流行文化的基础,其大众文化的消费结构,对趣味及时尚的需求是室内设计定位的出发点,同时,文化及主题的介入对于商业品位的提升也是至关重要的。因此,这时就需要对空间的主题加以延伸,进行多元化的考虑,除要考虑设计语言外,还要尽可能更多地要考虑许多额外因素,如消费群体的适应性、文化现象等,要让商业空间变得更年轻化,要讲求时尚,讲究积极的生活态度。商业环境中的各种元素,虽零散分布在各个空间中,但每一个元素却会更大的影响消费者的消费行为与体验。

随着市场竞争的日益加剧,商业空间的设计越来越成为在商业竞争中一个重要的影响因素。同时,随着体验经济时代的到来,完美的商业空间设计使得商家能在顾客进入其商业空间的一瞬间就可以以其全新的体验而紧紧地抓住顾客的心。

1. 服务消费者的场所

随着人们生活水平的改善，我们在购物观念上发生改变的同时，我们所处的购物环境也悄然地发生着变化。拥挤、叫卖的消费环境越来越少见了，而是被舒适、时尚的消费空间所代替，人们在消费的同时，也感受到了商家所提供的"免费享受"。购物环境设计不仅引入了国外最新的空间设计理念，也将最新的设计方法与思路融入了商家的品牌文化当中。

作为商业空间设计更看中的是如何利用有效空间去表达更多的商业内容。过去，消费者在逛街购物的时候，所接受的都是商家给强加的一种消费信息，如今的消费者，早已不满足于只是寻找自己需要购买的物品，而是更在乎购物时的心情。时尚前卫的空间环境、动感流畅的音乐风格、素雅舒适的柔和灯光，这一切无不让徜徉其中的消费者乐不思返。

如今，对于商品，商家早已告别了简单地罗列和单调地介绍，更多的是立志于商业空间的利用和视觉的传达效果。消费是一种感受，更多的设计是针对我们的消费者，应该最终是服务消费者的。在一个好的购物环境和空间和很好的商业氛围之中，消费者在充分享受购物氛围的同时，也许会变得主动地去接受和了解来自商家的各种销售信息。

商业环境中的公共空间，首先要为休息和停留创造条件，为购物者提供聚会与独处的场所。座椅是最基本的设施，适当的餐饮设施，如餐馆、酒吧和咖啡座也必不可少，同时，还应能用于举办一些公共活动，如乐队演出、时装表演、节日庆典和展览等，这是空间社会化的重要体现。

2. 品牌汇集和立足的场所

商业环境在提供商品的同时也推出了不同的品牌，在残酷的市场竞争里，具有品牌个性的产品，消费者往往乐于购买，因为品牌个性切合了消费者内心最深层次的感受，以人性化的表达触发了消费者的潜在动机，选择代表自己个性的品牌，从而把品牌价值突显出来。正是品牌个性的这种外在特性，才使得消费群体在这个多元化的社会里，找到了自我的消费个性，这也是品牌个性化的必然。

图 3-1　专卖店
北京金源时代购物中心

品牌通常是一家企业的名称、商标或是符号，用以将自己的产品同竞争对手区分开来，通过品牌来提升企业在消费者面前的价值感，通过品牌来创造商品与商品之间差别，同时也将企业的价值同时提升，品牌的核心价值是存在于看不见的资源（消费者的意识形态）里的，是企业非常重要的财产之一。当市场趋于成熟，同类产品"同质化"的情况下，企业就是靠品牌来赢取市场。

通过对国外众多知名品牌运作的调查研究表明，个性化才是品牌立足市场的根本。品牌的个性化不仅仅是指产品的风格，同时也包括卖场风格、品牌形象等各个方面，只有产品风格、卖场风格以及品牌形象一致时，品牌的性格才容易显露出来，而对于卖场风格的重视，恰恰是近几年品牌运营过程中出现的新趋势（图3-1）。

3. 商家竞争的场所

商业空间是人类活动空间中最复杂与多元的空间类别之一，商业竞争力有很大的比重来自于对环境的经营，这里所说的环境不仅包含商业环境，更包括创意环境，以构成空间竞争力、商业竞争力。

商业环境不仅仅是买卖、经营、购物之所，它是整个城市生活的重要舞台，承接、发送大量来自四面八方的信息，是汇集商品收纳资金之地，是体现竞争的环境，随着商业环境的发展成熟，单一的购物空间也在发生着变化，越便宜越好的时代过去了。商业设施的魅力在于娱乐性，要做到多种选择，空间舒适。许多消费者以逛为主，没有明确的消费目的，需要新鲜刺激的事物激发其购买欲望。所以，提供更丰富的空间，更复杂有趣的路线，更多内容行为，事件的交叉混合，对于漫无目的的消费者，更具有刺激性和诱惑力（图3-2）。

图3-2　火爆的销售场面吸引更多人围观
长沙步行街

目前商家的促销战场堪称硝烟弥漫，促销手法数不胜数：打折、返券、积分、限时抢购、会员制度等推出一系列竞争手段。为促销则需要给消费者展现一个非常到位的消费场景才能引发其购买欲望，而成功的装饰陈列正是能为产品提供一个消费场景，卖场不再是一个简单的消费场所，为此，一些可灵活使用的设计也大量出现。

此外，商业场所不再只是销售商品的地方，越来越多的商业环境已附设咖啡馆、用餐空间，大胆引入高级餐饮连锁，并附设美发中心，附设较具知性感觉的书店等。

除了宽敞的购物空间，店内也纷纷加入舒适休闲的家具设施。在店堂中央设置大型沙发，试穿区设舒适座椅并运用柔和色彩设计等为提升购物的舒适感加分。

二、商业空间的零售业态

不同的零售业态有不同的基本特征，零售业态是商业活动中的具体形式，有很强的互补性，同时又彼此竞争。随着消费需求及其满足方式的不断变化，出现了零售业态的不断创新及业态间的渗透，使得业态间的界限日益模糊。然而，一种业态之所以能够成立，是因为其具有区别于其他业态明显的特征，承担着不同的功能与任务，或能满足顾客某一方面的特殊需求，或为提供顾客某一方面的特殊服务。所以随着消费需求在不断地变化，新兴零售形式也在不断地出现。不同商业业态竞相发展，进一步挤占市场份额。近几年受众多因素的影响，商品流通领域不同业态发展变化较快，各商业网点在服务质量和功能方面上档次、上规模，形成了一个大中小型相结合，多种经营和运行方式相伴行的商品市场网络。百货商店、大型综合超市、仓储商店、大型购物中心、折扣店、大型专业店、小型专卖店等不同商业形态以各自不同的特色吸引着广大消费者。除了上述几种主要业态，以无店铺经营为特征、以网络技术为基础的网上购物（E-Shop）在我国也获得了一定的发展。

各种商业业态已经逐步建立起各自的经营特色。下面对不同的业态的具体特征加以分别描述。

1. 百货商店

百货商店是零售商业企业,以经营日用工业品为主的零售商店,拥有较大的销售面积,在一个建筑物中提供几乎所有的消费品,经营的商品也几乎是无所不包,每一个商品部都可以成为一个专业商店,销售面积至少为2500m²。集中了若干专业的商业部门,门类齐全,经营则采取柜台销售和开架面售相结合的方式。

百货是零售业态中历史最悠久的一种,世界上第一家百货商店于1852年在法国巴黎诞生,至今已有大约150多年的历史了。中国第一家百货商店是俄国人在哈尔滨开设的秋林公司,成立于1900年。可以说,从1900年至20世纪80年代末的80年的时间里,中国百货商店没有发生本质的变化。商品短缺,谁也不愁商品卖不出,所以百货商店最主要的任务就是汇集商品,汇集商品越多自然效益越好,无需定位,到处都是"人民商场"、"大众商场"、"工农兵商场"。那时,百货商店还承担着计划供应市场的任务,因此几乎是满足所有人的所有需要。到了20世纪90年代中期,豪华百货商店的发展速度超过了人们的想像,也大大超过了人们的需求能力,传统百货店效益下降,但新建的现代百货店遇到的困难更大,一些关门倒闭,一些惨淡经营,迫使现代和传统百货商店都必须面对重新定位调整。规模较小的百货商店走上了单功能、专业化的道路,重点销售服饰品、化妆品、室内装饰品等高利率、高附加价值的商品。与此同时,各家百货商店开始划定自己的商圈,寻找自己的目标顾客,使市场定位越来越清晰,越来越具体,越来越集中。从零售业态的变革来看,超级市场、便利商店、仓储商店、折扣商店、专业商店纷纷涌现,对百货商店形成了一种围攻之势,加速了百货商店的成熟化过程,销售额增长趋缓,利润水平呈下降趋势,进入微利经营时代。

2. 仓储商店

可以理解为卖场和仓库合一,商场的空间60%以上用于商品储存的批发性质的商场。采取自选销售方式,以销售大众化实用品为主,并实行储销一体,低价销售的特征。以规模大、价钱平、种类繁多而选择齐全的特色去吸引消费者。销售商品以食品(部分鲜活、熟食、即食)、家庭用品、体育用品、服装衣料、文具、家用电器、汽车用品、生活必需品为主,采取仓库式陈列的自选经营方法,营业面积在10000m²左右,顾客以中小零售店、餐饮店、集团购买为主。有的仓储商店采取会员制形式,只为会员服务,储销一体,低价销售,产品采用大包装。仓储商店是一种提供有限服务的销售业态。

3. 大型综合超市

大型综合性超级市场是采取自选销售方式,以销售大众化实用品为主,比仓储式商场更能提供一种良好舒适的购物环境及多品种商品选择机会的零售业态。其满足一次性购全物品的需求,注重本企业品牌开发。采取自选销售方式,出入口分设,结算在集中的收银处,营业面积5000m²以上,以销售生鲜商品、食品和向顾客提供日常必需品为主要目的的零售业态。通常提供10个类别及5000个规格以上的产品。

大型综合超市也将是主导形式。随着人们生活水平的提高,人们去商场超市的购物频率和购物额也呈现上升的势头,但行业竞争也更为激烈。在大型综合超市,顾客最常购买的是食品、饮料、日用品，现在，食品和饮料几乎成了人们日常购物的必选商品。这种零售业态以美国的沃尔玛和法国的家乐福为代表，并且带动了一大批国内零售企业的紧紧跟随。这种零售业态以其宽松的购物环境和低廉的商品价格为竞争武器，迅速抢占各个重要的零售市场。以经营生鲜食品为主，兼营服装、鞋帽、百货、家电、日化、杂品等各个门类，突出强调"一站购物、一次购足"的消费理念，在人们生活节奏日益加快的前提下充分迎合了消费者对简洁、自由的生活方式追求的心理，加上其廉价便利的经营宗旨，使得大部分家庭将大型综合超市作为生活购物场所的第一选择（图3-3、图3-4）。

图3-3 超市货场

图3-4 超市收银区

4. 折扣店

折扣店不是打折店。从实际操作看，折扣店是一种介于标准型超市和大卖场之间的业态形式，开设地点一般都在居民区，以经营消费者日常生活必需品为主。折扣店与一般超市的区别是显而易见的。首先，折扣店拥有50%~60%的自有品牌，在欧洲，许多折扣店的自有品牌比例高达80%。由于委托工厂定牌生产，直接从厂家拿到货品，省去了代理批发等中间环节，缩短了供应链，降低了流通成本，使这些商品的价格至少比一般的大卖场便宜10%。其次，折扣店经营的商品种类相对比较集中，主要以袋装的生鲜食品如蔬菜、水果、肉类、禽蛋等以及其他食品为主；同一类产品品牌单一，其销量最大的商品，比如矿泉水，一般超市可能有几十个品牌可以挑选，但是一家折扣店通常只有一两个品牌，都是招标生产的，在配送、仓储等环节进行一些"简化"处理，品质优良，价格实惠。折扣店的面积大多在500~2000 m^2 之间，购物环境只求简单干净，不求考究奢华。折扣店的商品一律采用原始包装，一般也不提供购物袋。

5. 大型购物中心

是在一个大型建筑物内，由企业有计划的开发、管理，运营的集合体。内部结构由百货商店作为核心店，外加各类专业店、专卖店、餐饮娱乐设施构成，营业面积在10万 m^2 以上，功能齐全，集购物、休闲、娱乐、餐饮为一体。

Shoppingmall其英文原意为"散步道式的商店街"。Mall的原意是林阴道，shoppingmall为超大型购物中心，即购物犹如在林阴道上闲逛一样舒适惬意。Shoppingmall其实就是集美食、娱乐、购物于一体的超大规模的购物中心，这种商业模式于20世纪初产生于美国，在20世纪七、八十年代开始盛行于欧美，在进入日本、东南亚等国家后受到欢迎。一个真正意义上的shoppingmall大体包括主力百货店、大型超市、专卖店、美食街、快餐店、高档餐厅、电影院、影视精品廊、滑冰场、茶馆、酒吧、游泳馆、主题公园等，另外还配有停车场等。

图3-5 购物中心
北京金源时代购物中心

在购物中心，消费者可以享受到"一站式服务"，也就是把商业空间步行化、商业空间室内化，以及公共空间社会化。对消费者而言，在相对有限的空间中，享受到无限的娱乐休闲，可以看电影、泡茶吧；可以购物、闲逛，还可以感受新时尚、体验新潮流。主体性的购物中心发展用招商的方法和引进专业专卖店，引进餐饮娱乐业为行业组合。由此可见，一个有计划的购物中心对其租户是有很大的控制权，这也是购物中心最终能否取得成功的关键所在（图3-5）。

6. 大型专业店

采取自选销售和开价面售相结合方式，以销售某一大类或几个大类商品和提供相关技术服务，营业面积在5000m²以上。目前发展起来的专业店主要表现为家用电器、建材装饰材料、家具家居类等。现在专业店已经对百货店形成冲击。由于其专而全的特点，能够拿到一手的、权威的信息。现在是信息流通先于商品流通的时代，信息尤具有竞争力。比如苏宁等家电专业店，它们以同类商品大量化的优势已和百货业形成竞争。生活节奏的加快，使得消费者购买习惯随之改变，而专业店的出现正好适应了这种习惯的变化。如今消费者在购物时已开始考虑消费成本的投入，包括交通成本、时间成本、选择余地等。而大型百货商场大多是综合性商品经营，顾客进入百货商场大多要"货比三家"，相对会投入大量的时间，而某个品牌专卖店由于品牌单一，货品局限很大，顾客的选择余地也就会相对减小，因此，专业店的存在扩大了顾客的选择余地，同时又节省了购物时间，减少了交通费用（图3-6）。

7. 小型专卖店

专卖店是指以销售某一品牌系列商品为主。专业经营或授权经营，注重品牌声誉并提供专业性知识服务，面积较小，采取柜台销售或开架面售方式，具有较高的加价率。顾客以中高档消费者和追求时尚的年轻人为主。销售空间的设计皆为挑战传统陈规的作品，崇尚个性，广泛的风格跨度游离于时尚与艺术之间，充分展现设计师的哲学理念和

图3-6 家具专业店
北京居然之家

艺术气息，诠释精品化优雅姿态，演绎个性化生活哲学。

近年来，"专卖店"成为一种新兴的营销方式，并且得到了迅速发展，"认牌购物"正在成为一种时尚（图3-7）。

图3-7 专卖店
北京金源时代购物中心

三、商业空间的功能分类

商业空间室内设计项目众多，作为设计学习的开始，选定一个小型、有趣的设计题目来做较为合适。专卖店设计属于商业空间的设计范畴，它具备小型商业空间的特征。以下将主要针对专卖店的设计内容加以介绍。

商业环境中的各种元素虽零散分布在各个空间中，但每一个元素都会影响消费者的消费行为与体验。设计师应对这些功能性的元素深入了解，在可能的条件下，充分发挥其在空间中的作用，以期获得良好的使用功能及视觉效果，从大的分类而言，共分为店面形态与店内形态两大类。

1. 店面的形态设计

除去广告宣传、口碑相传等因素外，消费者对一个陌生店的认识都是从外观开始的。大多数人看到一个室外装饰高雅华贵的店铺，都会觉得里面销售的商品也一定高档优质，而对那些装饰平平或陈旧过时的店面，则其销售的商品也不免被判定是低档，没保障的，而那些过于豪华或简陋的装饰，本身就是拒绝消费者的人为屏障（图3-8）。因此专卖商店的店面应该新颖别致，具有独特风格，并且清新典雅。目前，越来越多的经营者开始重视店面的设计。

图3-8 简陋的装饰和加入其他经营内容是低档店的标志

进行店铺外立面设计的前提条件是掌握时代潮流，利用形、色、声等技巧加以表现，个性越突出，越容易引人注目，达到招徕顾客，扩大销售的目的。因为在设计中独具特色

图3-9 利用特殊的造型突出店面形象

的店面，往往会诱发人们"逛店"的猎奇心，从而直接影响到店铺的经济效益，新颖独特的设计不仅是对消费者进行视觉刺激，更重要的是使消费者没进店门就能"知道"里面可能有什么东西。基于这种原因，可以推断未来的店面设计对建筑外观造型的要求将越来越高（图3-9、图3-10）。

具像造型设计作为视觉形象来说，信息单纯、集中、便于识别，往往使人一目了然，并留下深刻的印象，宜于为不同年龄、不同文化层次乃至不同语言国籍的消费者所认知、理解。往往也成为一种设计手法被用于店面设计当中，具像生动的形象往往极富幽默感和人情味，给街道上的商业气氛带来勃勃生机，尤其在店铺设计中直接应用商品形象，已成为具像风格造型的一种常用手法。

（1）橱窗的功能

商业的展陈设计重点在于橱窗，而设计的重点就在于怎样做出有创意的橱窗。

橱窗有传递信息、展示产品、营造格调、吸引顾客这四个方面的功能。橱窗不仅是门面总体装饰的组成部分，而且是专卖店的展厅，它是以本店所经营、销售的商品为主，巧用布景、道具，以背景画面装饰为衬托，是进行商品介绍和商品宣传的艺术形式。消费者在进入专卖店之前，都要有意无意地浏览橱窗，所以，橱窗的设计与宣传对消费者购买情绪有着重要影响。

图3-10 运用字体的变化突出店面效果

橱窗作为店面设计的重要组成部分，具有不可替代性，作为一种艺术的表现，店面橱窗是吸引顾客的重要手段。综合的陈列橱窗是将许多不同类型的产品综合陈列在一个橱窗内，以组成一个完整的橱窗广告。这种橱窗陈列由于商品之间差异较大，设计时一定要谨慎，否则就会给人一种凌乱的感觉。一般来说，一个橱窗最好只做某一专卖店的一类产品广告。

背景是橱窗制作的空间，形状一般要求大而完整、单纯，颜色上尽量用明度高、纯度低的统一色调，也可用深颜色作背景。背景颜色的基本要求是突出商品，而不要喧宾夺主。

道具包括布置商品的支架等附加物和商品本身。支架的摆放越隐蔽越好。如果是服装用道具模特，其裸露部分如头脸、手臂、腿等部位的颜色和形状，也不一定同真人一样，可以是简单的球体、灰白的色彩，或者干脆不用头脸，这样反而比真人似的模特更能突出服装特色也更能突出服装本身（图3-11、图3-12）。

图3-11 巧用道具的橱窗效果　　　　　　　图3-12 造型别致的橱窗

橱窗设计其实不需要毫无根据的冥思苦想，设计灵感主要来源于三个方面：第一，直接来源于时尚流行趋势主题；第二，来源于品牌的产品设计要素；第三，来源于品牌当季的营销方案。

（2）招牌的功能

一般店面上都可设置一个条形商店招牌，醒目地显示店名及销售商品。在繁华的商业区里，消费者往往首先浏览的是大大小小、各式各样的商店招牌，寻找实现自己购买目标或值得逛游的商业服务场所。因此，具有高度概括力和强烈吸引力的商店招牌对消费者的视觉刺激和心理影响是很重要的。商店招牌在导入功能中起着不可缺少的作用与价值，它应是最引人注目的地方，所以，要采用各种装饰方法使其突出。可以采用的手法很多，如用霓虹灯、灯箱等来加强效果，总之，格调高雅、清新、手法奇特乃至怪诞往往是成功的关键之一。

如今招牌设计已从平面走向立体，从静态走向动态，活动于商店门前吸引着过往行人。它的设计构图以及制作材料都很讲究，在建筑外观中占有突出地位。它们一般附着在店铺的外立面上，如设置在入口的雨篷上或实墙面等重点部位上，成为店面有机的组成部分。另外它们也可单独设置，与商店建筑保持一定的距离，一般来说，它的位置以突出、明显、易于认读为最佳选择。

以实物作为店铺的招牌是传统的商业宣传手段，它可明显展示其经营内容，虽然这些实物本身不具备多少装饰性,但它的位置及其与店面的组合构图若处理恰当,仍是创造美感的一种手段,而如今通过具像的招牌造型设计也可达到用实物做标牌的效果(图3-13)。

图3-13 招牌

(3) 店门的功能

在店面设计中,顾客进出门的设计是重要一环。店门的作用是诱导人们的视线,并产生兴趣,激发想进去看一看的参与意识。怎么进去、从哪进去,就需要正确的导入,从商业观点来看,店门应当是开放性的,所以设计时应当考虑到不要让顾客产生"幽闭"、"阴暗"等不良心理,从而拒客于门外。因此,明快、通畅,具有呼应效果的门才是最佳设计。店门造型设计可以多样,它往往是店面的焦点之一。

另外,店门的把手也经常被拿出来单独设计,它也是形成店门特色的一个重要组成部分。它的题材可以汲取标识、文字、动物、人物造型等内容,造型上有方的、圆的、长条的,方向上有竖向、横向、斜方向的,在材料上更是多样,把手可以是木质、玻璃、铜质、不锈钢、铁艺等。由于人手直接触摸,所以表面应处理光滑、细腻,凹凸感强,适宜近距离观看,以更有利于形成店门特色。

2. 店内的形态设计

商业空间室内设计要考虑多种相关因素,诸如空间的大小、商品种类的多少、柜台货架的样式和功能,灯光的排列和亮度、通道的宽窄、收银台的位置和规模等。

(1) 柜台货架的功能

用柜台货架陈列商品目的是要把商品更好的展示出来,把商品信息最快地传递给顾客,也是店铺向顾客提供高水准的服务的基本经营设施。

柜台货架的设计应保证商品陈列上架时有适当的面积和空间,同一空间内,柜台货架的造型应基本统一,目的是为了造成一个整齐、有秩序的环境,提供适合购物的良好气氛。尺寸一致、材料一致、形式特征一致、色彩一致以使货架取得统一感。店内的柜台货架设计除了应立足于功能性的要求外,在形式上也要能塑造商店形象。柜台货架是形成店铺特色的首选内容，其造型及色彩与材料的组合，一定要达到区别于其他品牌的效果，同时还要满足商品的摆放及展示高度。有些珍贵商品对货架的安全措施还有特殊的要求。一些可供顾客直接接触的商品，在设计上更要为顾客提供足够的方便（图3-14）。

传统中药店的抽屉式货架，文物店的博古式货架，书店的平台式货架，水果店的箱式货架，服装店的吊杆式货架都是根据各自经营品种的特点来设计的。另外柜台货架为了陈列商品，一般不采用刺激性的色彩，以免喧宾夺主。但商品陈列架与商品之间的色彩关系，则必须考虑到通常的色彩作用。如色彩鲜艳的商品，柜台货架的色彩要灰；浅色的商品，柜台货架颜色宜深；深色商品，货架色彩宜淡。柜台货架与商品色彩的搭配目的是要起到作为背景色的陪衬作用。

图3-14　眼镜店货架

（2）接待台的功能

接待台是顾客进店后接受服务的第一场所，其职能是：迎接顾客并且处置顾客一些简单咨询；计算顾客的费用并收费；接听电话、回答咨询。接待台在专卖店中应是主角，它的位置一般多靠近入口，这样有利于顾客交钱和问询，也有设置于入口正前方主题墙前，使人一进门就能看到。一般根据商品流量的大小来决定接待台的位置。一般流量大的店接待台更近入口，流量小的高档店接待台较隐蔽。接待台的造型除满足书写、音响控制等功能的需要外，也要有自身特点，它应是整个专卖店的视觉中心。进行交易和相关资料的保管也在接待台，并且有的专卖店还在接待台前摆放几款当周特价品，以做宣传。

接待台造型设计要实用与品牌风格相符合（图3-15）。

图3-15　接待台位于中心
北京金源时代购物中心

（3）楼梯的功能

不是所有的专卖店都在二层设有购物空间，倘若有的话，楼梯的设计就变得非常重要了。专卖店的楼梯犹如大门的延伸，具有引导顾客光临、驻足的作用，故应使人有舒适安全的感受。除了有目的的购买，在没有自动扶梯的情况下，一般消费者是不情愿上楼的，所以专卖店中的楼梯设计应不同于一般公共空间。它要根据是否是客梯来确定其尺度和造型，若是客用楼梯，一般造型应独特，要与整个店铺风格一致，并且楼梯尽可能使顾客在浏览商品的同时很自然的过渡到上层的空间，达到扩大销售空间的作用，而员工楼梯则要注意隐蔽，避免顾客误上楼梯。楼梯应有很鲜明的指向性，面对楼梯，谁都会不由自主地拾级而上。专卖店的楼梯设计最好按攀登舒适度要求分为段，以减轻攀登的难度（图3-16）。

楼梯可比喻为引进另外一个空间的通道，楼梯的设计往往是在建筑设计中已经定型的，但也有很多设计需拆除重装。在设计楼梯时，坡度也是一个要考虑的问题，要根据实际情况来计算。舒适的楼梯台阶高度以15cm为宜，若超过18cm登楼梯时就会感觉困难，台阶宽度以27～30cm为宜。

楼梯主要由受力的梁、踏步、扶手及栏杆组成的，若将这些主要构件有机地组合起来，将能设计出各种优美的造型。其中楼梯扶手栏杆起到围护和装饰的作用，常常是专卖店设计中的一个焦点，扶手栏杆设计是评定一个楼梯设计好坏的不可缺少的组成部分（图3-17）。

图3-16 浏览商品的同时拾级而上

图3-17 具有特殊效果的楼梯扶手

在通常的情况下，大型的商业空间一般都有自动扶梯或观光电梯来连接上下层空间，只有小型的商业空间才使用步行梯。

（4）试衣间的功能

在服装专卖店中，试衣间可以说是决定了服装是否能够被销售出去的一个重要环节。作为顾客而言，买不买只有试了才能决定。让顾客感到试衣舒适、提高购买兴趣是试衣间设置的主要目的。试衣间设计首先需注意的是隐私问题，不要令顾客感到尴尬，每个人在试衣服的时候都要经历不可示人的阶段。所以在试衣间的设计上应该着重考虑保护顾客隐私，应设置封闭式独立试衣间。每间试衣间的占地面积一般不低于$1m^2$，高度以不低于

2m 为宜。试衣间的数量应根据服装卖场的面积和顾客流量、服装的档次决定,高档服装店的试衣间少,中档服装店的试衣间多。高档的服装店,可分设男、女试衣间,面积也可增大。试衣间的墙面要整洁,有挂衣钩、座凳和搁物板等设施。试衣间内最好安装镜子,这样当顾客穿上效果不好的衣服时就避免被其他人看见。试衣间在造型设计方面应根据男装、女装、童装、中式服装、西式服装、休闲装、职业装等不同的商品特点设计出不同风格的试衣间(图 3-18、图 3-19)。

图 3-18 另类的试衣间成为店中的视觉中心

图 3-19 试衣间
学生作业

四、商业空间的设计手法

商业建筑室内空间环境需要满足现代购物环境的特点。设计者应以消费者的需求来考虑设计相关问题,通过对室内设计手法的逐项分析,达到能够满足商业空间特质的表现效果。任何设计理念和思想,都要通过具体的形式语言来实现,这一"物化"的过程实际也是设计构思逐渐趋向成熟合理的必经过程。不论平面功能布局、照明设计、色彩搭配或是装饰材料的选定都应当反映品牌的特征和消费者的审美取向,这样才能更好地体现设计的价值。一种生活方式创造一种空间环境,全新的价值观铸就了如今商业空间的多样发展。

1. 商业空间的平面布局

每个专卖店的空间构成各不相同,面积的大小、形体的状态千差万别,但任何店无论具有多么复杂的结构,一般说来都可划分为三个基本空间构成。第一个基本空间是商品空间,如柜台、货架、橱窗等;第二是店员空间,如接待台、库房等;第三是消费者空间,如人流通道、楼梯等;设计也就是将这三大块基本空间的不同组合。合理的布局可以提高专卖店有效面积的使用水平,能为消费者提供舒适的购物环境,使消费者获得购物之外的精神和心理上的满足(图 3-20、图 3-21)。

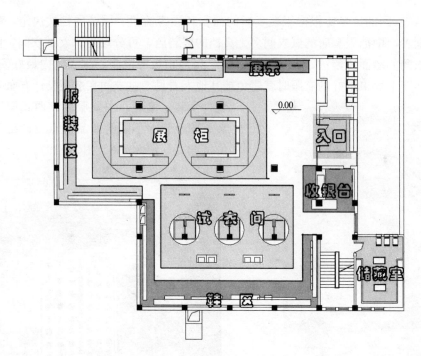

图 3-20 平面分区（一层）
学生作业

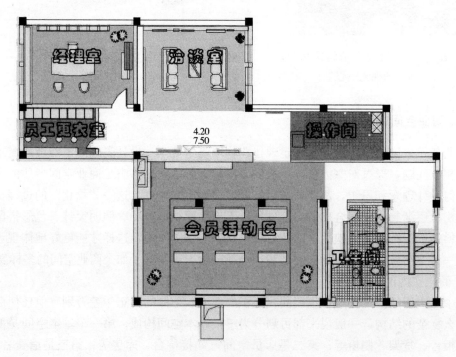

图 3-21 平面分区（二层）
学生作业

专卖店的平面布局分两类。一类是采用均衡的不对称的方法来布置，以便根据功能需要划分空间（图3-22、图3-23）。不对称的构图多带来活泼、丰富的视觉效果；另一类是相对对称的布置，经常运用于较庄重的店面环境。由货架构织成的通道决定着顾客的流向，如采用垂直交叉、斜线交叉、辐射式、自由流通式等布置方法。柜台货架之间的距离除了应保证客流的通畅，还要根据店的规模形成的人流量、经营品种的体积来测算出合理的距离。一般来说主通道应在1.6～4.5m之间，次通道也不得小于1.2～2.0m。另外设计整个布局和人流路线时应该尽可能的让顾客多停留，也不要使顾客对于整个店内商品一览无余。根据专卖店平面空间条件的不同，在总体布局中应考虑扬长避短。如进深较长的店，应通过设计分成若干小区域，将店员空间安排在尽端，减少狭长的纵深感，获得良好的空间效果。

入口位置的设定、开门的大小是平面布局中重要部分，也是一个难题。入口不光要照顾到室内空间的合理使用，同时它的位置也会影响到店面整体形象，所以入口的位置宽窄的设置要在两者之间找到最恰当的方式。

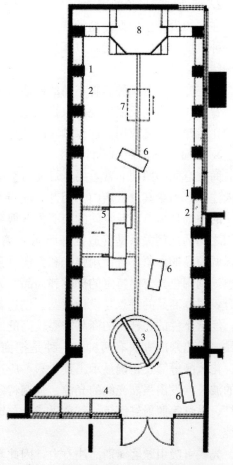

图3-22 可灵活调整展售方式的平面

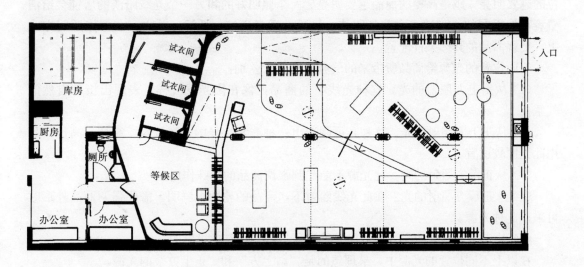

图3-23 动线丰富的专卖店平面

2. 商业空间形象的表达

在室内设计中依据商品的特点确立一个主题，围绕它形成室内装饰的设计手法，创造出一种意境，可以给消费者以深刻的感受和记忆。造型上独具特征的视觉形象会给人留下深刻印象。

一些专门经营某种名牌产品的商店常利用该产品标志作装饰，在门头、墙面装饰、陈列装置、包装袋上反复出现，以强化顾客的印象。经营品种较多的店铺也可以某种图案为母题在装修中反复应用，加深顾客的记忆。

3. 商业空间的照明设计

商业空间的照明非常重要，灯光可突显店内所陈列的商品的形状、色彩、质感，吸引路人注意，引导其进入店内。因此，卖场灯光的总亮度宜高于周围建筑物，以显示明亮、愉快的购物环境。商业空间的照明由一般照明、重点照明和装饰照明三部分构成，处理好它们之间的比例关系是营造良好照明环境的基础。通常重点照明是一般照明的3～5倍，以强调商品的形象，且使用强光和方向性强的光源加强商品表面的光泽及商品的立体感和质感，利用色光突出特定的部位和商品。光源色温应与商店内部装修材料的色彩、质感相配合，根据商品的特点与设计意图，创造各种环境气氛。不同的商品对照度值有不同的要求，经营小件的、精密的商品需要较高的照度值，而一般大件商品照度值可低些。光源使商品显示出来的方法有两种：一种是把商品的色彩正确显示出来的方法。经营服装、布料、化妆品等需要正确显示出其色彩，应选用显色性高的光源。另外一种方法是利用在一定的波长内发出强烈光线的光源，强调特定的色彩和光泽，使商品显得更为好看，如用聚光灯、吊灯等照射红鲤鱼、红苹果或金首饰时，鱼和苹果显得更红、更鲜，金首饰则显得更纯。

光线可吸引顾客对商品注意力，因此卖场的灯光布置应着重把光束集中照射商品，使之醒目，在商品陈列摆放位置的上方布置灯光，以刺激消费者的购买欲望。越是有商品部位的越要明亮，越是高档的商品越要明亮。一个照明好的和另一个光线暗淡的店铺会给消费者截然不同的心理感受，前者明快、轻松，后者压抑、低沉。总之，在整体照明方式上，要视商品的具体条件配置。

不同位置的光源给商品所带来的气氛会有很大差别：

（1）从斜上方照射的光。这种光线下的商品，像在阳光下一样，表现出极其自然的气氛。

（2）从正上方照射的光。这种光可制造出一种非常特异的神秘气氛，高档、高价产品用此光源较适宜。

（3）从正前方照射的光。此光源不能起到强调商品的特殊作用。

（4）从正后方照射的光。在此光线照射下，商品的轮廓很鲜明，需要强调商品外形时可采用此种光源。

（5）从正下方照射的光。能造成一种受逼迫的、具有危机感的气氛。

在以上不同位置的光源中，最理想的是"斜上方"和"正上方"的光源。

为防止因照明而引起商品变色、褪色等情况的发生，应注意商品与聚光性强的灯泡之间的距离不得小于30cm，以免因光线的热量烘烤、灼烧而导致商品褪色、变质。

4. 商业空间的色彩设计

购物空间环境的感觉具有冷暖、明暗的变化，丰富的色彩层次能创造出生动诱人的环境气氛，提高商品的瞩目程度，其直接影响人的心理和生理，被视为销售学的重要因素。利用色彩的温度感觉和距离感觉等原理，调整空间感觉，可以创造出良好环境气氛。

商业空间的色彩设计可以刺激顾客的购买欲望。如在炎热的夏季，专卖店以蓝、棕、紫等冷色调为主，顾客心理上有凉爽、舒适的心理感受；采用某一时期的流行色布置女士用品销售场所，能够刺激顾客的购买欲望，增加销售额。此外色彩对儿童也有强烈的刺激作用。儿童对红、粉、橙色反应敏感，销售儿童用品时采用其效果更佳。另外，使用色彩还可以改变顾客的视觉形象，弥补营业场所缺陷。

运用色彩要与商品本身色彩相配合。这就要求店内货架、柜台、陈列用具为商品销售提供色彩上的配合与支持，以起到衬托商品、吸引顾客的作用。如销售化妆品、时装、玩具等应用淡雅、浅色调的陈列用具，以免掩盖商品的色彩，喧宾夺主。销售电器、珠宝首饰、工艺品等可配用色彩浓艳、对比强烈的色调来显示商品的艺术效果。

色彩对于专卖店环境布局和形象塑造影响很大，为使营业场所色调达到优美、和谐的视觉效果，必须对专卖店各个部位如地面、天花板、墙壁、柱面、货架、柜台、楼梯、窗户、门等以及售货员的服装设计出相宜的色调。

色彩运用要在统一中求变化。专卖店为确定统一的视觉形象，应定出标准色，用于统一的视觉识别，显示企业特性。标准色是用来象征公司或产品特性的指定颜色，是标志、标准字体及宣传媒体专用的色彩，在企业信息传递的整体色彩计划中，具有明确的视觉识别效应。标准色具有科学化、差别化、系统化的特点。因此，进行任何设计活动和开发必须根据相应的特征，发挥色彩的传达功能。以一种或几种色彩为专卖店的专用色，当人们看到这种配色的标志或产品时就会很容易联想到此种品牌产品，例如"真维斯服装店"为蓝色＋白色。一般色彩比形体更能吸引人们的视线，因此在设计中，应充分考虑到顾客阶层、性别、年龄。例如：粉色＋紫色给人以女性空间的暗示，颜色饱和属于年轻人的用色，高纯度的色彩组合一般是儿童的用色。另外，在选用配色的同时，要注意此种色彩搭配是否与产品内容性质相符。色彩也体现档次，但是在运用中，在专卖店的不同楼层、不同位置，也可以有所变化，形成不同的风格，使顾客依靠色调的变化来识别楼层和商品部位，唤起新鲜感，减少视觉与心理的疲劳。

5. 商业空间的装饰材料设计

装饰材料是丰富店铺造型、渲染环境气氛的重要手段，不同的材料由于材料的差异，其质感和装饰效果则很不相同。专卖店内部材料的材质处理是提升空间环境的有效方法，材质本身既是可视可触材料的组合，同时也是设计师设计理念和艺术风格的表现。好的商业环境设计一定要有好的材质加以表现。一般较为常见的是对背景墙面的处理，采用凹凸感较强的材质表现是设计师进行二次创作的结果。由于是在商业环境中，这样的材质处理手段能给人新鲜与刺激的视觉体验，起到特殊的展示效果，这与商业空间的宗旨也相吻合，所以越来越多的对不同材质的尝试，在商业空间设计中竞相登场，成为商业空间的突出特点。

装饰材料的质感组合对环境整体效果的作用不容忽视，要根据空间的功能、艺术气氛来选择组合不同的材料。在越来越强调个性化设计的今天，装饰材料的质感表现将成为室内设计中空间材质运用的新焦点。装饰材料肌理、色彩应具有视觉冲击力，使购物环境更加温馨、舒适。空间环境比较活泼、刺激，选择材料、色彩、造型都要具有一种动感，不论使用哪种材料，表现肌理都应具有醒目、突出的触觉特征，以烘托购物的环境气氛。

随着装饰材料品种日新月异，过去室内不常用的材质诸如水泥砖、钢丝网等也被运用到商业环境室内设计当中。用钢丝网代替单一的白墙，可形成独特的装饰效果，还可通过材料肌理的横直纹理设置、纹理的走向、肌理的微差、凹凸变化来实现组合构成关系。

有些材料纹理朴素自然，颜色经久不变。如砖、瓷砖、玻璃、天然石材等都具有这种特质。而涂料和油漆等饰面，经过时间的推移，加上大气的污染，会有不同程度的褪色。所以在店面设计选材时应注意所选材料需经久耐用，能抵御外界风、雨、雪、日晒等侵袭，有一定的强度和附着性，不变形、不褪色、耐腐蚀以及易清洗等特点。

合理地选择装饰材料，巧妙运用施工工艺，不仅为设计构思的实现提供可行性，而且也将成为整个品牌形象的一个重要组成部分。在某种意义上可以说装饰材料与工艺决定了空间形成的成

图 3-24　材料的选择与搭配
为店面增色不少

败（图 3-24）。

6. 商业空间的商品展示

商品展示是把商品正确、有效地介绍给顾客的一种表现方法，应根据不同的商品种类来规划视觉推销展示点。橱窗、展台、墙壁、柱子、天花板都是展示的重点部位。不同的商品、不同的表现方式，它的选择取决于被陈列商品的性质、质量和价格（商品越好，方式越要讲究）。专卖店的销售主要是通过"视觉机能"，将商品的信息予以"视觉化"和予以"生活化展示"，将所提供的生活方式的主题以视觉的效果和商品结合起来加以表现。商品销售是否成功，在很大程度上依赖于对消费者思维想像空间的解析和创造程度。所以，通过商品陈列，在商店内创造出一个生动的生活场景，使商品在这个场景内活动起来，便是一个重要的陈列技巧（图 3-25）。

图 3-25　商品陈列

现代商业空间的展示手法多种多样，展示形式也不定向化。动态展示是现代展示中备受青睐的展示方式，它有别于静态展示。采用活动式、操作式、互动式等方式，顾客不但可以触摸展品、操作展品，更重要的是可以与展品互动，让顾客更加直接了解产品的功能和特点，由静态陈列到动态展示，能调动消费者的积极参与意识，使商品展示活动更丰富多彩，取得更好的效果。动态展示使展示生动化，使商业空间具有一种活力，如视觉冲击力、听觉感染力、触觉激活力。通过娱乐色彩的环境、气氛和商品陈列、促销活动吸引顾客注意力，提高对商品的记忆。展示空间生动化比大众媒体广告更直接、更富有感受力，更容易刺激购买行为和消费行为。增强商业展示行为的丰富性，提高商业展示成果的经济效益，突破现有的展示体制框架结构，巧妙的运用幻灯、全息摄影、激光、录像、电影、多媒体等现代影像技术，虚拟现实技术，使静态展品得到拓展，造成生动活泼、气氛热烈的展示环境，使顾客具有身临其境的效果。

7. 商业空间的视觉识别设计

一个成熟品牌给人的第一感觉应该是具有高度美感的视觉享受，所以像迪奥、夏奈尔、古琦等这样的国际品牌才能够让人耳熟能详。无论从品牌的字体、颜色、产品风格，还是从品牌的终端形象推广上，这些品牌都做到了保持绝对的统一性。视觉识别设计是品牌识别的重要内容，规范的外观表现将对品牌内涵有最佳的表达。

视觉识别设计是对人为及自然环境间所有图像要素的企划、设计，以突显商业环境视觉识别之特殊性。首先是专卖店的标志字体设计、标准色、包装袋、办公用具和标准的应用。贯彻到专卖店的各个角落，以使整个视觉识别系统既统一又有变化，既有整体的一致性，又富于个体的特征和趣味，避免单调和简单的重复。品牌要显示强势影响力，它应有一个完整的视觉形象系统，而终端的品牌VI视觉管理则是营造终端销售气氛的基础。

包装袋是专卖店对外形象的另一个传播媒介，它能起很好的广告宣传作用，包装袋不单单只是装提物品而已，它已经成为企业形象的表现，有些包装袋设计更提升到艺术的层次。一般包袋设计要同整个店铺形象一致，并印有店铺的标志、字体、地址、电话，这样消费者或调换商品、或再购物就变得更加快捷。包装设计不仅仅是一种投入，而且还会有回报（图3-26）。

图3-26 包装袋
学生作业

五、商业空间的设计练习

任选一种自己喜欢的品牌产品，如服装类（范思哲、古驰、伊夫、圣洛朗等）、运动品牌（耐克、阿迪达斯、李宁等）、化妆品类（欧莱雅、兰蔻、妮维雅等）等。并在指定的空间之内（详见附图3-29、图3-30、图3-31）进行小型的商业空间（专卖店）设计练习。要求先进行所选品牌市场销售场景的调研，分析其存在的问题，保留可取之处，通过调研了解品牌销售现状。

课题条件：此课题的专卖店位置在一个闲置楼中，楼总高三层，设计时可根据不同的品牌来划定设计面积的大小，但要考虑给上层的租户留有通行的条件（图3-27、图3-28、图3-29）。

图3-27　原建筑外立面

设计要求：了解商业空间的经营特性和设计的基本方法，掌握不同消费群体的消费取向，对不同的商家和经营范围进行针对性的策划，创造具有独立个性的商业空间形象。室内空间布置要求合理有序，区域性强，立面造型、单体造型新颖别致，建筑与室内空间之

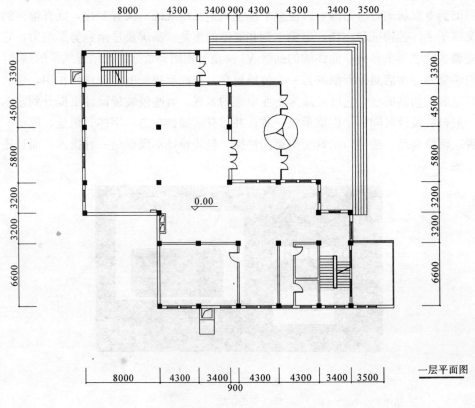

图3-28　平面条件图一层

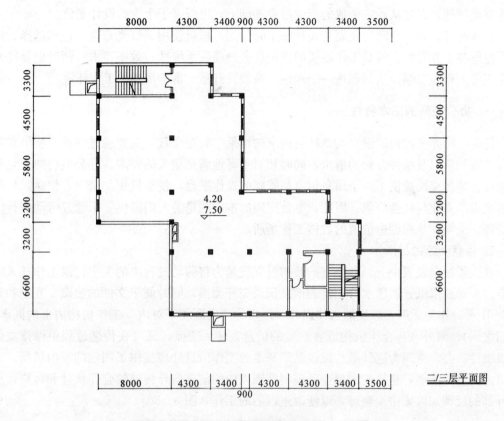

图3-29 平面条件图二层

间的转换自然。外立面的设计改造要注意与原建筑风格的协调,并且对原建筑的修改只能是少量的,重点要突出专卖店形象。

呈交作业成果包括:各层平面室内布置图各1张,专卖店室内立面图2张,室内效果图2张,沿街建筑立面效果图1张,品牌的VI设计运用和修改计划,并附加简要设计要点说明,包括品牌的调研、功能分配、流线计划、色彩运用、材料的具体落实等方面的设计意图。

第二节 办公空间室内设计课题

办公机构是人类社会生活发展到一定程度的产物,为人们提供商业性或社会性服务的机构。相对于购物、餐饮、娱乐、医疗、住宅等人类活动所使用的其他性能空间,办公空间则为人们提供了行政管理以及专业信息咨询等事务处理的室内场所,因而其环境的规划与设计亦相对较为理性,讲求事务办理的系统性与速度。

随着社会竞争的不断发展,人们滞留在工作空间的时间也越来越长,办公室已不仅仅是创造财富与价值的工作空间,也成为人们交流信息、扩大交往的社交场所,所以办公环境的设计要以人为本,讲求环境气氛的舒适、自然。同时,办公环境是一间企业或机构宣传其机构形象或企业文化的主要窗口,因而,办公环境的整体装饰要符合行业从业人员的整体审美情趣，在遵从约定俗成的行业形象基础上，进行富于个性的设计变化。

总体而言，办公空间的规划与设计在空间分配、材料使用、灯光布置、色彩选择、用品配置等各个方面均要满足工作性质的机构业务处理的系统性与效率要求，同时也要符合人类正常的行为习惯，从而创造一个理性、高效且舒适、富于情趣的工作环境。

一、办公空间的基本特性

任何一间办公机构的设立均是社会需求的结果。时至今日，人类通过各种交换形式获取自身在物质以及精神方面的需求，同时相对平等地满足他人的要求。办公机构的设立就是为社会整体交换提供了一个信息供求与管理的操作平台，使交换更加公平、快速，从而创造更多的商业与社会价值。因此，办公空间的本质就是为人们提供一个通过劳动进行信息处理、交换，从而创造价值的群体工作场所。

1. 信息交流的场所

在人类社会发展史上，办公室的最初设立就是为将劳动过程中的文字记录工作迁入室内空间，保证以纸张、墨水为工具的信息记录完好无损，同时便于文件的收藏、复制和查找使用[23]。作为无声、可视的实体媒介，纸张的传递既便于对内（工作机构内部的同事、部门之间）、对外（与合作机构或客户）的信息宣传、交流，又可在传递过程中保持文件的机密性。办公空间为这种最初级也是最基本的工作信息处理提供了固定的室内场所。人们以办公室为基地，将机构内部业务控制范围以内的信息向外传递给合作伙伴和客户，也将外部的反馈加以集中、整理，以便改进以后的工作（图3-30）。

图3-30　1910年的部门工作状况
美国国家档案馆

随着社会的不断发展，现代办公机构的性能已从传统意义上信息的处理、储存空间转化成为更加注重信息的交换、分享的场所。在现代社会中，工作不仅是人们创造财富的手段，也成为人们更新知识、与人交流的媒介。科学技术的发展为办公机构提供了更快捷、简便的信息处理与交换的工具，为信息的搜集与分享提供了更多的选择渠道，但与此同时，机构内部的重要情报也更容易被外界或竞争者获取。因而，现代办公空间的

---

[23]（英）安迪·雷克 著. 弹性工作完全指南. 剑桥：英国外务办公室合作事务所. 2004，P34

规划与设计要注重对内、对外的不同程度的私密性与开放性的结合,既要保证对外信息的有效传递,还要防止机密情报的外泄,同时,保持内部知识的自由交流与分享(图3-31)。

2. 群体工作的场所

办公机构的基本作用是将人们所需的物质或精神上的供求按照性质、功能的不同进行分门别类的处理,以方便同一行业内事务和知识的管理与咨询。当今,发达的信息交流系统和信息处理工具更为室内环境下的事务处理提供了更为独立的可能性。但与此同时,社会财富与价值的创造

图3-31 现代办公空间的注重内、外不同程度的私密性与开放性
澳洲铿晓设计咨询公司

已不是个人劳动所能够完成的工作,详尽的社会分工使得个体劳动更加需要通过团队性的整合才能显现其意义,各种行业、部门的从业人员只有分工合作、统一管理才能将社会信息进行相对完整而有价值的集中、分析与交流。因而,现代办公机构的工作是团队性的,办公空间亦是群体性价值创造的场所。

图3-32 办公空间既要注重群体的沟通,又要保持个体的独立
澳洲维多利亚城市发展机构

任何一件办公机构按照性质、业务范围均是由多个部门组成的,同时,同一部门的工作人员也会有行政管理上的级别差异。因此,在进行现代办公空间的规划与设计时既要注重环境的群体性,便于团队成员之间的沟通与合作,使得群体工作在和谐、统一的基础上进行,又要注意空间的个体性,满足每位员工在空间工作时必需的生理和心理上对于个体空间范围和领域的要求,保证员工的工作环境独立而不受干扰,从而为整体的群体工作贡献其特殊而具个性的价值(图3-32)。

3. 能动的空间

室内环境下的办公工作以如何高效率的提供服务、创造价值为主要目的,其空间规划与设计也应该是从如何能够快速地传递信息、完成专业咨询服务出发。传统的办公室是以静态的书面工作为主,人们在部门主管的监督之下坐在固定的位置,以便于行政上的管理与操作。而现代办公环境更注重工作质量,尤其是在某些专业咨询性服务机构或者以创意为主要业务的信息提供机构,人们的工作状态更倾向于员工之间的动态交往,办公环境的规划也不再固定于同一种模式之下,人们的工作地点也可随着团队化与更具个性的工作方式之间的不断转换而流动于办公室内、外空间的任何角落,同时,先进的高科技办公系统使得流动的员工可以随时随地得到相应的技术支持

与管理上的服务。因此，现代办公环境的规划与设计在机构基本部门的空间框架相对固定的基础上，更注重动态的信息交流，力求打造一个更宽松自由的工作环境，以使员工在更放松的状态下充分发挥其主观能动性与集体工作精神，创造更多的商业与社会价值（图3-33）。

图3-33　宽松随意的办公交流环境
澳洲维多利亚城市发展机构

二、办公空间的性能分类

人类社会发展到今日，社会分工已越来越系统、明确。与其他社会生产活动不同之处在于办公机构的工作性质更倾向于在室内环境中进行事务的管理与文案操作。办公空间环境按照机构的业务侧重范围可分为行政管理性、专业咨询性以及综合性等不同功能性质。办公机构可以是独立存在的经营单位，也可以是某一大型企业或公共服务行业中负责行政管理部门的总体集合。所以，办公空间既可以是完整的由同一机构而占据整个建筑，如政府机关，又可以附属在某一机构的建筑体之中，如医院、银行的行政管理或业务发展和研究部门等，小型办公机构还可以是一栋商业建筑中的某一单元。因此，办公空间的设计要根据其功能性质以及周围环境进行整体规划。

1. 行政管理性办公空间

行政管理性办公机构主要是指以国家机关、企业、事业单位的行政职能部门，或者是以事务管理为主要业务的服务性私人机构，如法律事务所、旅行社、信息咨询公司等机构。行政管理机构的办公业态以文案处理为主，各部门以及上下级之间的工作分工明确，讲求系统、快速、高效。

2. 专业咨询性办公空间

专业咨询性办公机构主要是指能够提供专项业务服务和咨询的机构办公部门，如传统上的音乐制作、舞蹈团体、电影机构、广告公司以及各种美术设计工作室等。近年来，随着电子信息产业的发展，软件开发、传播媒体也逐步脱离开主体产业而成为提供更为细致专业服务的机构。专业咨询机构以推销其创造性思维意向为主，其办公业态大多以交流、创造、制作作为主体，除了普通的行政事务，各职能部门的工作多数呈平行关系，是同一流程的不同环节，通过各部门的密切合作，最终完成任务。

3. 综合性办公空间

综合性办公机构主要是指较大型的公共服务机构,如银行、保险、地产、餐饮、娱乐等机构的主体行政与后勤部分。整体而言,综合服务机构既有对外宣传、联络部门,又有内部行政管理、业务开发等部门,各部门之间既穿插上下级的等级关系,也运行流水线般的工作程序;而各个部门内部的工作业态则如同独立的行政管理或专业性办公机构一样,按照其工作性质讲求团队与个体、等级与系统性的协作。

办公机构的不同性质与功能决定了不同机构的空间规模和人员数量。一般来讲,行政管理性办公机构的规模比专业性机构要大,特别是政府机构,其职能部门涵盖包括公共服务的各个方面,服务对象也包括了不同年龄、身份、背景的社会各个阶层人士,因此,其工作人员的数量庞大,所用空间亦常常占据了整个独立的建筑。同一功能性质的办公机构则依据其业务范围和工作状态来决定其所需空间尺度以及人员分配。比如同是综合性办公机构,但银行与保险有不同的业态需求:银行从业人员的工作场所是固定的,每个人都会有指定的办公位置,所以各部门所占空间可完全按照人员数量来安排,而普通保险从业员的工作岗位通常是流动的,一般不需要在机构中设立其固定的办公家具,其机构内部的空间分配需主要考虑日常行政管理人员的要求即可。

三、办公空间的功能分配

无论其业务范围、性质功能、规模、人员组成如何,一间办公机构均是由各个职能部门各司其职同时又互相配合而进行运作的。通常,办公空间按照职能可划分为主体业务空间、公共活动空间、配套服务空间以及附属设备空间等。各种职能部门由于其作用的大小在办公总体空间所占的比重各有不同,同时,各种功能作用的空间在安全、使用方面又有一定的科学范围要求,因此,合理地协调各个部门、各种职能的空间分配成为进行办公环境设计的主要内容。

1. 主体工作空间

众所周知,任何办公机构均有其主要的业务内容项目,负责完成其主要业务并由此创造商业或社会价值,也是该办公机构设立的意义和目的,所以任何围绕主要业务开展工作的空间都是办公环境设计的绝对核心内容。总体而言,工作空间可按照内部业务范畴划分为如财务、人事、信息处理、专业咨询等不同的部门区域;在小型软件开发、电子信息处理的产业机构中,用于储存与交换信息系统的数据中心有时也会占据一定的工作空间,以方便工作人员随时查找数据、检查系统的工作状态,同时,也可随时向客户展示其业务能力(图3-34)。

主体工作空间还可按照人员的职位等级划分为大、小独立单间、公用开放式办公室等不同面积和私密状况的分割状态。单间办公室或者是在开放式区域较为独立、

图3-34 电子信息机构中的数据中心空间
微软公司

封闭的工作空间一般适合部门主管或者会计师、律师等处理较为机密性文件的人员，其空间注重工作的个人自律性，而且工作的互动性较少（图3-35）。开放式办公空间则是在同一空间之内利用家具将工作的单元空间进行集合化排列，比较适合用于银行、行政等较为注重流水性或重复性事务处理的部门，同时也可用于设计、研发等互动性较强的团队性工作机构，开放式环境有利于员工之间保持良好的沟通、交流状态，但由于每个人的工作都处于公众视线之内，工作的自律性较小，也会降低个人的能动和积极性的发挥，所以，开放式办公空间中家具、间隔的布置，既需要考虑个人的私密性和领域要求，又要注意人员之间的交往的合理距离[24]（图3-36）。因而，主体工作空间划分的单元数量、尺度均要根据各部门机构的个性工作需求而定，以便于员工发挥其个体能动性，同时也方便团体工作的互相配合、协调。

图3-35　美国穆扎克音乐机构的单间办公室　　图3-36　德国因根浩文建筑设计公司的开放式办公空间

各个业务职能部门由于工作性质、人员组成各有不同，对于部门总体的空间尺度安排也有所差异。而且，在同一部门中，工作人员的专业设备、文件储存以及来访客人的数量、级别也不尽相同。一般而言，办公状态下普通级别的文案处理人员的标准人均使用面积为 $3.5m^2$，高级行政主管的标准面积至少 $6.5m^2$，专业设计绘图人员则需要 $5.0m^2$ [25]。

办公环境是人员相对密集且流动性较强的公众空间，所以从室内每人所需的空气容积以及办公人员在室内时的空间感受考虑，办公空间的顶棚净高一般在 2.4~2.6m 的范围之内，空气调节装置的位置不低于 2.4m [26]。

2. 公共使用空间

任何室内环境中，公共空间均是人们正常活动、交流、沟通的必备场所。从广义上讲，凡个人身体所占范围之外的所有环境空间均可称为机构的公共空间。若仅与主体工作空间相对而言，办公环境下的公共空间则指在从工作角度所触及的所有人员可共同使用的

---

[24] 梁展翔 著．室内设计．上海：上海人民美术出版社，2004. P114
[25] 高祥生，韩巍，过伟敏 主编．室内设计师手册．北京：中国建筑工业出版社，2001. P926
[26] 高祥生，韩巍，过伟敏 主编．室内设计师手册．北京：中国建筑工业出版社，2001. P931

空间，包括对外交流以及内部人员使用两大部分：对外交流的空间是指机构的外来人员所接触的空间范围，包括前台接待、电梯间、会客室以及能够展现机构专业性质、服务范围和企业文化的展示区域等；机构内部人员使用的公共空间则包括内部走廊、会议、资料阅览、复印等不同服务功能的实用区域。

办公机构的对外交流空间是一间办事机构的"门面"，是使外部人员了解其业务范围和能力的最直接的媒介，很多外来人员是通过与一间机构的空间环境以及办事人员的接触而对其留有最初级的印象。前台接待处作为内、外部人员进出机构的必经之地，它不仅是整体空间的交通枢纽，也是内外联络的集散之地-咨询、收发、监管等均为前台的服务内容（图3-37）。在某些机构中，有时会因空间的不同规划安排而不设接待工作台，但是明示机构的标志以及名称的装饰墙面则是门厅接待处的必要装置，以便使人们明确其所处的环境位置（图3-38）。不同机构会就其空间的大小进行会客、会议、展示等区域的分配，但总体而言，这些区域通常会设置于前台接待区附近，便于接待人员随时进行内外联络，以提供咨询与服务。有些机构则利

图3-37 加拿大CBRE地产公司的总服务台

用简单必要的家具组合而成综合性外部服务区域，将接待、会客、展示等各种对外功能集中于一体，既节省空间，又节约服务的人力（图3-39）。

图3-38 美国埃迪鲍尔机构入口大厅的标识墙

图3-39 集会客、展示等各种功能于一体接待空间

会议空间是现代办公机构必不可少的公共功能之一，是机构谈判、决策、交流的正式中心。会议空间可按照使用对象分布在对外、对内、高层、部门内部等不同的空间位置，也可按照使用人数分为大、小等不同尺度，还可按照机密程度设计成封闭或开放等不同空间状态（图3-40）。不同使用方式和功能状态的会议空间其设施配备与安排位置均有差异。用于商业谈判的会议室通常宽敞气派，且规整严肃，座位间距安排较远；机构内部讨论式会议空间则温馨随意，座位间距较近。无论大小、使用对象、功能状态如何，常规以会议桌为核心的会议室人均额定面积为 $0.8m^2$，无会议桌或者课堂式座位排列的会议空间中人均所占面积应为 $1.8m^2$ [27]，这样才可保持在公共环境中个人心理和生理领域的不受侵害。

图3-40 几种不同尺寸、封闭状态的会谈空间

机构内部人员使用的公共空间主要包括为办公工作提供方便和服务的辅助性功能空间，不同性质、规模的机构所需的辅助功能空间也不同。在创意性或知识密集型机构，如法律、设计事务所等，资料储存和阅览空间为必备区域，但普通行政事务机构却不一定设置此功能空间；某些机构会设立专门的复印、打印机房（图3-41），有些机构则随工作需要将机器安置于各个部门的公共区域（图3-42）。因此，内部使用的公共空间是因需而设，其位置亦是视需而定，空间尺度范围只要符合人体工程学使人们能够自如活动即可。

 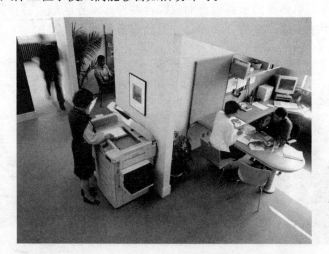

图3-41 新西兰银行　　　　图3-42 随时使用的复印设备空间

---

[27] 高祥生，韩巍，过伟敏 主编．室内设计师手册．北京：中国建筑工业出版社，2001．P926

3. 配套服务空间

为保证工作人员正常工作的顺利进行，一般大型综合性办公机构内部会配备安全、信息提供、卫生管理等后勤服务空间，包括门卫、员工休息室、餐厅或茶水间、卫生间等（图3-43）。

随着社会的发展，办公机构越来越注重企业内部的文化形象。为了使员工有更强烈的企业归属感，在很多新进的大型集团化办公机构中，如美国微软公司，其后勤配套服务还提供休闲、娱乐、卫生、保健等项目，以保证员工工作、休息、娱乐的相互协调，使工作人员在此环境下工作更专心、更高效，从而为企业创造更多的效益（图3-44）。

图3-43 英国德万科技信息公司的开放式休息间　　图3-44 办公环境中的小型休闲空间
澳洲诺维尔机构

4. 附属设备空间

附属设备主要指保证办公环境正常运作的能源供应设备，如电话交换机、变配电箱、空调等设备。根据设备的大小规模、功能及其服务区域，附属设备用房的尺度、安置位置均会有所不同，通常，大型或危险指数较高的附属设备会远离公共办公区域，小型的设备则可就近安排在负责保管维修部门之中。例如，在大型办公建筑中通常会有独立而统一的变配电用房；而在小型的办公机构中，配电箱常常被安装在接待台或员工休息室的橱柜之中。

总体来讲，办公机构的功能分配是为了满足人们在工作时间内的各种需求，从而创造一个更有效率的工作环境。为此，各个办公机构的功能空间的布局会因机构的业务性质、人员数量而有所不同：有些机构会按照接待、会客、会议、业务工作、茶水、休息、卫生间等前后顺序来进行整体空间的安排，将主体工作部门安置于空间中心，服务性公共空间安排在角落或后部，这种空间的安排方式使空间整体顺序由对外开放性逐渐转化为内部私密性，越深入空间内部，私密性越强；而有些办公机构则会将复印、茶水、休息、卫生间等后勤服务性空间安排在中心位置，展示、会议室以及各部门工作空间均围绕此中心呈放射状或两侧分布，以便各个职能部门的工作不受外部环境的干扰，并且能够享受均等的后勤服务距离（图3-45）。

然而，并不是每一个办公机构均需要安置一套完整的功能空间配备。很多现代化集合型办公建筑已将门卫、餐厅、卫生间等配套空间作为公众服务项目按照预想设计提供给空间使用机构，而且，为了方便能源和物资管理，变电、空调等附属设备也统一从属于建筑整体而预先进行了位置安排。总之，办公机构的功能空间布置要视机构的实际环境和需求情况而定。

图3-45　位于空间中心的休息区域
澳洲星空传媒机构

四、办公空间的设计要素

如前所述，办公机构是由各种职能部门组合而成的，各个部门由于工作性质、规模大小的不同，在机构整体空间中所占比例与位置均有不同。因而，在进行办公机构的空间设计之初，设计师就要充分了解机构的性能与工作流程，以便合理地安排各部门的空间位置与比例，规划人流走线，保障各部门之间的工作密切配合。办公空间与其他室内环境相同，均是以人为本的实用性空间，所以其环境的布置装饰均要以人的心理、生理感觉为基础，创造一个集科学性、经济性、艺术性为一体的事务处理环境，才能保证整体的工作程序顺畅而高效地进行。

1. 办公空间的动态流线

办公机构是以创造商业价值或社会价值为宗旨的服务机构，其空间使用者在室内环境中的活动状态讲求快速、高效，以方便信息的迅速交流与传达。因此，办公空间中合理的动态流线规划是工作流程能顺利有效进行的基本保障，也是机构内部各职能部门进行联络、协调、沟通的物质条件。通常，办公机构的室内空间流线主要包括外来人员流线、内部员工流线和后勤物品流线，无论是单层的水平流线还是多层办公建筑中的垂直流线，各流线均应便捷通畅、自成一体，但又在适当的位置相互联系，形成完整的动线体系（图3-46）。

一间办公机构的空间环境常常以一条主要通道为核心，用于联系各主要职能部门，同时也保证来自内、外各部门的人员以最短的距离进、出机构，因此，主体流线一般起始于机构进出口，然后连接至各部门的主要入口。由于办公环境是人群集中的公众区域，顺畅的疏散通道是保证紧急事件发生时人员安全的首要因素，所以安全疏散通道也属于主体流线的重要组成部分（图3-47）。

图3-46 办公空间中的各种流线
英国诺维联合保险公司

图3-47 北京安利公司的主体流线

在大型办公空间环境中,为了保证紧急情况下人员的快速撤离,位于袋形流线尽端的房间与出口之间的距离不可超过20m,位于直线型流线上的房间距出口不可超过40m。作为办公机构中人员活动最频繁的区域,主体空间流线的规划要尽量保障人员往来的安全与便捷,保证个体活动的自如与连续性。一般单向通行的室内主体流线宽度至少要大于1.3m,双向流线要大于1.6m,净高最低为2.1m,而且,注意避免景观植物、办公用品随意摆放在主体流线通道上,以便保障通行的速度与顺畅[28](图3-48)。

办公空间中的对外服务部门,特别是接待、会客、展示、会议室等区域,一般会安排在距离出入口较近的位置,以避免外部环境对内部工作的干扰,也避免机构内部机密信息的外泄,同时,由于外部联络部门集中了对于机构内部空间结构布局不甚了解的外来人员,对外空间通常也要规划在主体通道范围之内,以方便通行,亦保证紧急情况下外来人员的安全。

在办公机构的内部工作环境中,各职能执行者正常的工作、生活活动通常是沿着内部流线而进行的,其中既包括各部门内部的交通走道以及从各部门通往复印设备、内部会议室、仓库、资料阅览等区域的工作流线,也包括连接卫生间、茶水间、休息室等后勤服务设施的生活流线。办公机构的内部流线尺度要因使用情况而定,但通常比主流线或外来人员使用的流线

图3-48 办公空间的流线的正常尺度
爱尔兰文若办公家具公司

---

[28] 高祥生,韩巍,过伟敏 主编. 室内设计师手册. 北京:中国建筑工业出版社,2001. P927

要窄小。若流线两侧为墙体或超过常人高度的间隔，则通道宽度不可小于1.2m；若是高度低于常人视线的开放式间隔，通道的最窄底线可为0.9m。

在大型或综合性办公机构中，每日正常工作所消耗的物品种类及数量是巨大的，后勤部门必须随时供应短缺的物资，同时，及时处理掉废物垃圾，以便保证机构的正常运作。后勤物品的运送处理因尺寸、形象、卫生等原因往往有其单独的运输流线，一般会避免与外部人员活动的空间相交叉，也会尽量避免经过工作区域内部，通常是经过内部人员使用的后门直接连接到如库房、茶水间等服务空间。办公机构的消耗物品种类繁多，其尺寸、重量、运输方式均变化不定，所以一般后勤物品通道的标准宽度为1.2m，同时，地面需保持平滑，不同水平高度的地面需以缓坡衔接，尽量避免阶梯的出现，以方便大件货品的运输。

2. 办公机构文化的表达

办公空间是一间办事机构的"门面"，是使人们了解其业务范围和能力的最直接的媒介，因此，办公空间的规划与设计不仅是创造一个适宜内部员工工作的室内环境，更是对外表达一间机构文化内涵的最直接的窗口。

办公机构文化是机构内部的思想观念、思维方式、行为规范以及业务范围、生存环境的总和，不同机构由于功能性质以及经营理念的不同，机构文化的特征也不尽相同。一般而言，公益性机构注重亲和力，商业性机构注重服务，媒体性机构注重信息的快速传递，创意机构注重个性表达等。办公机构的文化特性在空间环境的视觉传达方面是通过色彩、造型、材质等装饰要素对于环境气氛的营造来实现的。尽管办公环境在色彩的表达、造型的设计与材料的选取方面均无固定的格式，但一般同一属性的办公空间有其约定俗成的色彩范围与材料搭配。同时，由于大多办公室白领人员所受教育程度较高，对其工作环境有一定的个性审美要求，所以办公环境的界面与物品的装饰性通常围绕突出其机构的办公性能与文化特征作统一的风格界定。

无论是行政性管理单位还是专业性咨询机构，现代办公空间的环境色彩均以简洁为主要目标，意在营造一个快速、高效的办事环境，即使在以创意为主、讲求个性的艺术性信息咨询服务机构，其色彩的选择也不宜过于纷繁复杂。通常，一个机构的室内空间会以一种或两种搭配的色彩作为整体环境的主导颜色，用家具、摆设物品或者局部界面的不同色彩和形状来点缀或活跃整体气氛。一般来讲，行政办公空间或者法律、医疗、软件开发等较为理性的专业咨询机构的环境色彩适宜淡雅、安静，颜色多围绕浅色系进行选择，色相的对比不易过于强烈，且空间流线笔直，界面或器具的造型简单大方，以显示其严谨、沉稳的行业作风和特点（图3-49）。对于旅游咨询、艺术创意或者特色文化传播部门等注重感性宣传的办公机构而言，其空间的环境色彩运用往往纯度较高、而且明亮夺目，空间的划分有时是借用造型独特的屏风或间隔来实现的，从而形成不规则的活动流线，界面、家具以及灯具的颜色与造型组成亦常常是前卫、大胆、个性十足，使其能够充分传达出其娱乐大众的业务范围以及活跃的行业性格（图3-50）。

机构文化是一个办公空间的精神集合，是抽象而无形的。很多现代办公机构将机构文化用具体的符号作为代表，以简单的颜色和形象组合反映出机构的性能和特点。因此，机构统一的标识系统也是空间环境设计时可以利用的装饰要素。标识的颜色可作为环境的主体或辅助色彩将不同的部门、空间整体性地统一起来，其抽象的几何形态有时也可作为空

图3-49 严谨、沉稳的美国波音公司总部

图3-50 美国约翰安德森音乐工作室

间规划和空间划分的构成依据和参考（图3-51），同时，标识系统作为机构的视觉代表不仅要出现在接待、会客、会议室等对外窗口性空间，也可利用重复、渐变、求异等不同的排列组合方式将其作为点、线、面等装饰元素分布于空间的任何角落，从而与整体环境相结合，带来清晰的机构识别与认同，帮助营造办公环境的文化品味和空间的文化气氛（图3-52）。

图3-51 选取企业视觉系统的某种元素
作为空间统一化的手段图
英国诺维联合保险公司

图3-52 澳洲国税总部

3. 办公环境的材料选择

材料的选取是室内设计过程中重要的环节，适当的材料选择是准确表达设计概念的关键因素之一。办公空间是人们工作的场所，内部环境的布置应以宜于人们专心工作、提高人们的工作效率为前提，所以，办公空间的材料安排主要集中于环境中的各空间界面，如墙、柱、顶棚、地面，以及一些可影响环境气氛的大面积装饰性物品，如屏风、窗帘等。

不同材料的质感、颜色以及表面肌理会给人们带来不同的心理及生理感受，为了避免过于繁杂的环境干扰，一般同一个办公环境之中应各选用一种材料作为墙、顶、地的主导体，在质感、数量上适当协调以其他材质，或者同种材质的不同颜色进行合理搭配，使空间保持整体上的和谐统一。除非特殊要求，办公环境的材料选取不宜过于奢华，但在某些高层人员的办公室内，可适量选取一些能够显示经济实力和文化品位的特殊材质，以营造机构独特的文化气氛（图3-53）。

作为人员往来频繁的公共空间，办公环境中的界面一般选用易于清洁的材料，特别是墙壁和地面，大面积过于粗糙的表面容易集污纳垢，不利工作人员的健康。油性涂料、木制品、抛光石材、瓷砖等均为办公空间常用的界面材料，圈绒或簇绒地毯也可作为小型办公环境中的地面材质（图3-54）。

图3-53 浓郁传统风格的主管办公室
　　　　英国约克郡全球餐饮公司

图3-54 澳洲昆士兰银行门厅

图3-55 俄罗斯普罗瓦特灯具设计公司

与购物、餐饮、娱乐等人类休闲活动所使用的性能空间不同，办公环境的材料选择更注重整体室内空间中物理环境的要求。设计师在决定界面或物品所用材料时，除了考虑空间的装饰性需要外，一定要考虑办公空间的光学、声学等技术层面的需求。

办公环境中材料的选取对于室内空间中光学环境会有很大影响。不同的材料在透光性能上的差异往往能够改变整个空间环境的舒适质量。金属、玻璃等现代感较强的材料，其超强的反射、折射和透射性能既能够将光线扩散从而增加整体空间的亮度，但也能够将光线集中某一局部，形成光晕打破界面的完整，或者造成眩光，影响员工的正常工作和身心健康（图3-55）。反之，纺织品或粗糙表面材质的强烈吸光性则会减少光线在空间的互相交错，但颜色过深也会降低环境的光亮度，影响员工的工作效率。因此，适当的材料选择以及数量控制是保持办公环境平和、稳定的光环境的要素之一。

如前所述，办公空间是人们群体工作的场所，也是重要的信息交流场所。正常人大多是依靠语言和声音进行相互交流的，同时，人们的各种行动所引发的器物碰撞或多或少的会产生噪声，各种办公设备或后勤设备也会发出运作噪声，这些声音混合而成的持续的背景声音构成了办公空间的声环境。相对于生产性劳作场所而言，办公空间基本属于静态的劳动场所，因此，办公空间的噪声标准为50dB。环境声音过低，人们会感觉空旷、无助；超过此标准，人们则需有意识地集中精神来处理事务，或者提高说话的声音以获取注意；而过于嘈杂的环境则会让人产生烦躁、不安等情绪。众所周知，声音是靠声波的震动而产生和传播的。在办公环境下，各种材质的界面对于声波震动的不同吸收能力不仅可以控制室内空间的声环境，还可以提高有效声音的质量。以常用材质来讲，光滑的固体性材质如石材、瓷砖、水泥、木板等吸声性较弱，容易将声音反射到空间各处而产生嘈混响声；而粗糙的松软性表面如织品、地毯、沙砾、各种穿孔板材等则吸声性较强。因此，不同的办公环境需按照空间对于声环境的要求进行合理的材料组合和搭配。机构内部开放办公区的空间较大，但人员往来繁杂，且办公噪声较多，所以通常以地毯铺地，以穿孔金属板或者矿棉、木丝吸声板吊顶来吸收杂音，调和室内声环境（图3-56）。

图3-56 德勤企业管理咨询（上海浦东）有限公司

现代社会高新技术的开发利用使得建筑和室内的装饰材料的种类和性能日新月异，为设计师提供了更多室内装饰的界面选择。同时，由于办公环境的设计并不完全是设计师个性审美的表达，而是更倾向于理性的空间实用性，因此，材料间合理的搭配才能创造一个集艺术性、实用性为一体的工作环境，使人们在优雅、愉快的空间中完成价值的创造。

4. 办公空间的照明系统

为了配合办公机构工作创造价值、讲求实效的目的，办公环境的照明系统设计大多强调功能性，灯具造型简洁、整体，光源的布置也是以背景性和环境性的均匀照明为主，以保证整体空间的视觉舒适度，使工作人员保持平和、稳定的良好工作状态。作为室内环境中的实用性空间，办公机构的照明系统主要由自然光源和人工光源组成。

由于大多数人的办公时间是在白天，而柔和的自然光是最适宜人类视觉系统工作的光

图3-57 澳洲诺维尔机构

线,同时,现代商业建筑的大面积采光口为自然采光提供了相当便利的先天性环境照明条件,合理的自然光源照明不仅保护工作人员的身体健康,而且又可为办公机构节省能源及财力消耗(图3-57)。通常,单面采光的办公空间的进深不可大过12m;在双面采光的空间中,对面采光口的间距不可大于24m。对于办公空间中的不同功能区域而言,其自然采光口的尺寸要求亦因功用及性质而有所不同:会议室的照明亮度要求较高,其直接采光侧窗与地面的面积比例不小于1:8;设计绘图及资料阅览空间的窗地比例不小于1:5;一般性行政管理办公区域的窗地比例要求不小于1:4[29]。

由于办公环境中的工作多数以文案处理为主,因而工作台面所需平均亮度较高,一般情况下,普通办公环境所需的平均照度为300lx,专业绘图桌面则需500lx的照度。相对于走廊、卫生间等只需50~100lx照度的公共活动区域而言,办公工作环境的照明亮度要求有时仅仅借助自然光亮是不能满足文件的阅读、审核等工作的需求,尤其是在远离采光口或者间隔板较高的位置,此时就需要人工照明系统进行亮度补充(图3-58)。由于办公空间大多以高效、简洁为主体装饰风格,因此,办公空间中人工照明系统的光源大多来自顶部,或垂吊或嵌入于顶棚之中,以提供通透明亮的整体性的空间亮度,灯具的位置与亮度分布基本上是结合空间结构以及工作区域的分割而进行对应性布置,以保证每个工作位置得到均匀的照度(图3-59)。此外,如质量检测、绘图、音乐监控等要求额外

图3-58 美国国税局电子系统服务部门

亮度的工作区域,则需要增加台灯、射灯等专属性的照明灯具来增加局部的环境亮度,但专属性照明的亮度与环境亮度的对比不宜过强,以免造成眩光、引起持续适应性视觉疲劳。

---

[29] 高祥生,韩巍,过伟敏 主编. 室内设计师手册. 北京:中国建筑工业出版社,2001. P927

在办公空间中，除了配合正常的文案工作而设置的功能性照明灯具之外，照明系统也是装饰以及丰富空间层次的必要手段。对于色彩及材料相对单纯、淡雅的行政管理性办公环境而言，均匀的背景性布光照明系统会使空间显得平淡、无趣，此时，结合结构或灯具造型，利用照明系统的照射方式和光线照射角度补充适量的照明光亮，可以加强空间的立体感，增加空间装饰元素，从而达到活跃空间气氛的效果（图3-60）。对于讲求个性及风格的艺术创意工作机构而言，针对装饰墙面或物

图3-59 泰国铿晓设计咨询公司

品而设置的加强性照明光源能够使物体的色彩、质感表现更加突出，使其空间装饰功能得以充分发挥。

图3-60 灯具灯光作为空间的丰富手段
格雷杨空间设计事务所

办公空间的装饰性照明是为了活跃空间气氛而设置，但其作用始终要配合整体照明，服从空间功能的需要。连续闪烁的照明光源、引起眩光的照射角度或造型会留下明显光影的灯具均会破坏平和的工作状态，应避免使用于主体工作空间。同时，办公灯具的选择还应考虑其电能消耗，以免增加过多的办公成本。

5. 办公家具的基本要求

与其他功能性家具一样，办公家具是配合空间的功能所附设的用具，其主要作用是为了满足读写、储物以及围绕公众办事机能所进行的会客、交流、休息等活动的需求。因此，办公机构中不同的功能空间需设置不同的家具。谈判及会议室以会议桌和椅子为主；

员工休息室以储存橱柜、餐桌、椅为主；工作区域的家具配置通常以桌、椅、储藏橱柜为主（图3-61），但工作家具在尺寸、数量上则根据不同的工作性质以及职位等级有所区别。比如绘图设计人员的工作台面往往较一般文字处理人员的要大，或者使用专门的绘图板面；高层主管人员的单间办公室通常会有沙发、茶几或展示橱柜组成的小型会客区域（图3-62）。

图3-61　桌、椅、储藏橱柜为办公区域的基本配备家具
上海I+U设计办公室

图3-62　中国台湾永久产品公司

作为以健康的成年人为主要使用对象的实用性用品，办公家具首先要符合人体工程学的基本要求，即家具的尺度、结构、材料均要满足普通身材的成年人在工作状态时的行为规范。根据《中国成年人人体尺寸》（GB/T10000—88），中国成年男子的平均身高为165～170cm，女性为155～160cm，所以适宜的读写台面的高度应为750mm左右，办公座椅的高度应为400～450mm高；人们坐下时的腿部高度为600mm左右，所以桌下必须留出至

少600mm高度的空间以放置腿部，方便人们以舒适的坐姿进行台面工作；同时，为了放置办公物品和进行工作，单人办公桌面最小为900mm长、600mm宽；而前台接待人员大多是站立谈话的，所以接待台面一般在1100~1200mm高度之间，宽度最小为250~300mm，以方便临时放置文件等物品；由于人们伸手可及的高度在600~1800mm之间，所以储藏性家具的常用空间均可以此为据，过低或过高的空间可用于储藏非常用物品或文件。另外，由于办公机构人员往来频繁，活动迅速，办公家具在结构及材料上应避免出现过于尖锐的棱角，以保证人员的行为安全（图3-63）。

图3-63 家具应避免过于尖锐的棱角

其次，办公家具由于使用频率较高，磨损消耗较大，因此办公家具大多要求结构结实耐用，现代化办公家具已大多采用容易清洁、维修、保养的金属、树脂或其他化学复合材料作为表面，传统高档的木制办公桌的桌面也多经过硬性喷漆处理，以满足多人长期使用的实际要求（图3-64）。

办公家具在造型、色彩、材质等方面还可用于协调空间环境的设计风格。家具作为办公环境中的主体物件，其造型需要配合空间的整体风格来进行选择，同时，其风格形式也制约着整体空间的气氛。通常，大型的行政性管理机构的家具造型单纯、色彩柔和，以统一的风

图3-64 办公家具的表面材料要耐用、易清洁

格突出其系统性的工作特点，而小型的专业咨询机构则需根据其业务以及机构文化特点来选择家具，比如透明或金属性材质为主的家具能体现年轻、现代的精神（图3-65）；而造型单纯、简单的家具感觉简洁、干练（图3-66）。

在办公环境中，家具还可用于分割工作空间、统一布局、组织流线。传统上一人一桌一椅一橱柜的家具分配形式一经组合而成一个基本的办公单位，并且隐性地界定出一个工作区域。现代化标准集合组件型的办公家具是根据人体工程学以及环境心理学所制定的标准配件的组合，因此，在色彩、形式、材料、尺寸方面更具有统一性。在开放型工作空间中，集合家具的不断重复、组合而形成有序排列，使得工作空间的整体环境布局整齐、风

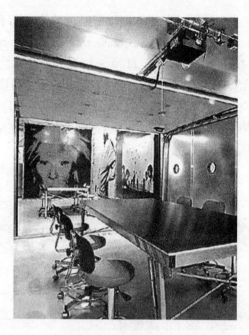

图 3-65 立陶宛萨奇广告公司

图 3-66 中国台湾芸艺设计公司

格统一;同时,利用高低不同的开放式隔断划分工作区域还可以使各部门之间界限明确,互不干扰;而隔断配合其他家具所留下的空白空间形成自然的过道或公共区域,从而清晰地指示出办公机构内部的流线方向。

五、办公空间设计练习

任选一种功能性质的专业咨询性办公机构,如法律事务所、旅行社、艺术工作室(音乐、舞蹈、电影、传媒等)、设计公司(如广告、建筑、室内设计等)等,并在指定的空间之内(详见图3-67)进行小型的办公空间设计,要求员工总数不超过20人,并且按照机构的不同专业性质自行制定设计任务书。呈交作业包括平面图及天花布置图各1张,主要立面图2张,透视效果图2张,并附加简要设计要点说明,包括各必备功能空间的分配和使用情况、流线规划、色彩材料表现、照明系统、家具配置等方面的设计意向。

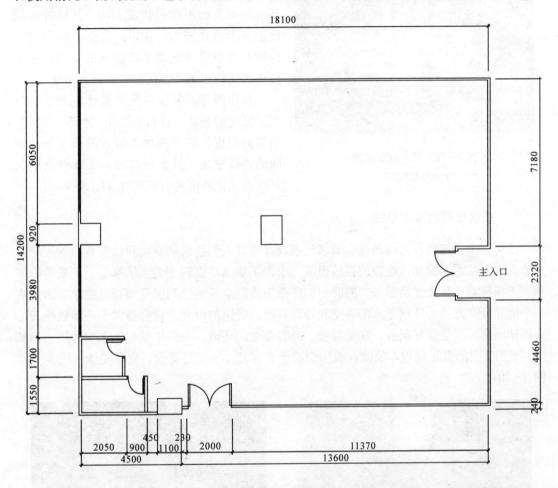

图3-67 办公空间设计练习的指定平面(单位 mm)

第三节 餐饮空间室内设计课题

餐饮空间是人们日常生活不可缺少的饮食消费场所,相对于其他的功能空间,餐饮空间是更能为人们营造出多样的风格特征的休闲场所。随着经济水平的提高、消费观念的转变,越来越多的消费者已步入餐厅。人之间需要交流与沟通,即使在网络的时代,线上交流也永远取代不了人与人之间真诚的直面沟通,人们更需要一个像餐饮空间这样的能提供给人面对面交流的社会舞台。

以往人们认为对生活来说,餐饮店只不过是填满肚子、润润嗓子,满足生活需求的服务设施而已。而随着生活水平的提高,人们社交聚会的活动日益增多,许多休闲餐厅的就餐环境开始突出温馨、浪漫情调,使客人留连忘返。特色餐饮空间已成为社会需求的重要

图3-68 特色就餐氛围
北京东北虎酒楼

场所，各种商务洽谈、应酬、交往、生日宴、婚宴、聚会都安排在餐厅举行，成为增进交往、融洽气氛的必要场所。当前人们对餐饮环境的要求已不仅是物质上的，其精神功能已上升为重要需求。所以，餐饮空间的室内设计不能只简单地满足功能上的要求，它更应该表达构成餐饮空间形式的风格特征。

总体而言，餐饮空间的设计应在空间分配、文化的表达、材料的选用、色彩的处理、照明的配置、家具的选用等方面满足餐饮空间的特殊要求，从而创造出一个既舒适温馨又饱含文化特征的就餐环境（图3-68）。

一、餐饮空间的基本特性

任何一个餐馆的设立均是社会需求的表现，随着人们生活的变化和饮食意向的变化以及个人收入的明显提高，吃饭的目的也从一个为了填满空腹转变为生活享受。消费者除了享用美味佳肴，享受优质服务，同时他们还希望得到全新的空间感受和视觉要求，希望有一个能充分交流的、区别于家的感受和特殊氛围。餐馆的设立为社会提供了一个放松身心获得休闲感、享受良好服务、享受温馨、品尝美食的环境。人们用餐包含了对环境、情调等一系列需要的满足过程，故而在餐厅中给予食客的，不仅是美食，更是美景（图3-69、图3-70）。

图3-69 独具特色的门面
北京新谭鱼头酒楼

图3-70 反映地方民俗的装饰墙
北京新谭鱼头酒楼

1. 定位消费人群的场所

对设计者来讲，餐馆消费群体的定位是第一要素，它是设计者进行设计的第一依据。顾客是哪些人？也就是对客户群体对象的掌握十分重要，尤其是小型的餐饮店，由于无法吸引所有的客户群体前来消费，而难以为继。所以通过调查与分析，设定客户群体对象，有利于室内设计的风格、形象及造价的定位。深入分析客户群体的特征，针对其收入状况、职业属性、年龄层、消费意识等因素来设定消费对象,进而根据其生活形态的特征,去设计他们所需求的空间环境。

聚会、宴请、约会三种不同的需求对餐馆环境有不同的需要。"聚会"重在这个"聚"字。家人、朋友、加班聚餐等都属于这一类。这种吃不需要太多的讲究,"吃"是个形式,关键在"聚"背后的引申含义。逢年过节、生日聚会、升迁发奖、友人来访,随便找个理由都可以去趟馆子,这是一种礼节上的习惯。这种吃讲究个热闹。不需要太豪华和奢侈(图3-71)。"宴请"多以招待为主。这种吃不以"吃"为主旨,关键在于这个招待背后的目的。所以,这种吃重在讲究排场,价位要高,这种吃还有

图3-71 朋友聚会

一个共同点,大多都是在"单间"进行"约会",这种吃的已经不是"物",而是"情"。大多的时候,点的多,吃的少,以一个"吃"的借口"会"在一起,尽管大多的时候没有吃。适合这类的餐馆如茶餐厅、有餐饮服务的咖啡店,而且一定还要有柔软的沙发。

有时餐馆还可以某个特定的消费人群为主要服务对象,以特色的室内陈设及饭菜吸引消费者。由于消费品位的不同及人们需求的多样化,各种经营形式都能各得其所,获得发展的空间,当然餐饮环境设计也必然会更加多样化。

2. 营造特色空间的场所

餐馆的最初设立就是为了解决"吃"的问题,随着社会的不断发展,现代餐饮环境的性能已从传统意义上的美食转化成为更加注重情调文化氛围的场所。随着精神与物质需求的提高,人们厌倦单调乏味的生活,喜欢在饮食上趋向多样化,有的追逐有特殊风味的饮食,以享受某种美食为目的,有的希望体验异国他乡的饮食风情,有的追求某种情调气氛,欣赏美妙的音乐,喝酒聊天享受没有压力、轻松自如的境界。各种各样消费的需求,促使人们走向风格迥异的餐饮消费场所,使餐饮业室内空间设计获得快速发展。

图3-72 伊斯兰风格的餐厅
北京西域食府

从经营角度看,特色是餐饮店的立身之本,一般的餐饮店或多或少都有自己的经营特色。通过食物的味道来评估饭店好坏的时代已经过去了,餐饮店不仅是一个利用空间和有关设施提供饮食的场所,而且是一个在进餐过程中可以享受有形无形的附加价值的空间。所以当前餐饮店竞争的根本是特色与文化的竞争。在设计时可以确定某个能为人喜爱或欣赏的文化主题进行设计,全力烘托体现该主题的特定氛围。由于特色与经营有关,首先要靠经营者策划,而设计者要通过设计充分施展场景特色,烘托情调和氛围(图3-72)。

二、餐饮空间的性能分类

根据所提供的食物名称进行分类的叫做"业种",如吃烤肉的店叫"烧烤店",而主要以同一食品或烹调方法来区分业种,就叫做业态,如"快餐"。现在比较流行以业种、业态区分餐饮业或以两者复合形态区分餐饮业,仅仅以"业态"的区分方法已难以区分具体类别。

1. 快餐店

快餐一词是外来语。20世纪80年代在人们对时间的价值越来越重视的背景下出现了快餐这一简约的供餐方式,其迎合了人们节约时间的需求。其显著的特点就体现在"快"上:制作时间短、交易方便、吃法简单。由于目前生活节奏加快,许多人不愿意在平时饮食方面花太多的时间,而快餐店恰可满足这部分人的需要。

中西方对快餐定义虽有差异,但共同的都是:为消费者提供日常基本生活需求服务的大众化餐饮(Public feeding),其主要特征是:清洁卫生,具时尚性,便携外卖,制售快捷,食用便利,质量标准,服务简洁,价格适中。经营方式包括店堂加工销售和集中生产加工配送、现场出售或送餐服务等。

快餐所提供的食品都是事先准备好的,以保证能向客人迅速提供所需的食品。西式有麦当劳、肯德基,日式有吉野家,食品提供时间在3min以内,自选食品,菜谱种类有限,这是快餐店的特征。快餐厅空间布置的好坏直接影响到快餐厅的服务效率。一般情况下,将大部分桌椅靠墙排列,其余则以岛式配置于餐厅的中央,这种方式最能有效地利用空间。由于快餐厅一般采用顾客自我服务方式,在餐厅的动线设计上要注意分出动区和静区,按照在柜台购买食品→端到座位就餐→将垃圾倒入垃圾筒→将托盘放到回收处的顺序合理设计动线,避免出现通行不畅、相互碰撞的现象。如果餐厅采取由服务人员收托盘、倒垃圾的方式,应在动线设计上与完全由顾客自我服务方式的有所不同[30]。

快餐厅反映一个快字,用餐者不会多停留,更不会对周围景致用心观看细细品味,所以室内设计的手段,也以粗线条,快节奏,明快色彩,做简洁的色块装饰为最佳,使用餐的环境更加符合时尚。室内要明快、简洁,要通过单纯的色彩对比,几何形体的空间塑造,整体环境层次的丰富等,而取得快餐环境所应得到的理想效果(图3-73、图3-74)。

图3-73 快餐店
乐杰士餐厅

图3-74 快餐店
麦当劳

---

[30] 邓雪娴,周燕珉,夏晓国著. 餐饮建筑设计. 中国建筑工业出版社. P214, P215

2. 自助式餐馆

自助餐是一种由宾客自行挑选、拿取或自烹自食的一种就餐形式。它的特点是客人可以自我服务，菜肴不用服务员传递和分配，饮料也是自斟自饮。自助餐可以分为两种形式，一种是客人到一固定设置的食品台选取食品，而后依所取样数付帐；另一种是支付固定金额后可任意选取。这两种方式都比一般餐厅可以大大减少服务人员数量，从而降低餐厅的用工成本[31]。这种就餐形式活泼，宾客的挑选性强，不拘形式。此外，自助餐的安排必须让客人很方便、迅速地吃上饭，可以在很短时间内供应很多人吃饭。

自助餐的餐厅一般是在餐厅中间或一侧设置一个大餐台，周围有若干餐桌。大餐台台面有木材或大理石制。餐台上面放置各种冷菜、热菜、点心、水果及餐具。餐台的餐具基本要备的有盘子、筷、羹匙、小汤碗、叉、水果刀；每盆菜点旁还应放上调羹供公用。餐台旁要留出较大的空余地方，使顾客有迂回的空间，尽量避免客人排队取食。桌子可拼成几座小岛，分别放不同种类的食物。譬如，可以拼出一个主菜岛，或者一个甜食岛，以节省空间，方便选用。有时为了方便顾客取用食品，可以将其中一部分食物放到几个地方供应。餐桌的安排要根据餐厅的形状大小来安排。桌椅不可安排的太密，以免影响客人走动。桌椅的排列要美观整齐，使客人感到舒适。

自助餐虽然是自助式快餐，但也要营造主题氛围，环境、服务、餐具、灯光、家具等每一个环节，每一个小细节都应与主题相匹配（图3-75、图3-76）。

图3-75　自助色拉台
必胜客

图3-76　自助选取食品餐台
回转寿司店

3. 烧烤、火锅店

烧烤和火锅都是近年来逐渐风行全国的餐饮形式。火锅和烧烤的共同特点是在餐桌中间设置炉灶，涮是在灶上放汤锅，烤则是在灶上放铁板或铁网，二者的共同之处是大家可以围桌自炊自食。火锅及烧烤店在平面布置上与一般餐饮店区别不是很大，餐厅中的走道要相对宽些，主通道最少在1.0m以上。由于火锅和烧烤店主要向顾客提供生菜、生肉，装盘时体积大，因而多使用大盘，加上各种调料小碟及小菜，总的用盘量较大。此外桌子

---

[31] 邓雪娴，周燕珉，夏晓国著．餐饮建筑设计．中国建筑工业出版社．P211

中央有炉具（一般直径 300mm 左右），占去一定桌面，因此烧烤、涮锅用的桌子比一般餐桌要大些。桌面应在 800～900mm×1200mm 左右（图 3-77、图 3-78）

图 3-77 烧烤店
三千里烤肉店

图 3-78 火锅店
小肥羊

火锅、烧烤店用的餐桌多为 4 人桌或 6 人桌，由于中间放炉灶，这样的用餐半径比较合理。2 人桌同 4 人桌比，需用的设备完全相同，其使用效率就会降低。6 人以上的烧烤桌，因半径太大够不着锅灶，也不被采用，人多时只能再加炉灶。因受排烟管道等限制，桌子多数是固定的，不能移来移去进行拼接，所以设计时必须考虑好桌子的分布和大桌、小桌的设置比例。火锅及烧烤用的餐桌桌面材料要耐热、耐燃，还要易于清扫[32]。另外烧烤火锅店在设计上需要特别注意的是排烟问题，应安排有排烟管道，每张桌子上空都应有吸风罩，保证烧烤时的油烟焦糊味不散播开来。

烧烤虽不算是泊来物，但它的时尚性却是由异国传入的，来自日本、韩国、欧洲等地的风俗传统将原本带有粗犷性质的烧烤披上了一层雅致的外衣，对于崇尚优雅生活的食客来说其成了爱不释口的选择。因为烧烤带来的不仅仅是各自相异的食品风味，更重要的是浓浓的异国风情。

4. 西餐馆

西餐泛指根据西方国家饮食习惯烹制出的菜肴。西餐分法式、俄式、美式、英式、意式等，除了烹饪方法有所不同外，还有服务方式的区别。法式菜是西餐中出类拔萃的菜式，法式服务中特别追求高雅的形式，例如服务生、厨师的穿戴、服务动作等。此外特别注重客前表演性的服务，法式菜肴制作中有一部分菜需要在客人面前作最后的烹调，其动作优雅、规范，给人以视觉上的享受，达到用视觉促进食欲的目的。因操作表演需占用一定空间，所以法式餐厅中餐桌间距较大，以便于服务生服务，同时也提高了就餐的档次。高级的法式菜有十三道之多，用餐中盘碟更换频繁，用餐速度缓慢。豪华的西餐厅多采用法式设计风格，其特点是装潢华丽，注意餐具、灯光、陈设、音响等的配合，餐厅中注重宁静，突出高雅情调。西餐最大特点是分食制，按人份准备食品，西餐一般以刀叉为餐具，以面包为主食，形色美观，多以长形桌为主。

---

[32] 邓雪娴，周燕珉，夏晓国著. 餐饮建筑设计. 中国建筑工业出版社. P200，P205

西餐厅的设计常采用西方传统建筑模式,并且常配置钢琴、烛台,秀丽的桌布、豪华餐具等,呈现出安静、舒适、幽雅、宁静的环境气氛。西餐厅色彩柔和,营造出舒适诱人的氛围(图3-79、图3-80)。

图3-79 马克西姆法式餐厅　　图3-80 西餐厅

西餐的厨房更像一间工厂,有很多制式设备,有计量、温度、时间的控制,厨房的布局也是按流程设计的,有对成品的样式、颜色的严格要求。西餐烹饪因使用半成品较多,所以初加工等面积可以比中餐厨房的面积略小,一般占营业场所面积的1/10以上。

5. 咖啡馆

咖啡厅一般是在正餐之外,以喝咖啡为主,进行简单的饮食,以及休息、交往的场所。它讲求轻松的气氛、洁净的环境,适合于少数人会友、晤谈等。咖啡厅在各国形式多种多样,用途也参差不一。在法国,咖啡厅多设在人流量大的街面上,店面上方支出遮阳棚,店外放置轻巧的桌椅。喝杯咖啡、热红茶眺望过往的行人,或读书看报,或等候朋友。咖啡厅的平面布局比较简明,内部空间以通透为主,一般都设置成一个较大的空间,厅内有很好的交通流线,座位布置较灵活,有的以各种高矮的轻质隔断对空间进行二次划分,对地面和顶棚加以高差变化。

在咖啡厅中用餐,因不需用太多的餐具,餐桌较小,例如双人座桌面有600～700mm见方即可,餐桌和餐椅的设计多为精致轻巧型,为形成亲切谈话的气氛,多采用2～4人的座席,中心部位可设一两处人数多的座席。咖啡厅的服务柜台一般放在接近入口的明显之处,有时与外卖窗口结合。由于咖啡厅中多以顾客直接在柜台选取饮料食品、当场结算的形式,因此付货部柜台应较长,付货部内、外都需留有足够的迂回与工作空间[33]。咖啡厅的立面多设计成大玻璃窗,透明度大,使人从外面可以清楚地看到里面。

顾客在喝咖啡时,往往会选择适合自己所需要气氛的咖啡馆。一般室内灯光的总亮度要低于周围,以显示咖啡馆的特征,使咖啡馆形成优雅的休闲环境,当然也不能太暗淡,以免使咖啡馆显出沉闷的感觉。很多时候,坐在咖啡馆里享受着咖啡的温暖醇香的人,也

---

[33] 邓雪娴,周燕珉,夏晓国著. 餐饮建筑设计. 中国建筑工业出版社. P169

成为一道绝美的风景（图3-81、图3-82）。

许多初涉商海的文化人喜欢经营咖啡馆，使咖啡馆具备了丰厚的人文气息，从而让咖啡馆更加吸引人。如今在我国的咖啡馆早已颠覆所谓单纯的咖啡情怀，西餐、中式菜在咖啡馆里随处可见，即使是这样，有着如此多种文化背景的饮食混合在一起，也能让客人"各得其所"的享受着生活。

图3-81　咖啡店的桌椅经常延伸到室外

图3-82　伦敦咖啡馆

6. 酒吧

酒吧是夜生活的场所，大多数消费者是为了追求一种自由惬意的时尚消费形式，给忙碌的一天画上精彩的休止符。如今"泡吧"成为年轻人业余时间一项重要的消遣和社交活动，各色酒吧比比皆是，成了城市生活的平常去处，已不再有太多的神秘色彩。

酒吧是个幽静的去处，一般顾客到酒吧来都不愿意选择离入口太近的座位。设计出转折的门厅和较长的过道可以使顾客踏入店门后在心理上有一个缓冲的地带，淡化座位优劣选择之分。室内色彩浓郁深沉，灯光设计偏重于幽暗，整体照度低，局部照度高，主要突出餐桌照明，使环绕该餐桌周围的顾客能看清桌上置放的东西，对餐桌周围的人只是依稀可辨，而从厅内其他部位看过来却有种朦胧感[34]。

酒吧作为一种"舶来品"，自然带着浓浓的异域色彩。随着酒吧这一行业的日益扩大，多数已经趋于向更深文化层次扩展。一方面既保留其外来文化的特色，另一方面又融入了本国文化的精粹，两种文化形式交融，具有浓郁的时代气息。不仅使身在异乡的"老外"在这些酒吧里找到了家的感觉，而且在各国风情的酒吧里，中国人也享受到了古朴的西方文化。

酒吧作为一种特定的环境空间，它除了满足人们的纯功能需要外，更需要表达某种主

---

[34] 邓雪娴，周燕珉，夏晓国著. 餐饮建筑设计. 中国建筑工业出版社. P178

题信息来满足人们的精神文化需求。通过传达深层的主题信息,引出特定的文化观念和生活方式,创造出引人入胜的空间环境形象。所谓"酒吧空间的氛围营造"就是在酒吧这个特定的环境中,为表达某种主题或者营造某种特定的氛围所进行的含有某种要素的理性加感性设计。具有主题的设计有助于把感觉上升到完美的精神境界,从而更加突出设计带给人们的酒吧气氛(图3-83、图3-84)。

图3-83 具有艺术气息的酒吧　　　　　　　图3-84 中式的酒吧店面

7. 茶馆

茶馆不仅是休闲的场所,也是人与人沟通的桥梁。茶馆设计应该符合现代消费观念,给客人提供清新、简洁的环境,让更多的人了解茶文化,热爱茶文化。

茶室布置应使之既合理、实用,又具有不同的审美情趣。一般品茶室,可由大厅和包间构成。茶艺馆在大厅中设置茶艺表演台,包间采用桌上茶艺表演。茶水房应分隔为内外两间,外间为供应间,置放茶叶柜、茶具柜、电子消毒柜、冰箱等,里间安装煮水器、水槽、自来水龙头、净水器、洗涤工作台。

茶馆设计应注重人与自然的和谐。在紧张、喧嚣的城市生活中,亲和大自然成为人们的一种需要,要想营造这种"意境"茶馆设计就需要虚拟与现实结合、远景与近物结合、室内与室外结合。竹子围成的篱笆小院,石头铺成的台阶,这一切使人感觉远离了钢筋混凝土的冰冷建筑,外面的燥热和喧嚣似乎就在这一刻戛然而止。潺潺的流水伴着低悠的古筝曲,缠绵地飘忽于耳边;竹子、石头、假山、流水使人感觉就好像是置身于幽静的深山之中;淡淡的茶香和弥漫在空气中植物和着泥土所散发出来的清香一股脑的扑面而来。镂空门窗、盆栽花木、书画瓷器等,成为了茶馆让自然风光延伸到室内的主要装饰(图3-85)。

图3-85 北京元长厚茶馆

8. 休闲饮品店

饮品店主要经营各种饮料并配置出多种色彩和味道的饮品,为顾客提供一个休闲的好去处。休闲餐饮在英文中被译为 casual dining,在西方是一种以"休闲、舒适、情趣、品位"为主题的餐饮模式。从全球范围看,以提高人们生活质量为目的的服务消费市场将会成为国民经济的主导产业。从我国发展情况看,随着人民生活水平的提高及劳动时间的缩短,休闲已逐渐成为人民生活的必需,休闲餐饮正是餐饮业适应休闲消费需求的一种体现。市场经济的高效率、快节奏使得人们工作时的饮食生活日益"工作化"、"简单化"、"程序化",以上因素都促使人们希望在休闲日吃得轻松、吃得开心,也就是在休闲、自由的环境中享受餐饮生活(图3-86)。

图3-86 仙踪林时尚饮品店

三、餐厅空间的功能分配

无论餐厅的规模大小、菜品主打档次如何,一间餐厅是由各个空间组成进行运作的,通常餐饮空间按照使用功能可分为主体就餐空间、单体就餐空间、卫生间、厨房工作空间等。由于各种不同的功能其作用在不同的餐饮空间中所占的比重不同,所以划分的合理、安全、有效成为室内设计中需要注意的主要内容,它将为更好的发挥其使用功能起到一定的作用。因此,在设计之初对不同空间功能和达到的性能的了解十分重要。

1. 主体就餐空间

只要注意观察就会发现,西方人到餐厅就餐时喜欢选择典雅或华丽的大厅就餐,上流社会的显贵与贵妇更是可以在高档的厅座里相互观望与炫耀身份,他们觉得在大厅用餐更有情调。而中国人性格相对比较内敛,喜欢安静与隐密的空间,所以外出订餐总是习惯性地订一个包间,这也是中西方餐饮文化的不同点之一。

在高档的就餐大厅设计中,最好不要设计排桌式的布局,那样就可将整个餐厅一览无余,使得餐厅空间显得乏味。应该通过各种形式的隔断将空间进行组合,这样不仅可以增加装饰面,而且又能很好地划分区域,给客人留有更多相对私密的空间。

社会学家德克·德·琼治在一项"餐厅和咖啡馆中的座位选择"的研究中提出,有靠背或靠墙的餐椅以及能纵观全局的座位比别的座位受欢迎。其中靠窗的座位尤其受欢迎,在那里室内外空间尽收眼底。餐厅中安排座位的人员证实,许多来客,无论是散客还是团体客人,都明确表示不喜欢餐厅中间的桌子,希望尽可能得到靠墙的座位。所以作为餐厅布局必须在通盘考虑场地的空间与功能质量的基础上进行。每一张座椅或者每一处小憩之地都应有各自相宜的环境,朝向与视野对于座位的选择起着重要的作用(图3-87)。

2. 单体就餐空间

单间的好处是可以提供一个较为雅静的进餐环境,主题集中,无其他干扰,因此也往往成为彼此进行感情铺垫的场所。此外,由于是品尝性质的就餐,而且每道菜送上来时,服务人员可以向顾客介绍菜的内容,因此在这里也可以充分体现饮食文化。

图3-87 矮墙隔断形成多个靠墙的好位置
必胜客

在平面布局设计中应注意尽可能使单间的大小多样化,要考虑到2~6人在单间的用餐需求。一些贵宾单间内所设的备餐间入口最好要与包间的主入口分开,同时,备餐间的出口也不要正对餐桌。贵宾单间不应设卡拉OK设施,这会破坏高雅的就餐氛围,降低档次,而且也会影响其他单间的客人。

单间餐厅很讲究装饰效果,虽然一个餐馆中所有单间的风格是一致的,但每个单间的样式经常会要求不同,这为设计师提供了多样性的设计可能。(图3-88)。

图3-88 贵宾包间
泰和顺高档燕翅酒楼

3. 餐馆的卫生间

在餐馆中卫生间也称为洗手间或厕所。餐馆和卫生间是一对特殊"搭档",其精雅程度与客流量、销售业绩有着密切的关系,被看作是关系到餐馆声誉、档次的关键部位之一。为了吸引顾客,在餐厅卫生间的设计上值得花费心思。一般来说,无论是大型餐厅还是小型酒吧都应该设置卫生间,但当餐饮店位于大商场、大饭店或综合写字楼中,餐饮店所在的楼层设有公用卫生间相距不远时,也可不另设卫生间。

卫生间的设计中需注意位置相对隐蔽,门不能直接对着餐厅或厨房开,其次要有一条通畅的公共走道与之连接,既能引导顾客方便的找到又不暴露。顾客用卫生间与工作人员用卫生间最好要分开。只要面积上有可能,卫生间应男女分设,并且男、女卫生间的门设置时尽可能相距远一点,以免出门对视引起尴尬。卫生间最好设计前室,通过墙或隔断将外面人的视线遮挡。卫生间中设置的镜子应注意其折射角度与入口的关系,以免外面的人通过镜子折射能看到里面[35]。

图3-89 小便斗带感应装置

在客席100~120席左右的店内,可以在男厕配两个小便器和一个大便器,在女厕配两个大便器再加上化妆室。一般餐饮店中,客席为50席时配一个或两个(女性用)大便器、两个小便器。蹲便多用于一般性的公共场所,在高档的公共空间的配套设施中,由于能保证卫生消毒,还是采用坐式的马桶。在多蹲位的厕所里安排两种不同的便器,因为对于年龄大的人,马桶相对更安全。另外,男士用的小便斗分为壁挂式和落地式两种。小便斗宜为感应式,采用红外线感应技术,人走时即冲,无需任何接触,能有效避免细菌交叉感染(图3-89)。

洗手池是餐馆必不可少的设施,现在常用的设计是洗手池上加设台面,以便放置化妆包等物品。台面一般为石材,进深在500~600mm左右。设计时应注意应选用拨动式或按压式出水的水龙头,最好是感应开关,这样可减少使用人接触的机会,给人相对干净的心理感受。卫生间的照明不必装饰过多,主要在于实用,一般在水池上方设置镜前灯(图3-90、图3-91、图3-92)。

图3-90 感应出水　　　　图3-91 洗手池　　　　图3-92 厕所隔断门

---

[35] 邓雪娴,周燕珉,夏晓国著. 餐饮建筑设计. 中国建筑工业出版社. P164

洗手池的造型、五金以及镜子的大小、形式等都有多种设计，不同的选材、不同的搭配会呈现出不同的效果与风格，多样的形态令人感到新奇有趣，也为设计师提供展现设计魅力的舞台。

4. 厨房的工作空间

餐饮店的厨房是非常重要的场所，其功能的好坏直接影响到餐饮店所提供的菜肴的品质和速度。实际上有很多经营者与设计师对厨房和烹调器具的作用估计不足，最后造成因厨房配置不好而不能及时提供菜肴或不便于行动等问题，也给经营带来意想不到的负面效果。厨房的平面布置（布置服务路线设计）是非常重要的。迄今为止，厨房的设计没有像客席设计和内部装修设计那么得到重视，把厨房视为辅助设施的倾向仍大量存在，不仅厨房设计和员工的生活环境成了次要的部分，而且也使员工的劳动环境停留在非常低的水平。

厨房设计的意义不仅仅是安排厨房的烹饪工作流线，而且也要研究工作人员的服务路线，提高厨房的效率，并给工作人员创造一个方便的工作环境。在厨房设计时，其面积最好按1∶1（厨房∶餐厅）。烹调区的布置在策划前必须考虑店里推出最多的菜肴是什么，或以哪种烹饪方式、方法为主体等中心菜肴的内容。在总平面布置上，应防止厨房（或饮食制作间）的油烟、气味、噪声及废弃物等对邻近建筑物产生的影响。

厨房面积的大小是由提供的菜肴的品种和数量来决定的。像正餐餐馆这种业态，在那儿提供的菜肴品种一般有60～90种之多，烹调方法有烧、炒、炸、蒸、煮等各种方法，这些方法有的需要很多机器，所以厨房面积要占较大比重。实际生活中，因厨房太狭小，相对于客席的烹调器具的能力不足，菜肴的提供速度慢等问题大量存在。尽快提供菜肴是服务过程中极重要的一个因素。一般来说，饮食店的厨房面积占总面积的30%～40%左右，像快餐店这种优先考虑功能的业态要特别注意机器的效率，所以厨房的机器很多，面积也要大一点，约占55%，相比之下厨房面积较小的业种是茶馆或饮品店，约占15%～18%（图3-93、图3-94）。

图3-93 烹调区

图3-94 厨房

厨房应包含以下几种空间：
(1) 主食制作间：指米、面、豆类及杂粮等半成品加工处。

(2) 主食热加工间：指对主食半成品进行蒸、煮、烤、烙、煎、炸等的加工处。

(3) 副食粗加工间：包括肉类的洗、去皮、剔骨和分块；鱼虾等刮鳞、剪须、破腹、洗净的加工处；禽类的拔毛、开膛、洗净；海珍品的发、泡、择、洗；蔬菜的择拣、洗等的加工处。

(4) 副食细加工间：把经过粗加工的副食品分别按照菜肴要求洗、切、称量、拼配为菜肴半成品的加工处。

(5) 烹调热加工间：指对经过细加工的半成品菜肴，加以调料进行煎、炒、烹、炸、蒸、焖、煮等的热加工处。

(6) 冷荤加工间：包括冷荤制作与拼配两部分，亦称酱菜间、卤味间等。这里统称为冷荤加工间。冷荤制作处系指把粗、细加工后的副食进行煮、卤、熏、焖、炸、煎等使其成为熟食的加工处；冷荤拼配处系指把生冷及熟食按照不同要求切块、称量及拼配加工成冷盘的加工处。

(7) 风味餐馆的特殊加工间：如烤炉间（包括烤鸭、鹅肉等）或根据需要设置的其他加工间等。

(8) 备餐间：主、副食成品的整理、分发及暂时置放处。

(9) 付货处：主、副食成品、点心、冷热饮料等向餐厅或饮食厅的交付处。

图3-95 储藏空间

(10) 储藏室：食品和原料等的置放空间。一般的储藏室有冷藏库、冷冻库、食品原料库及养生池等，要根据送货、进货次数和条件来配置设备。如像连锁西餐馆，它自身就有集中加工或烹调食品的厨房，所以原料的供给一般是加工一定程度的半成品，储藏空间就可适当减小。

干燥的仓库里放的东西多是调味料、粉类、米、油等，当然可把使用频率高的食品的原料放在离烹调中心和制作中心近的地方。一般干燥仓库放在厨房的区域内，如果地板的标高一样的话，会在库区中进水或带入潮气，所以要考虑到使仓库地面标高比厨房地面高出15～20mm。在不密封的仓库的情况下做好室内的通气和换气。进行平面布置前要考虑好库与入口的联接等问题，特别是使用频率高的冷藏库、冷冻库的设备要做到可把食品方便送入取出的（图3-95）。

四、餐饮空间环境的设计要素

餐饮空间的设计是否能够上档次、有品位，能够带给人们良好的心理感受，主要倚仗于精到的室内设计。与其他项目的室内设计一样，通过从空间流线的设计、总体的空间布局、整体的文化表达、材料的选择、照明的设计、色彩的处理、家具的选用等方面着手进行精心设计，巧妙构思，从而达到一个特色的就餐环境效果。设计还要根据不同的空间特点和具体的设计要求进行设计，并根据总体构思的需要进行设计。由于构思和创意的不同，上述的环境设计要素的表现也均不相同，所以设计时也要根据具体情况灵活处理，方能创造出良好、独特的空间氛围。

1. 餐饮空间的动态流线

餐厅的空间设计首先必须满足接待顾客和使顾客方便用餐这一基本要求，同时还要追求更高的审美和艺术价值。原则上说，餐厅的总体平面布局有不少规律可循，并应根据这些规律，创造出实用的平面布局空间。

餐厅内部设计首先由其面积决定。由于现代都市人口密集，寸土寸金，因此需对空间作有效的利用。厅内场地空间太挤与太宽均不当，应以顾客的数量来决定其面积大小。40座及40座以下者为小餐厅，40座以上者为大餐厅。秩序是餐厅平面设计的一个重要因素。复杂的平面布局富于变化的趣味，但却容易松散。设计时还是要运用适度的规律把握秩序，这样才能求得完整而又灵活的平面效果。在设计餐厅空间时，必须考虑各种空间的适度及各空间组织的合理性。尤其要注意满足各类餐桌餐椅的布置和各种通道的尺寸，以及送餐流程的便捷合理。不应过分追求餐座数量的最大化。具体来说，要考虑到员工操作的便利性和安全性以及客人活动空间的舒适性和伸展性。通道的宽度因餐厅的规模而变化，但是一般主通路的宽是900mm～1200mm，副通道是600mm～900mm左右，通达客席的道路宽400mm～600mm，但也有的业态取750mm。将服务通道与客人通道分开十分重要，特别是包间区域。过多的交叉会降低服务的品质（图3-96、图3-97、图3-98）。

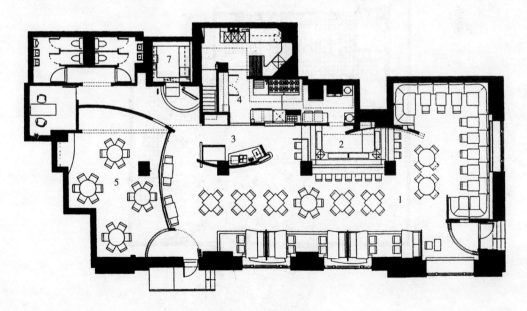

图3-96 平面布局

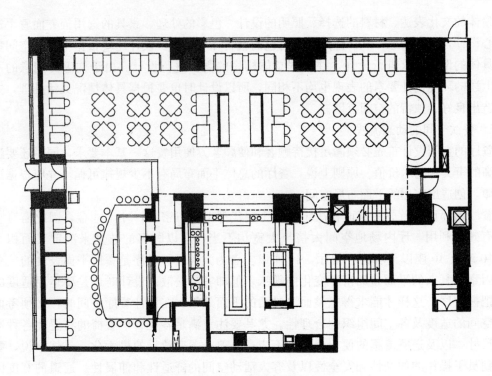

图 3-97 平面布局

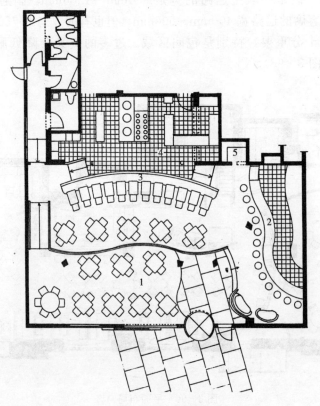

图 3-98 平面布局

一般的客席策划的配置方法是把客席配置在窗前或墙边，来客是2~3人为一组的情况较多，客席的构成要根据客人情况确定。一般的客席配置形态有竖型、横型、横竖组合型、点型，以及其他类型，这些要根据店铺规模和气氛来选用。

(1) 竖型

是客席的基本形态，其客席构成单纯明快，利用率高，在狭窄不能确保更宽的客席和路边的饮食店中多见。这种形式的客席构成和气氛虽然单调了一点，没什么趣味，但是对于员工来说，因为服务路线只有一个方向，所以服务比较方便，而且服务效率也高（图3-99）。

(2) 横型

配置在靠墙或通道部位，把椅子以长凳的方式配在壁侧的情况较多，多在不是主动服务而是自我服务的快餐店或茶艺馆的客席配置中采用。如果是主动服务的情况，那么就存在服务路线无法方便通达客席中间的问题（图3-100）。

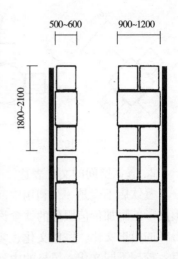

图3-99 竖型（单位：mm）

(3) 卡座

类似西式的咖啡座。每个卡座设一张小型长方桌，两边各设长形高背椅，以椅背作为座与座之间的间隔。每一卡座可坐四人，两两相对。卡座这种客席形态是咖啡店的客席构成中多见的形态，亦是可以在一个舒适的气氛中进食的饮食店中多见的形态，在像酒吧或俱乐部这种不是以吃饭为主的，而是以消磨时间为主的餐饮店设计中也多见。这个客席形态的优点是可以形成变化丰富的客席布置（图3-101）。

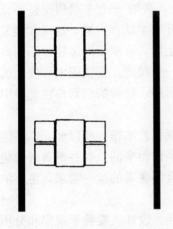

图3-100 横型

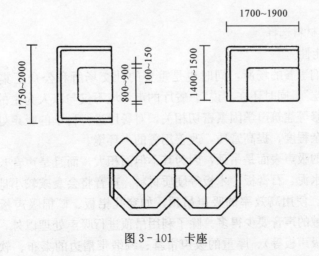

图3-101 卡座

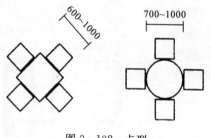

图 3-102 点型

(4) 点型

点型是比较灵活的一种摆放形式，它可随需要增减或移动。此种形式适合在大厅的中间摆放和设置，给人轻松的心理感受。在以饮料为主的业态情况下，桌子的尺寸比较小，但是以进食为主的业态情况下，桌子和椅子自然要采用更大的尺寸（图 3-102）。

2. 餐饮空间的文化表达

餐饮店不仅是一个利用空间和提供餐饮的场所，而且是一个在进餐过程中可以享受有形无形的附加价值服务的饮食设施。要想获得身心放松，实现精神享受，就必须要有各种各样的历史文化、民族文化、乡土文化等来营造氛围。餐饮文化可以体现多角度、多视点，挖掘不同文化、风格的内涵，寻求更多的设计灵感。而能够形成特色的资源很广泛，可以从地域、民族、历史、民俗传统、文化、事件、人物等多种渠道来挖掘，演绎出各种餐饮特色。无论哪一类特色，从形式到内容都必须和谐统一，要有一个主题和完整的概念。即便社区餐饮服务也有它的特色，就是方便、价廉，贴近家常饮食习惯，这样才能发挥空间特色对营销的促进作用。如今人们喜欢变化和多姿的生活，喜欢不同趣味、不同风格的餐饮空间。顾客对环境的认同是检验该空间品质优劣的一个尺度。餐饮很大程度上属于即兴消费，这些即兴消费行为一般都是在环境的感染下做出的，独特的空间往往能吸引顾客入店消费。

现代的餐馆空间许多看起来不像是吃饭的地方，更像是现代艺术馆。所以如此，系因就餐者往往是对这里的装饰设计感兴趣，而不是奔着他们的菜谱而来的。有些消费者希望有一个愉快的就餐氛围来提升整个就餐过程的感受，为了迎合消费者的这一需求，更多的餐馆老板对餐馆进行全面的设计与装修改造而发生兴趣。

设计"主题餐厅"这是餐饮建筑设计成功的一条重要途径。设计人要善于观察和分析各种社会需求及人的社会文化心理。由此出发，确定某个能为人喜爱和欣赏的文化主题，围绕这一主题进行设计，从外形到室内，从空间到家具陈设，全力烘托出体现该主题的一种特定的氛围。

3. 餐饮空间的材料选择

(1) 材料的功能性

餐厅不仅是人们进餐的场所，同时也是重要的社交场所和公众汇集的地方。在餐厅中，人们不但在"吃"，同时还在"说"。餐厅的声环境不仅与以人为主的声源有关，而且与餐厅的体形、装修等建筑声学因素密切相关，对餐厅进行科学的吸声处理，可以大大降低餐厅声环境的嘈杂程度，提高音质，改善用餐的声环境。

餐厅中最重要的吸声表面是吊顶，因为其不但面积大，而且是声音长距离反射的必经之地。如果吊顶是水泥、石膏板、木板等硬质材料，声音将会衰减较小地反射到房间中的各处，形成嘈杂声。使用高效率的吸声吊顶，如穿孔铝板、矿棉吸声板、木丝吸声板等时，反射到其他区域的声音要少得多。除了利用吊顶进行吸声处理以外，墙面吸声（如吸声软包、木质穿孔吸声板等）、厚重的吸声帘幕、绸缎带褶边的桌布、软座椅等都能产生有效的吸声。但与吊顶相比，其他部分吸声的面积偏小，而且受到各种条件的限制，吸声的效果差一些。

（2）材料的装饰性

餐馆内部的形象给人的感觉如何，在很大程度上取决于装饰材料的使用。天然材料中的木、竹、藤、麻、棉等材料给人们以亲切感，可以表达朴素无华的自然情调，营造温馨、宜人的就餐环境；平坦光滑的大理石、全反射的镜面不锈钢、纹理清晰的木材、清水勾缝的砖墙又会给人不同的联想和感受。

一个餐厅设计的成功与否不在于单纯追求昂贵的材料，而在于依据合理构思去选用材料，组织和搭配材料。昂贵的材料固然能以显示其价值的方法表达富丽豪华的特色，而平凡的材料同样可以创造出幽雅、独特的意境。

餐厅的地面一般选用比较耐久、结实、便于清洗的材料，如石材（花岗石）、水磨石、毛石、地砖等。较高级的餐厅常选用石材、木地板或地毯。地面处理除采用同种材料变化之外，也可用二种或多种材料构成，既有变化，又具有很好的导向性。

隔墙一般是餐馆中重点装饰的部分，利用虚虚实实的变化，营造出不同的空间变化。其可以是一堵金砖垒出的透墙，也可以是一孔岩洞，实际上设计在墙面上下功夫，可以创造出令人称绝的效果。对墙面材料材质的不同处理及变化，给人们带来了新奇的空间感受和各种各样材料潜在的可能性。在材料的选用、设计中还应注意到设计造型与材料之间的对应关系，不同的造型应选用最相适合的材料来进行表现。

4. 餐饮空间的照明设计

灯光是餐饮店空间构成的重要要素。灯光的功能与食客的味觉、心理有着潜移默化的联系，与餐饮企业的经营定位也息息相关。作为一种物质语言，要正确处理明与暗、光与影、实与虚等关系。

灯光必须与经营定位相适应，不同的餐饮企业有着不同的灯饰系统。麦当劳、肯德基等西式快餐以明亮为主，咖啡厅、西餐厅是最讲究情调的地方，灯饰系统以沉着、柔和为美，而灯火辉煌、兴高采烈则是中餐厅常用手法。

灯光太亮或太暗的就餐环境会使客人感到不适；桌面的重点照明可有效地增进食欲，而其他区域则应相对暗一些；有艺术品的地方可用灯光突出，灯光的明暗结合可使整个环境富有层次。此外，还应避免彩色光源的使用，那会使得餐厅显得俗气，使食品"变色"，也会使客人感到烦躁（图3-103）。

灯具选择与光源不同，灯具的装饰价值不在于它们所发射出的光线，而在于它们本身所独有的风格、美感。它们本身的外观就能决定一个餐厅的风格和情调，这一点正是灯具的优势和魅力所在（图3-104）。

图3-103　灯光聚集桌面营造就餐氛围

5. 餐饮空间的色彩设计

就餐环境的色彩无疑会影响就餐人的心理，一是食物的色彩能影响人的食欲，二是餐厅环境色彩也能影响人就餐时的情绪。不同的色彩对人的心理刺激不一样：以紫色为基调，显得高贵，以黄色为基调，显得柔和，以蓝色为基调，显得不可捉摸，以白色为基调，显得洁净，以红色为基调，显得热烈。不同的人对色彩的反应也不一样，儿童对红、橘黄、蓝绿色反映强烈，年轻女性对流行色的反应敏锐等。若整个餐馆都使用金属色，

图3-104 麦当劳造型别致的灯具

会给人一种冷飕飕的感觉，如果又是刺眼的亮光，恐怕就难以使顾客难以驻足。餐馆的色彩运用应该考虑到顾客阶层、年龄、爱好倾向、注目率等问题。

餐厅色彩宜以明朗轻快的色调为主，红色、茶色、橙黄色、绿色等强调暖意的色彩较适宜，比起白色、黑色更招人喜欢。橙色以及相同色相的姐妹色有刺激食欲的功效，它们不仅能给人以温馨感，而且能提高进餐者的兴致。整体的室内色调应沉着，给人安宁的具有私密性的气氛，同时整个餐厅的色彩要有一个基调。

6. 餐饮空间家具的基本要求

饮食桌椅是可以让顾客舒适进餐的设备。首先要研究桌椅是否便于顾客使用，大小和形状是否妥当。以饮料为主的业态顾客用桌子的尺寸比较小，但是以进食为主的业态，桌子与椅子的尺寸自然要大些。一般来说桌子和椅子的关系是相配套的作为一体而存在，所以不管哪一方的尺寸不合适都会感到不舒服，而且桌子的功能随着业种和业态而不同，故其高度与大小等尺寸都要变化。如一次摆到桌子上的菜肴很多的业态，桌子的尺寸非大不可。餐桌的大小会影响到餐厅的容量，也会影响餐具的摆设，所以决定桌子的大小时，除了符合餐厅面积并能最有效使用的尺寸外，也应考虑到客人的舒适以及服务人员工作方便与否。

桌椅是消费者直接接触的东西，对消费者的刺激是很直接的，一定要使之搭配适宜。如果为了设计出所谓独特的风格，桌椅都做得很奇特，使得人们坐不了半小时就觉得腰痛等于把人赶跑，要知道顾客不只是为了看那些奇特设计来的，他们是为了进餐，为了一个舒适的空间而来。因此需要考虑消费者的使用习惯，而不是一味的追求豪华或奇特。

吧台的造型应是空间中的一个亮点，所以设计中应考虑独特的处理手法。酒吧里的吧台一般设计的很长，目的是为了顾客坐在吧台聊天有一种舒适感。设置吧台必须将吧台看作是完整空间的一部分，而不单只是一件家具，好的设计能将吧台融入空间。吧台的位置当然也会受给排水的影响，尤其是将吧台安排在离管道间或排水管较远的角落时，排水就成了一大难题。

吧台空间主要有三个部分组成，即"吧台、吧柜、吧凳"。吧台是调制饮料和配制果盆操作的工作台，也是人们在休闲坐歇与饮用时伏靠的案台，亦可成为实用的便餐台。吧台大多设双层，其上层为抽屉，供藏筷勺之用，下层为格状的贮藏空间，置放不常用的杯

盆、器皿等。操作空间进深至少需要90cm，台面的深度则需视吧台的功能而定。只喝饮料与用餐所需的台面宽度不一样，台面最好要使用耐磨材质，有水槽的吧台最好还能耐水，如果吧台使用电器，采用耐火的材质是必须的，像人造石、石材等，都是理想的材料。吧柜具有存放饮料、水果、烟酒、杯盆、器皿的功能，而且有重要的展示功能。吧柜的结构可采用吊挂、壁挂、单体独立、嵌入墙体等多种手法。吧凳设计强调坐视角度的灵活性和烘托吧台主体所需的简洁性，它特别注重形体轮廓的洗练和精致感。吧凳形式较多，一般可分为有旋转角度与调节作用的中轴式钢管吧凳和固定式高脚木制吧凳两类。在吧凳设计时要注意三点，首先吧凳面与吧台面应保持在0.25m左右的落差。吧台面较高时，相应的吧凳坐面亦高一些；其次凳与吧台下端落脚处，应设有支撑脚部的支杆物，如钢管、不锈钢管或台阶等；另外较高的吧凳宜选择带有靠背的形式，使坐靠式感觉更舒适（图3-105）。

图3-105 酷似吉它形态的吧台

五、餐饮空间的设计练习

任选一个真实条件的餐饮环境进行设计改造，如：中餐馆、西餐馆、咖啡屋、酒吧间、快餐厅、烧烤屋、火锅店、饮品店、茶室等，所选的餐饮建筑面积大小应适中，并在现实的条件下进行设计。要求围绕一个主题进行设计，挖掘不同文化特征和体现设计风格的内涵，并按要求对课题进行深入的市场调研，搜集相关设计资料，进行设计构思和方案比较。呈交作业包括总图（店面位置图、周边环境、道路及停车位），餐饮店平面布置图，餐饮店室内效果图1张，餐饮店包间室内效果图1张，并附加简要设计说明和主题图像。

第四节 特殊空间室内设计课题

特殊公共室内空间是包含在公共室内空间中的一种室内空间，它基本包括文化、娱乐、体育室内空间（如图书馆、美术馆、博物馆、文化馆、影剧院、游乐场、体育场馆等）、医疗室内空间（医院、疗养院、门诊所、保健及康复机构等）和交通室内空间（汽车站、火车站、地铁、航空港、轮船客运站等）。在我们的日常生活中，上述的室内空间往往会经常被我们使用。但是在设计工作和学习中，特殊公共室内空间往往因为设计投标范围小、专业性较强、相关协调专业复杂等诸多专业和社会原因，使一般设计师和设计学习者对特殊公共室内空间涉及比较少。作为公共空间室内设计中不可或缺的一个重要空间门类，在本章节中，强调特殊公共室内空间中很多重要的设计功能要求与空间分隔的介绍，并对一些技术要求进行了简化与整合。

一、公共交通设施室内空间

随着科技的发展，道路交通载体的可选择范围变得多种多样，它们各自的优点与不足也都异常清晰明了。对于每一个城市，根据它的规模、人群特点、地理特征、文化背景来选择、组合不同的交通载体系统，会大大改善城市的交通环境与城市整体标准。但是，仅仅做好载体本身的研究工作是完全不够的，与公共交通载体相配合的许多硬件与软件标准的设计研究也是必不可少的内容，这其中尤其是各个连接交通载体的站，可以说是人群在城市移动的主要的过渡空间，它的设计也成为了重要的公共空间室内设计项目。

1. 城市与城市交通系统的衔接点——站的基本含义

如果将交通系统比喻为人的血管，那么站则好比人的心脏。如果站的疏导没有起到心脏的作用，交通系统也将不会发挥任何作用。在一些人的概念里站只不过是一个带有简易顶棚，另配着几把肮脏塑料椅和果皮箱的等车的水泥地，在城市中属于"小丑式"的角色。其实，在一个城市功能完好的都市当中，情况却恰恰相反（图3-106、图3-107）。

图3-106　中国香港迪斯尼站站台
中国香港迪斯尼站

图3-107　日本京都站入口大厅
日本京都站

城市中的站是起到疏导所有公共交通载体的中枢，也是联系起人群与交通载体之间重要的枢纽。同时，它也是城市经济发展重要的力量。说到站的经济效益，人们好像很少想像这一可能性。想想地铁站中昏暗灯光下的假冒名牌服装店和盗版音像商店，也许我们很难把站与城市经济效益相联系，但是看看巴黎、底特律、东京、汉城，一年城市财政收入有多少来自于公共交通站，和这些城市24小时店在站里的分布我们就应该好好重新思考这一问题了。站对于人群、对于城市的重大作用是不言而喻的，也是我们必须面对与了解的。

2. 站空间的基本形式

（1）站的类型

站共有4种基本类型，为地平站、桥上站、高架下站、地下站。由这4个基本类型可以发展出8种站空间。这8个空间代表了现在站的几乎所有的形式。地平站可以衍生出3种类型；桥上站则可衍生出两种类型；高架下站有两个类型；而地下站则只有一种类型。

图3-108中实线为自由通路,指非乘客也可利用的通路,虚线则为乘客专用通路。站的室内空间基本由以上4种基本形式组成,但是在这基本形式下,站的室内空间还有多种不同的空间分类。

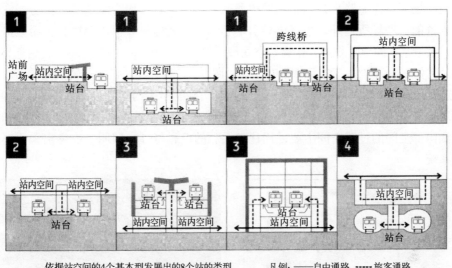

依据站空间的4个基本型发展出的8个站的类型　　凡例:——自由通路、-----旅客通路
1.地平站;2.桥上站;3.高架下站;4.地下站

图3-108　站室内空间的基本形式示意图

(2)站空间的分类

从乘客的移动线路来分析是了解站空间要素的最简单易懂的方法。首先,乘客的目的是进入站台,乘坐相应的车辆到达想去的目的地。这时候为了达成以上的目标,他必须经过3个空间(见图3-109),我们将以乘客要经过的3个站室内空间为讨论主线,将站的主要空间功能与他们的互相影响做一介绍。

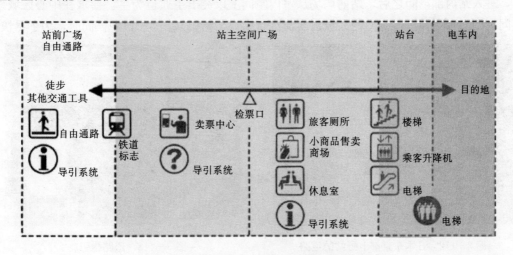

图3-109　从乘客移动线分析的站功能示意图

想构成一个普遍意义的站,并使站拥有所有应有的功能,除了有公共交通载体、站的

空间构成这两个基本条件以外，站的基础设施也是必不可少的。在这一节里，除了每个空间的空间功能外也将介绍构成站的设施分类。它们主要分为公共设施和盈利设施两大类。

① 站前广场（自由通路）

站前广场（自由通路）是站联结城市普通道路的部分。作为站的最外部分，它除了提供普通人群的流动场所之外，也提供导引中心和站的名称与导引内容牌，为希望进入站内的乘客提供最基本的导引服务。作为站空间最外部的室内空间，站前广场（自由通路）空间起到的最主要作用为联通与指示（图3-110、图3-111）。在城市中，特别是旅游者与身体残障者想找到自己需要搭乘的交通设施，必须有明确的指引与向导设备（图3-113）。这时候站前广场（自由通路）入口明确的导引设施就起到了重要的作用。为了强调站的导引，在入口和内部空间的过渡空间上要采用比较柔和的色彩与灯光照明，以突出采用鲜明色彩的导引系统。

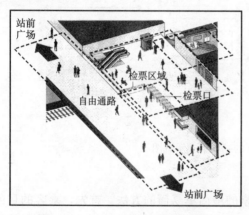

图3-110 站前广场空间的示意图

图3-111 站前广场入口
香港地铁湾仔站

进入站内部空间之后，站前广场从室内空间上以突出主通道为主。要求在中心区域设置问询中心和引导区，有专门人员对客流进行引导与指引（图3-112）。同时，为了尽快

图3-112 日本东京都上野站的道路
　　　　　指引与询问中心
日本东京都上野站

图3-113 道路指引牌
公共设施：以多国文字表示主要方向内
　　的各个交通站的方向和有关设施

分流人群，每一个不同线路的颜色导引设置都应该在站前广场区域做出清晰的设置，尽量使乘客可以在入站的第一个主空间内就可以完成初步的方向选定工作，以缓解后边引导的难度，同时也可以使后边空间的盈利性服务部分得以增加。

从颜色上，作为外部空间与站内部空间的过渡空间，站前广场空间主要以浅色系为主，不宜使用色彩强烈的大面积颜色作为空间的地面与墙面的装饰主色调。因为在这些空间中，最需要突出的是导引与问询中心。如果色彩过于强烈或反差过大，将会造成客流方向选定混乱，从而造成疏导困难。在照明上，空间顶部与四周墙面的辅助灯光不宜采用过多的集中光源，而应以柔和、均匀的散点灯光为主要灯光，因为过多炫目集中的光源只能造成更多的导引错误和增加人群的不安定的情绪。

道路指引牌（公共设施）是城市联结站的关键部分。在接近站的地方会放置道路导引牌，指引站的大概方向。在自由通路设置的道路指引牌，除了指示最近各站信息以外，还要指示附近所有重要设施的名称与方位。

② 站主空间广场

站主空间广场分为站主空间外广场和站主空间内广场两部分。站主空间外广场作为站的中心部分，起到的最重要的作用就是提供乘客车票的购买以及提供乘客到达目的地最佳道路的检索服务。同时，乘客在这里将通过检票口进入站主空间内广场（图3-114、图3-115），而通过检票口进入的内广场部分是为乘客提供换车、休息、等人、购物、提示等，相对其他空间来说其附属功能较多的空间。这段空间中往往会设置不同规模的杂货店、报刊亭以及公共厕所，同时随时更新的时间表和换站指引也应该充分与完备（图3-116）。

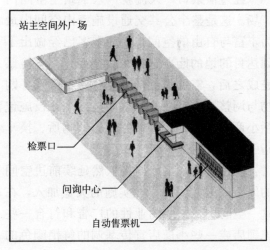 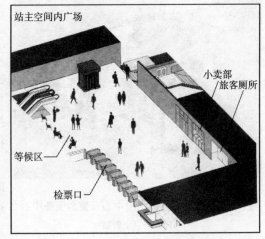

图3-114　站主空间外广场示意图　　　　图3-115　站主空间外广场示意图

从图3-114、图3-115空间示意图中我们可以清楚地看到站主空间广场的主要功能分布。以检票口为中线，将站主空间广场划分为站主空间外广场和站主空间内广场两大空间。站主空间外广场与站前广场（自由通路）相联接。这个部分中最为重要的基础设施是站名表示牌、售票处、道路指引中心。因为这一空间最主要的功能是提供人群正确的购票指引与目的地介绍。相应的，这一室内空间构成因为功能的单一而变得简单明确。整个室内空间以突出售票点为中心。在颜色上,地面与墙面与站前广场(自由通路)空间相近或近似。而在照明上,整个空间的照明则以光带导引式照明为主,将人流引导至售票点为主要目的(图3-116)。

整个空间的中心亮点集中于售票点,从照明上,这里的照明强度可以增强,并且要配以一定的集中光源,将售票与线路说明板块照亮。在交通设施室内空间中如此强调这一区域的目的是在于,这是疏导人流,不引起人流滞留的最好方法(图3-116、图3-117)。

 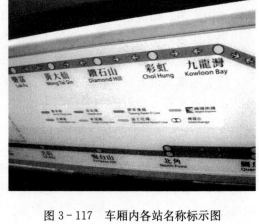

图3-116 站内售票处与站点表示牌
日本东京新小岩站

图3-117 车厢内各站名称标示图
中国香港金钟站

图3-118 站内道路指引中心及旅游服务中心
日本东京上野站

经过检票口,人流就进入了站主空间内广场。这是整个公共交通设施室内空间内最为丰富与自由的空间。因为乘客已经做出了到达目的地的购票选择与检票工作。在检票完成之后,需要做到的就是休息、等候、购物与调整。所以在这一空间内的主要设施包括小商品售货店、等候室、公共厕所、换车指引牌(图3-118)。

在色彩上,主色调将依然延续前边空间的风格,但是因为商业实施的大量加入,在这一空间中,一些商业性的广告和符合一些连锁店或一些小商店宣传基调的鲜艳颜色的注入都是允许的。在照明上,光源的形式与照度不被硬性规定,但是大的基础形式不应有所破坏。比如在站主空间内广场里,即使允许商业的宣传,但不应有强烈和频闪的照明作为商业设施的宣传目的,因为在上下班高峰等高流量的时段,这些超越内部空间主照明的刺激性灯光将直接影响人流的疏导,人群会因为强烈的灯光刺激而选择驻足、避让或围观等情况而出现混乱(图3-119)。

从整体上来看,站主空间外广场和站主空间内广场虽然同属一个空间,但是它们则以检票口为分界线,分为一动一静两个区域。站主空间外广场强调人流选择方向的重要性,

图3-119　站内小商品售货店
日本东京上野站

突出导引系统，少有他物，而站主空间内广场则以休息、等候、购物为主功能，强调休闲自由的特点。

站主空间广场主要相关设施介绍。有售票处（公共设施）。售票是站主空间外广场重要功能之一，也是站设施中非常重要的一环（图3-120）。

图3-120　自动售票机
中国香港九龙站

在站主空间外广场设立导引处，以便尽早疏导人流。对于那些没有把握是否能够找到正确车次的乘客，提供信息服务。这也是避免高峰期混乱的一个重要设置。而检票处则是一个界限，跨过这个装置也就表明乘客已经进入交通载体到来的等候状态了（图3-121）。

站主空间内广场里，乘客因为基本已经完成了决定目的地，购票，检票的任务，所以在这段空间里要做的只是等待与购物。相应的商店、便利店也会应运而生（图3-122、图3-123）

图3-121　检票口（公共设施）
日本东京上野站

图3-122　咖啡厅（盈利设施）
日本东京上野站

图3-123 日本京都站内等待室（公共设施）
日本京都站

③ 站台

站台是站空间的最后一部分，它指引乘客坐上交通载体，离开本站而驶达目的地。根据乘客的心理来说，有相当一部分人希望尽快到达这里，而不会在其他空间做过多停留，所以这一部分空间中，客流的平衡与升降机、电梯的设计位置都尤为重要。

在这一空间内，商业设施已经相应减少了。我们可以从空间示意图（图3-124）上清楚的看到，站台的室内空间构成要素为升降梯、楼梯、电梯。同时，站台空间作为最后客流目的地确认的空间，单一线路的导引牌与其他线路的站位置指示牌被放在主要的位置。

从颜色上，整体色调要求统一完整，当站次的站名要求在一些明显位置特别强调。同时，在站台入口位置，相应的颜色方向指引也应该十分清楚与明确，并应有特别清楚的站台所属线路名称的大指引牌，目的依然是最终让人流再次确认所去方向是否正确。

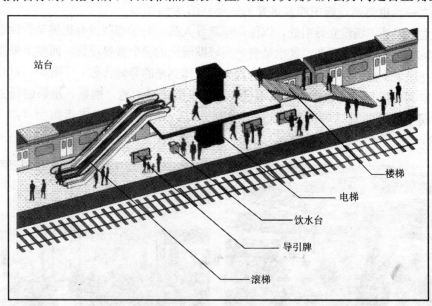

图3-124 站台空间示意图

作为相关辅助服务，站台内应设置一定的饮水机、小型的报刊亭等设施（图3-125）。

站台使用一定的光带指引照明，将本站与下一站和上一站的关系指引清楚，以防止出现上错线路的情况（图3-126）。

图3-125 自动饮料售卖机
日本京都站

图3-126 香港铜锣湾站站台
中国香港铜锣湾站

为了更好的导引客流能够顺利进入车内,在等候时,一个规范和区分上下车等候位置的标示也是很重要的。指示牌配合广播的提示,以缓解人流在上下车时出现的混乱,方便使用。

作为交通系统中重要组成元素的室内空间设计是一项综合性很强的设计工作。因为每个车站根据其线路的内容、人流数量等诸多原因使其站舍设施都不尽相同,但是作为基础设施,上述的设施与设备在交通站室内设计中是基本必备的。根据站的功能和规模的不同,站内设施也会随着改变。在本章节中,着重阐述了公共交通设施室内空间的主要构成要素与相关联系,根据车站规模的不同,在设计时也会有相应的取舍与调整。

交通系统室内空间设计往往带有更多的社会性和人文性的考虑,同时,一定的设施硬件又不容随意增减,所以,设计师要带有社会责任感,以功能设计科学为基础,设计出更加合理与完善的城市交通系统公共室内空间(图3-127、图3-128)。

图3-127 楼梯（公共设施）
日本东京新宿站

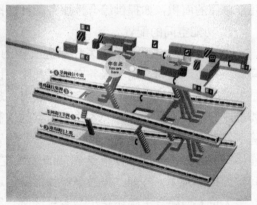
图3-128 站台位置图（公共设施）
中国香港金钟站

二、医疗设施室内空间

医疗机构是人类社会发展与进步的标志,其主要职责是为病患者提供疾病的预防和治疗的专业性服务。随着生活水平的不断提高,人们不仅关心高新的医疗设备和高水准的治疗水平,对于医疗机构的空间环境设计也提出了更高的使用以及审美要求,其空间不仅要满足诊治的功能需求,还要保证医患人员的生理与心理健康与稳定。同时,复杂昂贵的医疗设备的安置以及某些病患对于空间环境的特殊需求,也对空间的结构与装饰提出了非常规要求。因此,一个舒适的医疗机构的室内环境设计不仅是设计师自身专业水准的体现,更是设计师与医疗机构的管理人员、医护人员、医疗设备的技术人员共同沟通、协调的结果。

1. 机构性能的分类

医疗机构从业务范围上可分为综合性和专科性两种性能机构,前者多为提供较为全面的医疗服务和咨询的单位,而后者的业务范围主要集中于某一专项疾病的治疗与预防,如常见的儿科、妇科、牙科等等。

由于发展历史、地理位置、文化背景等方面的不同,世界上很多古老的民族又有其独特的疾病治疗方法。在中国,西医与传统中医是大多数人们可接受的两种主要的医疗手段。由于中、西医的治疗理念有所差异,诊治的方式也有很大的区别,因此,两者对于空间的功能分配以及环境要求也各有不同,如中医诊病以医生对于病人的"望闻问切"为主,其环境多体现出人文的关怀;而西医则是以现代科技手段进行病理的分析,所以化验、放射等分析治疗科室成了大型综合医院的必备部门。

无论是综合性或专科性医疗机构,其空间面积均无固定限制。但不同医疗机构的不同性质功能决定了其医护人员及患者的数量,也由此决定了其空间的规模。规模较大的医疗保健机构可由一栋或几栋专项建筑组成,如大型的政府性综合医院或肿瘤、肠道等人员组成较为复杂的专项业务医院;而小型的医疗保健诊所往往占居一栋建筑的一部分甚至只有几个单元的面积,如提供综合性服务的社区医疗机构或各种单项保健的家庭诊所等等。

2. 功能空间的配置

与其他公共空间一样,医疗保健机构的室内空间按照职能可划分为主体医疗业务空间、公共活动空间、配套服务空间以及附属设备空间等。一般而言,在医疗机构中,特别是大多以科学器械装备为主的空间如放射、超声、检验、病理、手术等科室通常会因设备要求或污染、噪声等各种外界物理因素的控制不可作过多的界面装饰(图3-129)。因而,除了其空间的整体性规划要符合安全、使用等方面的科学范围之外,室内设计师需要并且能够对医疗机构内部进行审美创造的区域主要集中于人员流动较为集中而开放的公共空间,如接待大厅、咨询、候诊等机构形象区域以及各科室、病房等诊疗区域。

无论大型综合医院还是小型专科诊所,医疗保健机构的公共开放空间中人员往来最为频繁的当属前台接待和咨询空间,同时也担负收款、配药等功能。在小型诊所中,候诊区域也有设立于此(图3-130)。此外,走廊、卫生间、儿童活动室等等也属开放使用的公共空间。

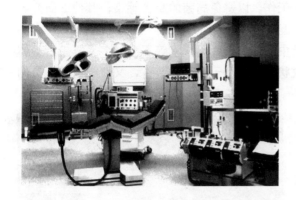

图3-129 设备为主的功能区域只需简单装饰

图3-130 美国麦星综合硬化诊所的接待空间

医疗保健按照人们就医的过程顺序大体可设置为疾病的诊、治、疗三个方面的功能单元。通常，这三种功能单位是大多数医疗保健机构的三个主要业务部门，为人们提供全面而配套的医疗服务。不同的医疗保健机构由于其主体业务的倾向性不同，诊、治、疗的空间既可合并为一体，如综合性医院或专科性牙科诊所，同时三种功能也可作为独立的服务机构存在，如以诊病为主的传统中医诊所，治、疗的程序均可安排患者在诊所之外遵医嘱自行解决，但有些中医诊所也会设立针灸、推拿

图3-131 美国密苏里物理治疗专科诊所

等治病的功能空间。对于患有某些慢性或目前的医学水平无法根治疾病的患者，则在医院进行确诊和短期治疗之后，需要一个能为其提供长期维持、疗养的专业性保健空间，如维持肾脏功能的透析中心、传染疾病患者的隔离疗养院、肢体康复的物理运动中心等等，均可作为专门的疗养机构独立于诊治医院的范围之外（图3-131）。

图3-132 英国麦翠家庭诊所的封闭式诊病单间

通常，医疗保健机构的诊治空间的主体为各科医生的单元性诊疗室，为了保护患者的隐私，大多数的门诊诊疗室是独立而封闭的（图3-132），便于医生与患者坦率沟通，以了解病情、深入诊疗。一般来讲，诊桌、诊椅是诊室的基本家具；综合西医还需设置就诊床，为了尊重患者的隐私，诊床一般附设拉帘或屏风；小型洗手盆也是诊室的必备

设施，便于医生检查每一例患者之后的清洁工作，以避免病菌的交叉感染；其他如研究影像结果的灯箱等诊察所需的简单设备可按需配置（图3-133）。

有些专科诊室如牙科或输液、透析以及中医的部分针灸诊室等不会过多暴露患者身体的治疗科室，其诊治单元多为开放或半开放状态，既利于空间的节省，又便于医护人员的监理，同时也有利于病人的交流互动（图3-134）。

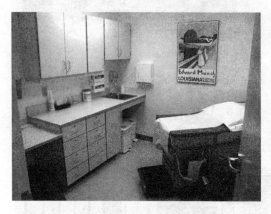

图3-133 英国夏洛特妇科诊所的诊病单间内部

图3-134 台北微笑牙医诊所的开放式诊区

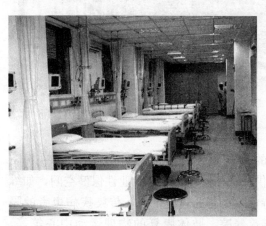

图3-135 西安交大附属医院的多人病房

病房是诊疗空间的另一种形式，是为重病或术后患者便于深入治疗而设立的住院休息空间，因此，病床、储藏柜、座椅是每位患者最基本的使用家具。根据病情和病人的需求，病房可分为多人和单人病房。在多人病房中，每个床位均应设有围帘可将其空间保持独立，以方便医护人员诊检，维护患者的尊严（图3-135）。

除此之外，普通工作环境所涉及的配套服务空间，如员工休息室、餐饮空间、护士服务台以及附属设备空间等，在不同规模和业务范畴的医疗保健机构均会按需设立，其空间的配置与要求按正常规范设计即可，在此不再赘述。

3. 设计要素的把握

理论上讲，医疗保健机构的主体服务对象为全体大众，幼儿、老人、残疾人等均可为其空间的使用者，因而其空间环境的设计既要考虑各种病患者的身体状况，还要考虑到不同年龄和智力水平的人群的需求。医疗保健空间的室内设计不仅要营造一个舒适、健康的气氛，更要符合医护人员、患者及其家属共同使用的实用原则。

安全、方便是医疗空间室内设计首先要顾及的因素，各个功能空间的分布与尺度、家具及设备的配置、界面及设施的材料选择均要考虑到特殊条件下医护人员、患者及其家属的共同需求。

顺畅的动态流线是人们行为安全的首要保证，由于多数到访者是医院诊所的非日常使用人员，且部分为处于非正常健康状况的病患者，因而医疗空间的主体流线需直捷、方便，同时利用清晰明了的视觉传达系统以辅助非常访者快速地到达所要寻找的诊治科室。同时，就诊病人不同的身体状况以及治救时不同的紧急程度要求医疗空间的主体通道既要方便医患人员不同速度的正常活动，又要保证如轮椅等普通医疗辅助设施以及输液架、急救床等各种医疗器械的频繁移动，因而，医疗空间的室内通道均应以残疾人通道设计为基准，

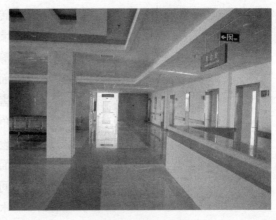

图3-136 医疗机构的特殊工作状态要求宽敞顺畅的室内流线

双向通道不应小于1.8m宽[36]（图3-136），且出入口最好采用自动门、推拉门或者平开门，而不应采用旋转门和力度大的弹簧门，单扇门宽不可小于0.8m[37]，门的下方应设金属踢撞板，以延长其使用寿命。

图3-137 英国道格拉斯医院的辅助升降设备

在医疗保健环境中，公共空间的地面需保持平整、无障碍，同水准地面之间的高度差不可超过13mm，而且尽量运用1：12标准坡道解决同楼层的不同地面高度区域之间的连接，减少阶梯的使用，否则则需采用升降梯以方便轮椅使用者的自理行动[38]（图3-137）。一般而言，医疗保健环境的室内空间尺度会大过具同样功能的普通公共空间，例如病房、卫生间等均要留出一定的空间以便轮椅的使用或专业器械的安置。同时，台面、储物架、抓杆、座便器等常用器具的安置位置亦要方便行动不便的患者独立而自由地使用。通常，医院诊所均设有残疾人专用卫生间，只有一个便位的公共卫生间也应以残疾人标准来配备和安置器具和附件。

医疗环境的特殊性决定其固定界面不宜作过多的造型设计，而且其材料需坚固耐用，除了某些高级病房可铺设地毯，其他的公共开放区域及专业检验空间，地面均适于铺设瓷

---

[36] 中国建筑标准设计研究所 主编. 方便残疾人使用的城市道路和建筑物设计规范-JGJ 50. 北京：中国建筑标准设计研究所，2001

[37] 英国标准学会 著. 英国标准830—建筑的残疾人需求设计. 伦敦：英国标准学会，2001

[38] 同上。

图 3-138 杜邦公司出品的扶杆状缓冲撞垫

砖等防滑、防水、耐腐蚀、易清洁的材料；墙壁也多用瓷砖或油性涂料，而金属、玻璃等坚硬、易碎材质不易作为大面积的垂直界面出现于公共区域，以免造成人员的意外伤害；在人流频繁的公共走廊两侧墙壁以及凸角需附设塑胶等软质缓冲垫，以防止人员及设备快速运动时的冲撞，同时也保护墙壁表面不受损坏（图3-138）；相对而言，医疗空间的顶棚材质则无过多限制，石膏、金属、木材均可搭配成为静音材料使用于顶部空间。

医疗保健空间应保持通透、明亮，以便随时接待病患者，特别是全天候开放的大型综合性医疗环境，一般其空间照度应维持在200lx左右。

尽管医疗保健空间的室内设计会受到安全、实用等多方面制约，室内设计师在其空间的装饰风格、色彩以及环境氛围的营造方面还是可以有很大的创意发挥空间，特别是在接待大厅、病房或是常规疗养的保健机构。

一般而言，以诊治为主的医疗空间大多造型简洁，颜色以淡雅、明快为基调，以舒缓病患的不适，平和神经；而以疗养为主保健空间有时则会利用鲜艳的色彩、丰富的造型来活跃过于严肃、安静的气氛，以调和患者的情绪。儿童是患者中较为特殊的群体，设计师在设计儿童医院、儿科诊所以及综合医院的儿科病房时，除了要顾及儿童作为普通病人的行为需求，还要把握儿童家具、设施的尺度，以方便孩童患者的使用；同时，与大多数为孩童服务的公共空间一样，医疗环境中的儿童游乐区域以及儿科诊室、病房均可以活跃生动的造型、明亮的颜色搭配来进行空间的装饰，以配合儿童活泼好动的天性（图3-139）。

图 3-139 英国德碧城市儿童医院的候诊大厅

总之，医疗保健机构的室内设计应是以人为本的实用性艺术创作过程，其环境的布局与装饰均要以医患人员舒适的心理、生理感觉为基础，从而创造一个集科学性、经济性、艺术性为一体的空间环境，维持或促进医疗保健工作的效果。

三、影剧院室内空间

剧院是人在城市生活中不可或缺的社区类和商业性公共设施之一，作为特殊公共室内空间的一个分类，影剧院的室内空间设计带有极强的专业性特点。这其中声学的专业成分带有很大的比例。剧院中如何能够尽可能多的、舒适安全的安置更多的观（听）众，同时又能够建立起相对完美的声音传导，保证还原声音，尤其是在歌剧院中，如何保持音乐伴奏和演唱的丰满度，同时兼顾唱词的清晰度，在其中达到最大的平衡值，一直是多年以来设计师和音响工程师的工作重点（图3-140）。近年来，剧院作为城市中重要的公共设施之一，它的功能与职责正在不断扩大，以前单一的视听中心，现在也延伸成了一个民众聚会、休闲的综合空间（图3-141）。

图3-140　泰勒剧院的T形舞台
Norman McGrath

图3-141　怀特克科学艺术中心萨诺克剧院
及中心楼座细部结构
Norman McGrath　上：天棚　下：观众厅

1. 现代剧院室内空间特点[39]

（1）注重自然声演出的实效，不追求过大的容座量，最大控制在1800座左右。

（2）强调早期反射声（侧向和顶部）设计，在大容量的观众厅内获得足够强和覆盖大的早期侧向反射声有突破性进展，美国加州的桔县艺术中心剧院和比利时贝尼多姆剧院是典型的实例。

（3）开始采用计算机调控混响时间装置，增大剧院的适应范围，并确保各项功能均能达到最佳混响值。

（4）空调系统普遍采用椅背、椅腿和地面送风设施，在大容积的观众厅内，有效地降低气流噪声的干扰，为大厅创造了舒适、安宁的声环境。

（5）改善视觉效果，特别是控制高层楼座的俯角和叠落包厢的视角，且均按规范要求进行设计。

---

[39] 项瑞祈 著. 传统与现代——现代歌剧院建筑. 2002年，P66

(6) 考虑到观众厅内座椅对厅内声学效果的重要作用，因此对座椅舒适度的设计、吸声性能的控制更为重视。

(7) 舞台机械设备的各种传动系统和计算机自控技术已达到相当先进和完备的程度，完全能满足现代歌剧表演在技术上和舞美效果上的各种需求。

(8) 灯具和调光设备，近年有突破性的进展，高亮度、长距离的射灯和可控硅调光技术的发展，足以能实现多道面光、远距离追光的光照要求。

(9) 大跨度空间结构体系技术的发展，为设计各种造型的剧院观众厅提供了方便条件。

(10) 新型声学材料和构件的生产，使观众厅内吸声、隔声、混响和声扩散的处理更为得心应手。有的声学构件，如数论扩散体（或称平方余数序列，QRD 扩散体）已有成品出售。

综上所述，现代剧院在各专业的技术上已趋于成熟，完全能充分展示观、演的各种需求。

2. 剧院室内空间的基本形式与规模

剧院观众厅的规模和体形设计是室内设计，也是声学设计的首要任务。它对自然声演出歌剧而能获得良好的视听效果起着至关重要的作用，是剧院设计成败的关键所在。观众厅的体形设计，包括平面和剖面的形式，目的是把声学要求渗入到体形设计中去，以为大厅获得良好的音质奠定基础。

(1) 观众厅平面设计[40]

歌剧院的平面至今有多种形式，传统歌剧院的观众厅马蹄形或接近马蹄形的 U 形平面占绝大多数，也有少数圆形平面。20 世纪中期以后，平面形式较多，有扇形、多边形、钟形和不规则形等，对各种观众厅的平面形式，可作如下的分析：

A. 马蹄形平面

马蹄形多层包厢的形式对于大容量的歌剧院来说，它可以充分体现其优越性：首先是在容量相同的条件下，后座观众离舞台的距离最短，且有接近相同的视距，在建筑观感上有较好的围合作用，增加了观演歌剧的气氛。马蹄形平面最大的缺点是台口两侧观众的视觉差，而多层包厢的上层观众因俯角过大，也有同样的问题。因此，现代大容量的歌剧院当采用马蹄形平面时都作了改进，即把台口两侧作成展斜面，不设观众座席。并通过台口两侧向观众席倾斜面加强池座前、中区的侧向早期反射声。使这种形式成为继承传统并加以发展的新型马蹄形平面，这对大容量的歌剧院仍是一种可取的形式。

B. 扇形平面

扇形平面在声学上的最大优点是观众厅绝大部分听众均在演唱声和乐声指向性的覆盖范围内（图 3-142）。

C. 多边形平面

多边形平面的后部通常是倒扇形平面，即台口前侧墙向外展斜，后侧墙向内斜。这样就有可能使池座听众席获得覆盖面较大的侧向早期反射声，同时，在周墙设多层包厢或逐

---

[40] 项瑞祈 著. 传统与现代——现代歌剧院建筑. 2002 年，P68

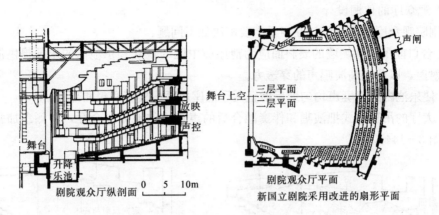

图 3-142 日本新国立剧院
左：剖面 右：平面

层向台口伸展的跌落包厢，不仅视觉好，同时使听众对舞台起到围合作用，提高了观演的亲切感。这方面的典型示例是汉堡歌剧院和悉尼歌剧院。

D. 钟形平面

矩形平面将两侧切角就构成钟形（我国传统的台钟形式）平面，这种形式的优点是结构简单，绝大多数听众有较好的视角，且均在演唱声和乐声的指向性的覆盖范围内。当观众厅跨度较小时，侧墙可给听众席提供较强和覆盖面大的侧向早期反射声。

E. 不规则形平面

不规则形平面有对称和不对称的两种，后者在歌剧院中被采用的极少，在音乐厅建筑中较为普遍。在歌剧院中采用此种形式主要是为了容纳更多的观众，而同时又要求观众能获得较多的侧向反射声（图 3-143）。

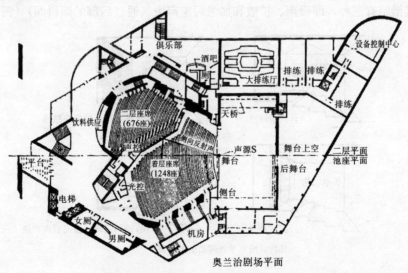

图 3-143 美国加州奥兰治剧场采用不规则形平面

（2）观众厅的顶棚设计

歌剧院观众厅的顶棚设计在声学上要解决如下问题：

A. 台口前吊顶和侧墙的展斜面应为池座前中区的观众和乐池内的乐师提供演唱声的早期反射声，以此提高演唱声的穿透力。

B. 使乐池内的伴奏声均匀地反射至大厅池座后区、楼座和包厢部分。

C. 大厅的吊顶形式把演唱和伴奏融合后的声音均匀地分布全厅，并侧重加强后座的声级（图3-144）。

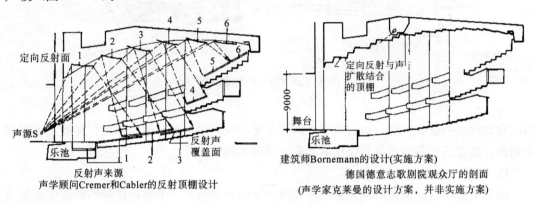

图3-144 顶棚的反射声实例

至于实现上述要求的手法则是多种多样的。

（3）观众厅的后墙

观众厅的后墙如处理不当，容易在池座前区和舞台上产生回声，特别是当后墙的平面呈凹弧形时，其曲率中心位于前座或舞台上时，更会引起声聚焦并加强回声。因此，必须做声学处理，其措施有三种，即吸声、扩散和加强后座声级（通过后部的倾斜面）（图3-145）。

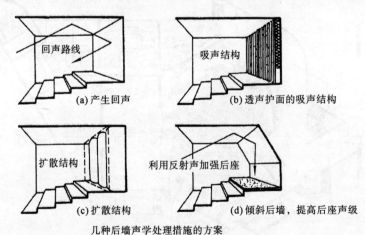

图3-145 对后墙的几种声学处理措施

对于剧院的观众厅来说，由于混响时间比音乐厅短，因此，上述三种均可根据装修要求选用。但当大厅兼供音乐演奏而采用可调混响装置时，则不宜采用吸声措施，因为这会降低可调混响幅度。

（4）剧院的乐池

乐池的声学要求是将音乐清晰而无畸变地投向大厅中去，平衡和融洽更好，没有音色失真。为使歌唱与乐队有良好融洽，歌唱演员也要能听到清晰而平衡的乐队声音，这样他们才能恰当地调节他们的歌喉。乐池中的乐师们应能听到乐队的其他声部，不要因乐池太长而有过长时间延迟，乐师们也要能听到歌唱声以保持良好的融洽。至于视觉要求，演唱者要的是乐师和演唱者能相互听到，开敞式乐池就有这样优点。

乐池分为开敞式、半开敞式和下沉式加盖等三种：

A. 开敞式乐池

完全开敞式乐池的重要缺点就是指挥台和乐队谱架上的灯光对听众会有视觉干扰的影响。乐池的一个特点是两端有出挑，各成一个小间。

B. 半开敞式乐池

半开敞式乐池是把乐池的面积局部伸入到舞台下，这种形式可适当抑制乐队打击乐和铜管乐的声音，降低乐池所构成的"声墙"的强度，从而减轻演唱者的压力。但如果乐池在舞台下面的面积太大，则乐队传出的整体性很差，听起来很不自然。因此，适当伸入舞台一部分，如占乐池深度的1/4~1/3较为适当，以便缩短台口至前排的距离（图3-146）。

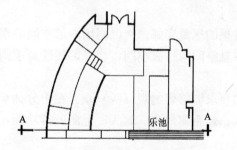 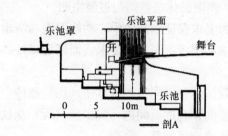

图3-146

C. 下沉式加盖板的乐池

这种形式正好与开敞式乐池相反，它是部分敞向舞台的，其余部分则几乎完全被出挑的盖板封住（图3-146）。

（5）剧院的包厢

现代歌剧院的出挑包厢，特别是侧墙上的出挑跌落包厢，由于包容在大厅的混响空间内，听音效果比传统的凹进式包厢效果好。它不仅可不受遮挡地接受来自舞台的直达声，同时还有较强的侧向早期反射声，如果设计得当，出挑包厢内的音质比池座和楼座还好。

观众厅两侧墙的跌落出挑包厢，对大厅的声扩散很有利，同时又减少了大片的平墙，并对消除音质缺隐也有利（图3-147）。

（6）剧院的挑台

挑台大的作用在于增加座席，缩短最后排听众至舞台的距离，但这样会对挑台下的听众有所遮挡。过深的出挑对歌剧音乐的妨碍要比交响乐少一些，因为在歌剧院中，出挑把

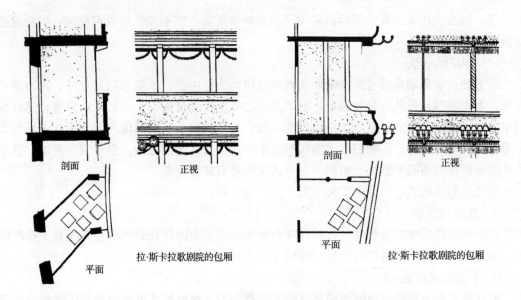

图 3-147 伦敦皇家歌剧院包厢

大厅上所产生的混响遮蔽起来，于是对乐器和歌声有更高的清晰度。尽管如此，如果出挑过大，对直达声还是有妨碍的。

(7) 剧院的休息空间与过渡空间

因为要求保证剧院的中心功能即剧场演出效果的尽量完好，所以剧场内部空间的很多设计要求必须依附于声学要求。而剧场以外的休息空间与过渡空间，相应的硬性要求则少了许多。

剧院的休息空间一般紧靠于剧场，整体空间要求能够容纳观（听）众。在十分钟至二十分钟幕间休息的时间内，提供观（听）众饮水、短距离散步、聊天、上厕所等功能，相应的设施也应该完整、合理。

色彩上，休息空间的整体色调要以淡色为主，以缓和观（听）众在精神集中之后的神经，并可以加入一些小型的工艺品摆放，以起到放松神经的作用（图 3-148）。

图 3-148 怀特克科学艺术中心上层休息厅

灯光上，照明尽量柔和均匀，不要有过多的炫目光源。

剧院的过渡空间是剧院各个不同空间进入核心剧场的过渡，这一空间的整体风格应与剧场内部风格一致。而作为过渡空间，它与其他空间的衔接也应和谐自然（图3-149）。

3. 剧院的相关设计要点

在许多城市，剧院综合体是一个公共领域，它们有着休息厅、室内的"街道"和"人行道"，剧院门外的区域也变得越来越重要。门前广场和开阔地带与城市生活紧密相连，那里可以举办一系列的活动：如即兴音乐演出、儿童剧、艺术节和庆祝集会等。今天的剧院应该对城市有建筑方面的贡献——融入社会美学范畴或成为艺术和市政建设成就的一个象征。建筑是城市生活的背景。这个象征必须有它的明显之处，它必须别具特色，扮演好自己的角色，促进公众的交流。也许，如今的剧院应该

图3-149 怀特克科学艺术中心走廊

这样定义，剧院——一种用于戏剧演出和具有社会功能的市区建筑现象[41]。上边这段话说明在现代社会城市生活中，剧院已经演变成为一个综合性的公共设施了，它不再是功能单一的演出场所，而是一个重要的综合设施。

在剧院内部空间上，因为考虑到老人、残疾人与孩子的自由使用，在这里无障碍标准将贯彻的比较彻底，应能最大限度让尽可能多的人来使用。

在内部空间的人流导向上，设计要求做到流向清晰、明确。这主要体现在导向牌与地面导引系统上。导引系统的清晰与完善，能够保证人流的顺畅流动。

核心剧场的设计上，声学部分的要求要首先予以考虑，只有达到声音的最大平衡与清晰，其他条件才可相应进行。在剧场的内部空间中，颜色没有特别的限制。灯光则在分为演出中照明和幕间休息与开始前、结束后照明。演出中照明强调舞台，其他部分退暗的要求（一些特殊灯光要求除外），而幕间休息与开始前、结束后照明则要强调明亮、均匀的照明，而且要通过渐亮让观（听）众的眼睛能够从较暗环境中尽快适应过来，尽快退场。

剧院是特殊公共室内空间中专业性较强的一种空间。在专业要求尽可能达到的同时，一个集经济效益与社会功能良好的公共设施室内设计，将是对所有设计师们真正的挑战。

四、无障碍公共室内空间

无障碍设计是贯穿于每一个室内空间设计时的重要课题，为了尽可能多的人去利用公共室内空间，完善公共空间的功能，必须对无障碍设计加以重视与正视。鉴于特殊公共室

---

[41] 曲正，曲瑞 译. 哈迪-霍尔兹曼-法依弗联合设计事务所 剧场. 2002年，P25

内空间是一个更加大众化、公共性意义强烈的室内空间，为了让大众能够顺利的利用这些公共空间，使特殊公共室内空间在社会中起到更好的作用，无障碍设计是十分重要的。为此，本章节对于特殊公共室内空间中的基本无障碍设计做一专门介绍。

1. 残疾者类型

无论从理论还是实践上讲，室内环境是空间的一种延续。无障碍设计意味着向用户提供一种可能，使其能够不受约束地持续使用空间。

所建环境可被定义为对物质环境进行改造使其形成新的形式。同时，由于空间实际上已被人类所改变，它通常按照一些人为概念加以区分和归类，如"公共的"、"私人的"以及"功能性的"。使用空间的权利和使用空间的可能性定义为可获得性，这种可获得性不仅被实际障碍所限制，而且也受限于复杂的文化、社会与经济等环境。在考虑无障碍公共室内环境时，对不同的残疾类型有不同的特点和要求，主要包括以下几个方面的内容：

(1) 肢体残疾者的无障碍环境

A. 下肢残疾者：

a. 独立乘轮椅者：

门、走道、坡道尺寸及行动的空间均以轮椅通行要求为准则；

上楼应有适当的升降设备；

按轮椅乘用者的需要设计残疾人专用卫生间设备及有关设施；

尽可能不选用长绒地毯和有较大的裂缝的设施；

可通行的路线和可使用的设施应有明显标志。

b. 拄拐杖者：

地面平坦、坚固、不滑、不积水、无缝及无大孔洞；

尽量避免使用旋转门及弹簧门；

台阶、坡道、楼梯平缓，设有适宜的双向扶手；

卫生间设备安装安全抓杆；

利用电梯解决垂直交通；

各项设施安装要考虑残疾人的行动特点和安全需要；

通行空间要满足拄双拐所需的宽度。

B. 上肢残者：

设施选择应有利于减缓操作节奏；

采用肘式开关、长柄扶手、大号按键，以简化操作。

C. 偏瘫患者：

楼梯安装双侧扶手并连贯始终；

抓杆设在肢体优势一侧，或双向设置；

平整不滑的地面。

(2) 视力残疾者的无障碍环境

A. 盲人：

简化行动路线，布局平直；

人行空间内无意外变动及突出物；

强化听觉、嗅觉和触觉信息环境,以利引导(如扶手、盲文标志、音响信号等);

电气开关及插座有安全措施且易辨别,不得采用接线开关;

已习惯的环境不轻易变动。

B. 低视力或弱视者:

加大标志图形,加强光照,有效利用色彩反差,强化视觉信息;

其余可参考盲人的环境设计对策。

(3) 听力残疾者的无障碍环境

强化视觉、嗅觉和触觉信息环境;

采用相应的助听设施,增强他们对环境的感知。

建立无障碍环境的方法通常始于空间的管理、经济与技术的划分,比如对"私有"与"公有"空间的划分,住房与公共建筑、建筑物与街道环境以及建筑与交通等划分,最终使全社会对无障碍环境引起关注,并通过相关措施加以实施,全面实现无障碍环境,使得残疾人在当今社会里有完全平等参与社会活动和生活的机会[42]。

2. 无障碍设施设计

公共建筑是城市建设中主要组成部分,其功能不仅要满足人们的物质需要,而且还要满足人们的精神需求。如何应用工程的技术和艺术,利用现代科学条件和多学科的协作,创造适宜的无障碍空间环境,更好地满足人们的生产和生存需要是设计和建设者的最基本的任务。一个建筑单体或建筑群乃至整个城市,建立起全方位的无障碍环境,不仅是满足残疾人、老年人的要求和受益全社会的举措,也是一个城市及社会文明进步的展示。

在考虑公共室内空间部分无障碍设计时,必须参照《城市道路和建筑物无障碍设计规范》JCJ50-2001、J114-2001(以下简称《规范》)中的相关规定。

(1) 一般规定

在对公共建筑和居住建筑进行无障碍设计时首先了解它的实施范围和一般性规定,对细部设计应参照《规范》进行。

方便残疾人使用的公共建筑物设计内容应符合表3-1的规定。

公共建筑物设计内容 引自《无障碍设计概论》 表3-1

建筑类型	执行规定范围	基本要求
文化、娱乐、体育建筑(图书馆、美术馆、博物馆、文化馆、影剧院、游乐场、体育场馆等)	公共活动区	残疾人可使用相应设施; 主要阅览室、观众厅等应设残疾人的席位; 根据需要为残疾人参加演出或比赛设置相应的设施
商业服务建筑(大型商场、百货公司、零售网点、餐饮、邮电、银行)	营业区	残疾人可使用相应设施; 大型商业服务楼应设可供残疾人使用的电梯; 中小型商业服务楼出入口应设有坡道
宿舍及旅馆建筑	公共活动及部分客房	残疾人可使用相应的设施; 宿舍及旅馆根据需要设残疾人床位

[42] 刘连新,蒋宁山 编著. 无障碍设计概论. 2004年,P2,P3

续表

建筑类型	执行规定范围	基本要求
医疗建筑（医院、疗养院、门诊所、保健及康复机构）	病患者使用的区域	残疾人可使用相应设施
交通建筑（汽车站、火车站、地铁、航空港、轮船客运站等）	旅客使用的范围	残疾人可用相应设施；提供方便残疾人通行的路线

注：残疾人可使用相应设施：指各类建筑中为方便公众而建设的通路、坡道、入口、楼梯、电梯、坐席、电话、饮水、售品、卫生间、浴室等设施。具体实施内容可根据使用需要确定[43]。

(2) 特殊公共室内空间各主要部分无障碍要求

A. 出入口

无台阶、无坡道的建筑出入口是人们在通行中最为便捷和安全的出入口，通常称为无障碍出入口。该出入口不仅方便了行动不便的残疾人、老年人，同时给其他人带来了便利，这种设计在国内外已有不少实例，并在逐步推广（图 3-150）。但是现在仍有不少建筑物的出入口几乎都没有台阶和坡道，针对这种情况，在设计时应考虑以下因素：

图 3-150　日本京都站外平台出入口

a. 供残疾人使用的出入口，应设在通行方便和安全的地段。室内设有电梯时，出入口应靠近候梯厅。

b. 出入口的室内外地坪高差不宜太大。如室外地面有高差时，应采取坡道连接，其坡度不宜大于1：50。

c. 出入口的内外，应保留不小于1.50m×1.50m平坦的轮椅回转面积。

d. 出入口设有两道门时，门扇开启应留有不小于1.20m的轮椅通行净距。

e. 设出入口大厅。

残疾人进出建筑物的场所必须是主要出入口，只考虑从服务区进入是不合理的。包括紧急入口在内，所有的出入口都应该能够让残疾人利用。

B. 坡道

坡道是用于联系地面不同高度空间的通行设施，由于具有功能及实用性强的特点，当今在新建和改建的城市道路、房屋建筑、室外道路中已广泛应用。它不仅受到残疾人、老年人的欢迎，同时也受到健全人的欢迎。坡道的位置要设在方便和醒目的地段，并悬挂国际无障碍通用标志（图 3-151）。

关于坡道形式的设计，根据地面高差的程度和空地面积的大小及周围环境等因素，可设计成直线、L形或U字形等。为了避免轮椅在坡面上的重心产生倾斜而发生摔倒的危

---

[43] 刘连新，蒋宁山 编著. 无障碍设计概论. 2004 年，P54，P55

险，坡道不应设计圆形或弧形。

C. 走道

走道是通往目的地的必经之路，它的设计要考虑人流大小、轮椅类型、拐杖类型及疏散要求等因素。

D. 走廊、通道设计

走廊、通道希望能够尽可能地做成直交形式，如做成迷宫一样或是由曲线构成，视觉障碍者容易迷失方向。通常考虑方便使用是十分重要的，在非常时刻的避难通道也有其重要的功能。因为残疾人在避难时需要更多的帮助，避难通道尽

图 3-151　瑞典斯德哥尔摩会议厅
瑞典斯德哥尔摩

图 3-152　北欧维京线游轮客舱

可能设计成最短的路线，与外部不直接连通的走廊不利于避难，应该加以回避（图 3-152）。

E. 楼梯台阶

楼梯和台阶是垂直通行空间的重要设施，楼梯的通行和使用不仅要考虑健全人的要求，同时更应考虑残疾人、老年人的使用要求。楼梯的形式的每层按 2 跑或 3 跑直线形楼梯为好。避免采用每层单跑式楼梯和弧形及螺旋形楼梯形式。这种类型的楼梯会给残疾人、老年人、妇女及幼儿产生恐惧感，容易产生疲劳和摔倒事故。

F. 门

建筑物的门通常是设在室内及各室之间的衔接的位置，也是促使通行和保证房间完整独立使用功能不可缺少的要素。由于出入口的位置和使用性质的不同，门扇的形式、规格、大小各异。开启和关闭门扇的动作对于肢体残疾者和视觉残疾者是很困难的，容易发生碰撞的危险。因此，门的部位和开启方式的设计，需要考虑残疾人的使用方便与安全。适用于残疾人的门类型顺序是：自动门、推拉门、折叠门、平开门、轻度弹簧门。

G. 窗户

窗户的无障碍设计不仅要考虑残疾人的使用，而且还需考虑老年人和儿童的使用方便安全和舒适。窗户对坐轮椅者而言应有一个无阻视线的设计。

H. 扶手

扶手是残疾人在通行中的重要辅助设施，是用来保持身体的平衡和协助使用者的行进，避免发生摔倒的危险。扶手安装和位置和高度与选用的形式是否合适，将直接影响到使用效果。扶手不仅能协助乘轮椅者、拄拐杖者及盲人在通行上的便利行走，同样也给老年人的行走带来安全和方便。

I. 电梯

电梯对建筑物内的大多数人来说是一个很重要的部件，它们运送的人数要比残疾人人

数大得多，除了身体最棒的那些人外，人们很少能走完电梯运行的距离。与普通电梯不同，残疾人使用的电梯在许多基本功能方面须有特殊考虑，这些功能决定残疾人使用电梯能力。所有电梯都有操作按钮，使按钮显而易见并将其设计在坐轮椅者伸手可及的地方不是一件难事。防止电梯门夹住不灵便的腿脚是明智的措施。肢体残疾者及视力残疾者自行操作的电梯，应采用残疾人使用的标准电梯。

供残疾人使用的电梯，在规格和设施配备上均有所要求，如电梯门的宽度，关门的速度，轿箱的面积，在轿箱内安装扶手、镜子、低位及盲文选层按钮、音响报层按钮等，并在电梯厅的显著位置安装国际无障碍的通行标志（图3-153）。

J. 地面

不平整和松动的地面给乘轮椅者的通行带来困难，积水地面对拄拐杖者的通行带来危险，光滑地面对任何步行者的通行都会带来不便。因此无论是公共空间，还是居住空间都应考虑地面的无障碍设计（图3-154）。

图3-153　日本东京锦系町站　　　　　　　　图3-154　站内广场
　　　　　　　　　　　　　　　　　　　　　　　日本东京新宿

K. 卫生间

卫生间和浴室属基本设置，残疾人每日需多次进出，因此卫生间的设计必须要满足无障碍使用，达到方便、安全、舒适的要求。

L. 家具、器具及设备

对于家具的考虑要求在设计建筑时同时进行。无论是怎样的家具都需要以残疾者使用方便为目标，另外必须避免因为这些设施引发的伤害或危险。只有合理系统地配置家具和器具才能提高房间的使用价值，与此同时，方便视觉障碍者的使用也必须考虑在内（图3-155）。

M. 轮椅席

在会堂、法庭、图书馆、影剧院、音乐厅、体育场馆等观众厅及阅览室，应设置残疾人方便到达和使用轮椅席位，这是落实残疾人平等参与社会生活及共同分享社会经济、文化发展成果的重要组成部分，因此在无障碍设计中必须要体现出来。

图3-155　丹麦哥本哈根Scandic酒店

第四章　公共空间室内设计实例分析

第一节　商业空间室内设计教学实例

一、专卖店设计课题教学简述

专卖店设计属于商业空间的设计范畴，它具备商业空间的特征。专卖店的设计不仅仅限定为室内设计，它是个比较综合的设计课题。专卖店设计是一种全局考虑的本领训练，它可以培养学生对设计项目整体的协调组织能力。本课题训练最终要达到：室内空间布置的合理有序，区域性强，立面造型新颖别致，单体设计特点鲜明，建筑与室内空间之间的转换自然。

在教学中要通过调研了解市场，首先以一个消费者的角度去感受商业环境的优劣，再以一个设计师的角度来提出问题，最终还要作为学生来学习如何解决这些问题。

设计主要是从了解品牌开始的，学生可以随意去寻找自己喜欢的品牌，去各种专卖店调研，注意室内设计相关的设计内容，并用草图摹画，分析其存在的问题，保留可取之处。

课题的专卖店位置是一个位于望京地区的闲置楼，共三层，学生可根据自己选择的品牌来划定设计面积的大小，虽然多数的专卖店位于闹市区，寸土寸金，就是旗舰店也不会太大，在这一点上其实做了一些让步，暂时不给更多的限定。

本课题能使学生从根本上扎扎实实地掌握室内设计的基础知识，同时也是一个能调动学生学习热情、展开设计想象的课题。整个教学过程通过对室内空间形态的构成以及空间气氛创造的基本原理的了解，使学生掌握室内设计的设计程序。它主要以小型设计作为切入点，从建筑、室内、展示、家具、视觉传达设计方面全方位地启发学生逐渐认识了解室内环境设计的新领域和对相关专业的学习与把握。充分调动学生的学习主动性，培养学生独立思考，善于运用已掌握的知识，圆满地完成室内环境艺术设计创作的能力。

二、学生作品实例

实例一："6IXTY 8IGHT. 女性内衣专卖店"设计

图 4-1　原品牌货架

设计者：邓璐（中央美术学院建筑学院三年级学生）
指导教师：邱晓葵

1. 品牌调研

（1）品牌的历史：

6IXTY 8IGHT 是生产女性内衣用品的法国时尚品牌，从一问世就受到了广大女性的喜爱。为全世界的女性提供了最具大胆前卫的贴身内衣。20多年以来，6IXTY 8IGHY 一直为独立、自信、时尚的国际都市女性提供舒适个性、设计独特的内衣用品。

(2) 市场现状调研：

图4-2 原店员服饰

整个商业环境、气氛与品牌理念不符。6IXTY 8IGHT 所要传达的是时尚个性的品味和来自法国的浪漫，而在此这一切却被随意的摆放在了泛泛中，时尚、个性、浪漫因此大打折扣。原有的专卖店没能恰当的诠释商品的设计理念，没有展现出其与众不同的气质。无论从平面的布置、流线的确立、展台、收银台的设计，还是照明都存在着一定的问题。但6IXTY 8IGHY 的标识，标准色具有一定的自己的特色，对整体风格有一定的把握，会继续保留使用。

现状的销售面积 $12m^2$。有五个小双面展柜（立板 140×70cm，底座 85×30cm），一个高的双面展柜（230×200cm 底部有 200×50×30cm 的储物空间）；一收银台（90×40×70cm）；供一人使用的试衣间。

产品的种类：有内衣裤，围胸，吊带，睡裙，泳装；

客户群：17—35 岁左右的时尚女性；

产品价位：200—500 元左右（特殊商品 500—1000 元左右）；

产品名称：6 8；

英文名称：6IXTY 8IGHY；

标准色：白＋粉红；

字体：宋体，Arial；

品牌代言人：著名服装模特；

员工服饰：仔裤＋休闲上衣；

包装：以标志的色彩作为包装袋的色彩。

图4-3 原品牌收银台

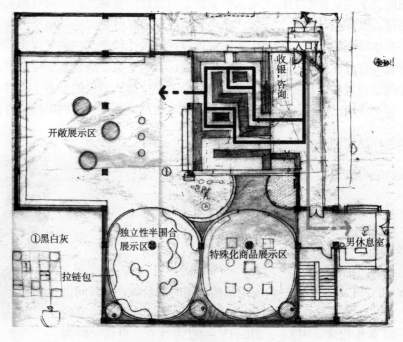

图4-4 平面分区草图

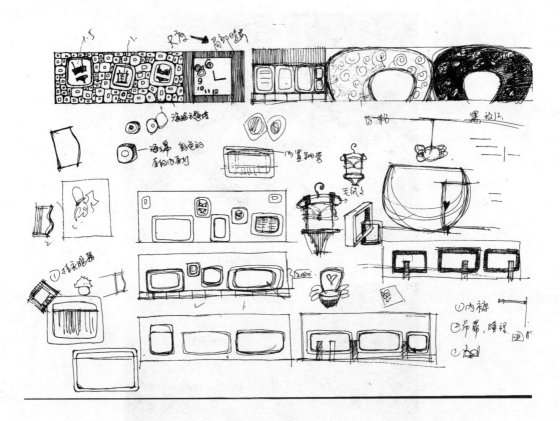

图 4-5 立面草图

图 4-6 室内效果图

图 4-7 前厅俯视图

图 4-8 接待台

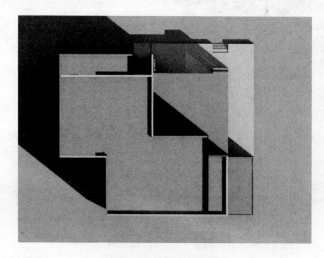

图 4-9 建筑俯视图

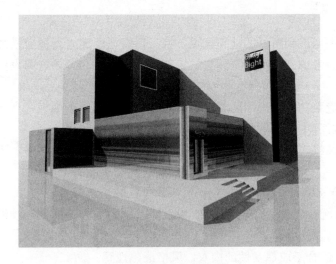

图 4-10 建筑外立面

图 4-11 包装袋

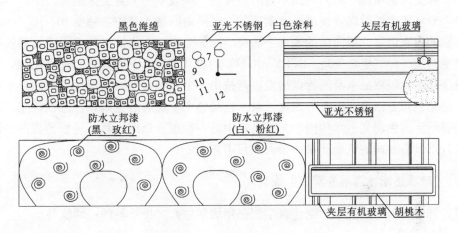

图 4-12 专卖店材料选配立面图

图 4-13 装饰材料制作样板（黑色海绵）

图 4-14 装饰材料样板（马赛克）

2. 设计说明：

（1）入口：在主入口的设计中考虑到所处的地理位置，将入口设在距离人行横道线最近的位置。从主入口进入专卖店后考虑到商品本身具有的特殊性，在入口和卖场之间设置了一个过渡区域——迷幻展示区。

（2）迷幻展示区：一个具有遮蔽功能的展示区域，全部是透明的玻璃盒子展柜，当顾客通过迷幻展示区进入主卖场的过程中能够欣赏到6IXTY 8IGHT的经典设计。

（3）主卖场：依据商品的特性将主卖场分为三个不同的区域，他们有不同的性格，不同的表情。

A. 开敞展示区：展放6IXTY 8IGHT的基本内衣。风格大方，简洁，时尚。

B. 具有独立性的半围合展示区：展放适合于17～25岁之间女性的内衣，风格比较俏皮可爱。

C. 特殊化商品展示区：展放适合于成熟女性的内衣，风格成熟性感。

（4）男士休息室：考虑到商品本身的特殊性，特设了一个男士休息室。

整个专卖店个性时尚，使进入专卖店的人会不由的融入其中，感受6IXTY 8IGHT带来的特别的内衣语言。用简洁的表现手法突出产品的个性，用恰当的光展现商品特征，用一种感觉营造一种气氛，突现6IXTY 8IGHY的设计理念。空间处理的性格明确，流线合理，秩序井然，以商品本身的特点出发，营造出一个具备女性商品特征的空间，不论是从造型、还是色彩方面都有出色的表现，紫、粉是整个专卖店的色调，性感而神秘。在三个不同的展示区内色调又不尽相同。尤其是其中的一些细节处理，具备轻松俏皮的特质。所有的设计都具有共同的色彩元素，令人过目不忘。

实例二："哈根达斯冰淇淋专卖店"设计

设计者：林晓亮（中央美术学院建筑学院三年级学生）　　指导教师：邱晓葵

1. 品牌调研

（1）品牌的历史：

1961年，创始人马塔斯为他的冰淇淋取了一个丹麦名字Haagen-Dazs，他认为这个斯堪地那维亚的名字可以唤起新鲜、天然、健康及高品质的感觉。经过40多年风雨历程，哈根达斯的梦想在全世界45个国家变成了现实，在纽约、巴黎、东京这些走在世界潮流一线的时尚都市，成为都市白领、商界名流、成功人士、时尚一族的共同语言。如今，哈根达斯已成为高雅时尚和最高生活品质的代名词，也是世界上最受欢迎的冰淇淋品牌。

（2）市场现状调研：

北京地区的哈根达斯专卖店室内外设计整体感强，紧贴品牌特点，时尚、典雅、舒适、温馨。原店由于时间及背后强大完善的设计系统，各方面已做的几乎无可挑剔，亦正因如此，新店沿用原设计优点，如室内外统一整体，紧贴品牌的色调和材质，而功能上侧重销售和展示，缩小品尝区面积，增加现作区和相应扩大展示销售面积等。由于功能分区的变化，设计相应随之改变。

A　室内根据功能分为三大分区（包括品尝区，销售区，操作区）。

品尝区-深棕色木地板结合瓷砖，为主天花设计，灯光柔和；

销售区-大块石材铺地，简单天花（密置小筒灯），灯光充足；
　　操作区-马赛克铺地，没有吊顶，灯光充足。
B　流线清晰，货流人流区分明确。
(3) 产品价位：
　　正如哈根达斯的广告词而言："汽车有劳斯莱斯，冰淇淋有哈根达斯。"精致有价，浪漫有价。冰淇淋"劳斯莱斯"美誉后面是令普通人"望价却步"的价格：一个冰淇淋球25元，一份"梦幻天使"78元，主题冰淇淋更是在百元以上。与我们熟悉的和路雪和雀巢不一样，哈根达斯走的是"极品餐饮冰淇淋"路线，目标消费群是处于收入金字塔顶层的、注重生活品位、喜欢追求时尚和享受生活的年轻消费者。

  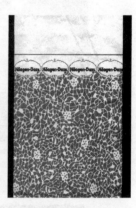

图 4-15　原品牌标识　　　　图 4-16　原店面　　　　图 4-17　原包装袋

图 4-18　室内局部效果

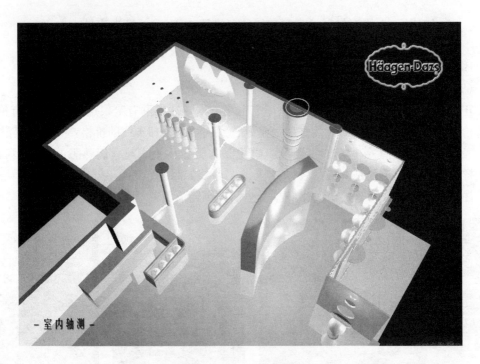

图 4-19 室内俯视图

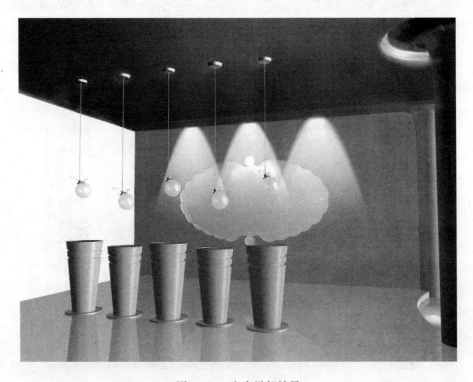

图 4-20 室内局部效果

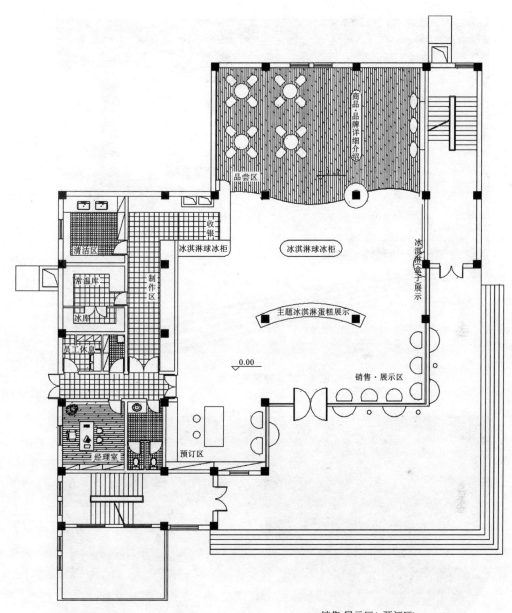

销售-展示区(+预订区)

服务区

商品-品牌详细介绍(+品尝区)

图4-21 平面图

图 4-22　建筑外立面

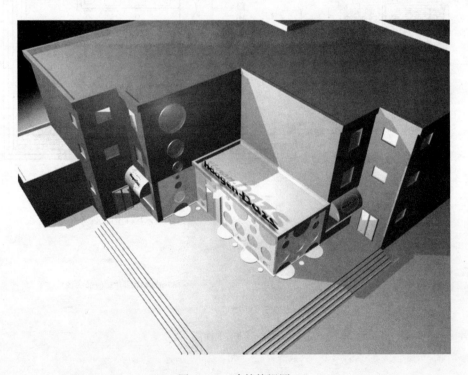

图 4-23　建筑俯视图

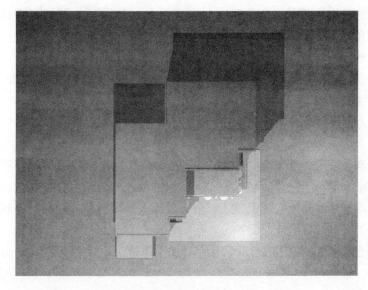
图4-24 建筑俯视图

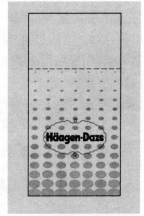
图4-25 包装袋

2. 设计说明：

（1）功能分区明确，客流线、服务流线清晰，由外至内陈列的商品从兴趣吸引至逐渐深入，空间氛围亦随之逐渐由时尚到经典精致。

（2）入口处设一弧形墙横跨包纳两柱子，其背面设内嵌式展柜，奠定浑然整体感，且与右边依柱子做的展柜相呼应，形式统一。

（3）动与静划分明确，设有预定区和品尝区，顾客除了可以在流动中接触商品外，也可以安静地欣赏品味。

（4）该专卖店以圆、弧线为元素，选用浅金黄色和酒红色调，配以柔和的间接灯光，表达其产品醇厚的精致口感，并体现品牌独有的时尚和经典。

（5）色彩设计以金色、枣红色为主，少量的灰绿色、深棕色，浅黄色等。

原店由于时间及背后强大完善的设计建筑系统，各方面已做的几乎无可挑剔，亦正因如此，新店沿用原设计优点：如室内外统一整体，紧贴品牌的色调和材质，而功能上侧重销售和展示，缩小品尝区面积，增加现作区和相应扩大展示销售面积等。由于功能分区的变化，设计相应随之改变。空间区域性明显，步移景异，空间造型圆润可爱，象征良好的口感，展柜因需而设，无多余累赘之物，并少有雷同之处，色彩组配独特，充分显示出哈根达斯冰激凌的贵族气派。整体形象采用点状元素，既统一又别致。外立面与原建筑协调并较少改动。

实例三："乐高玩具专卖店"设计

设计者：张明晓（中央美术学院建筑学院三年级学生）　　指导教师：邱晓葵

1. 品牌调研

（1）品牌的历史：

国际著名的乐高集团早于1934年在丹麦成立，是世界著名的拼砌玩具制造商，多年来更占世界十大玩具制造商之前列位置。乐高集团一向以"儿童为本",推出超过二百多款的拼砌玩具。1998年乐高的玩具行销世界130多个国家,在过去40多年里,约有3亿多各国儿童玩过乐高塑料玩具。

乐高的英文名称"LEGO"由丹麦语"Leg Godt"二字组成,其英文的意思是"Play Well",作为"童话王国"在现代商业世界的童话延续,他们致力于全球孩子玩具一体化,更以"培养创造力和动手能力之最佳玩具"自居。

(2) 客户群:

虽然丹麦原装进口的乐高玩具受众群设定在6~11岁之间的儿童,但是适用年龄很广。它以独特的创造力和趣味性征服了全世界的家庭,0~99岁的顾客都有适用的玩具,而且年龄段划分科学精确,需要开动脑筋才能玩。还有适合较小儿童玩的乐高玩具,该玩具的制作工艺很高,能给孩子提供最好的安全保护。

乐高玩具价格昂贵,销售群定位在中高档消费群体。以30~45岁父母为主,部分20~30岁的乐高迷。

(3) 市场现状调研:

在北京地区,只有国际贸易中心有乐高专卖店。其他各大商场都设有专柜。对国贸专卖店的感受是空间拥挤狭小,商品只是简单地陈列在展示架上没有突出乐高的品牌特色,对儿童没有吸引力。

图4-26 乐高产品

图4-27 原店面

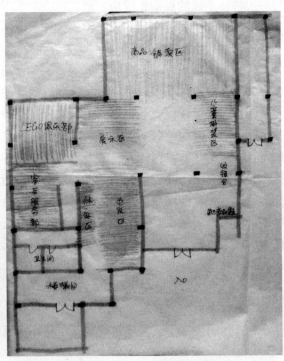

图4-28 平面分区草图

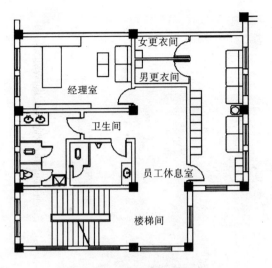

图 4-29 二层平面布置图

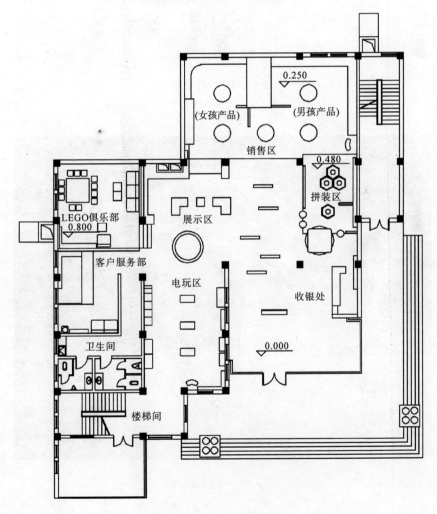

图 4-30 一层平面布置图

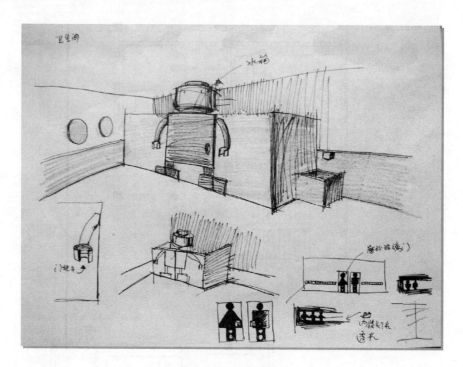

图 4-31 设计草图

图 4-32 室内俯视图

图 4-33 室内局部图

图 4-34 室内局部图

图 4-35 建筑外立面

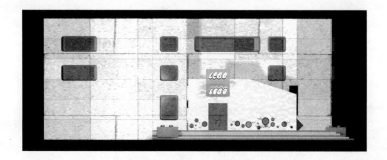

图 4-36 建筑正立面

图 4-37 建筑俯视图

2. 设计说明：

LEGO 是嵌入积木玩具，店面设计成玩具构件，如同遗落在人间的巨大的积木。建筑表皮大胆采用金色凹凸镜面，走近它时，会看到与往常截然不同的有趣形象，整个身心都能放松和愉悦。专卖店恰如其分地安插在楼群林立的城市中，为周围的环境做了生动的注脚。

室内互动性质的主题墙设计，圆形隔扇既丰富了空间，又不至于使整个专卖店一览无余。卖场地面设计为积木的形式。根据 LEGO 不同的商品和人流走向将售卖区分成五个部分。展柜根据不同的购买者设计风格，方便顾客找到适合自己的商品，也让售卖区更贴近顾客的心理，不再仅仅是冰冷的柜台。同时，主卖场还分别通向展示区和儿童拼装区。专卖在静区特设了 LEGO 俱乐部，提供了人们交流沟通的场所，对产品起到良好的宣传效果。

整个设计紧扣 LEGO 产品的理念，以"儿童为本"为宗旨，又兼顾到不同年龄段顾客的需求，将 LEGO 玩具单元构件作为设计元素，巧妙安排，点到为止。设计更趋人性，没有根据功能硬性的分割区域，顾客穿梭其中不会受到阻碍。空间联为一体又活跃生动。鲜亮的色彩和光滑的材质都不会让人视觉乏味，给人无限的想象力，激发创作欲望。

第二节 办公空间室内设计教学实例

一、办公空间设计课题教学简述

办公空间的室内设计课程是针对中级室内设计专业的学生所开设的一个独立而完整的专业设计项目的训练，相对于其他性能的室内空间，办公环境更注重于较为理性的空间功能方面的规划与分割，因而其设计课重点应着重于以下三个方面的要求：

首先，办公机构的性质决定了其内部的空间规划要符合快速、高效的现代办公要求，因此办公环境的空间划分应以主体流线为中心，将各个部门有机地贯穿起来，既强调各部门工作空间的独立，又便于部门之间的工作协调与合作。

其次，单纯的功能性质决定了办公空间应尽可能有效地利用与规划，避免空间的无谓浪费，因此要求学生要很好地把握各种办公家具及设备、用品的尺寸以及与整体空间的协调关系，充分发挥办公空间的作用，有效地节约办公成本。

再次，不同行业、不同机构的办公业务范围均有不同的侧重之处，同时，不同机构又有其独特的企业文化，因此办公空间也是一间机构文化内涵的传达媒介，只有色彩、材质、照明等各种设计要素的合理配置，才能表达出一间办公空间的独特氛围。

总之，该课程希望通过对办公空间基础理论讲授以及方案设计的理念表达与实际设计操作等过程，使学生能够把握公共工作空间中不同功能区域的合理划分，解决各空间围合体之间的相互呼应关系，掌握在办公环境中家具、照明等要素的基本配置以及在色彩、材料选择等方面的特殊要求。

二、学生作品实例

实例一：某影视制作机构办公室设计

设计者：周子彦（中央美术学院建筑学院四年级学生）　　指导教师：吕非

图4-38　室内效果图

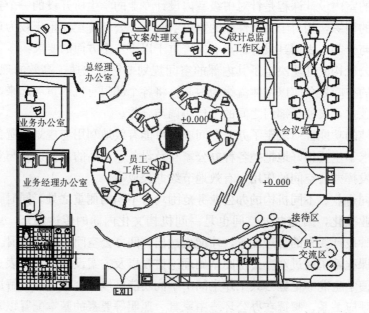

图4-39　平面图

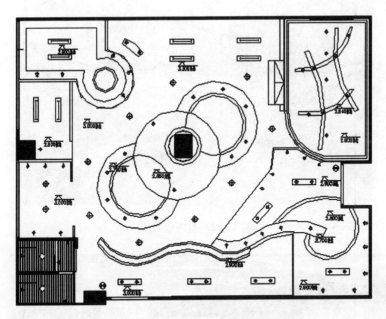

图 4-40 顶面图

图 4-41 室内效果图

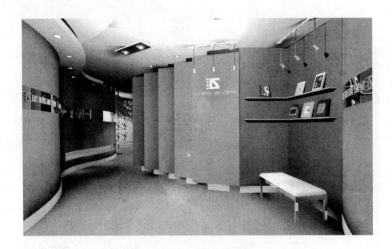

图 4-42 室内效果图

图 4-43 立面图

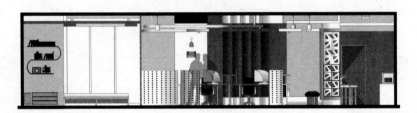

图 4-44 立面图

图 4-45 室内效果图

设计说明：

本案的概念设定以该机构标准色的紫红和白色为设计的主体颜色系统，在限定的规则空间中力求打造出一个不规则的平面形态，以鲜艳的视觉效果制造出活跃的工作气氛，从而激发员工的创造力，也增强公司的亲和力。该空间主要以公共区域和办公区域组成，其间以不同的色彩界定，公共区域主要为入口（机构形象展示）、员工交流、休闲餐饮、卫生储物构成，色彩以白、紫红、暖灰为基调；办公区域主要包括设计制作、文案、会议、财务等部门，色彩以黑、紫红、白、冷灰为主。各空间通过合理的流线进行联络，以满足员工之间的交流与沟通需求。

实例二：某时尚杂志出版社办公室设计

设计者：张明晓（中央美术学院建筑学院四年级学生）　　指导教师：吕非

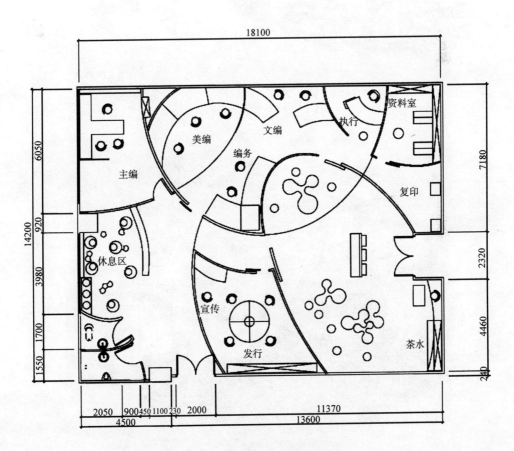

图 4-46　平面图

图 4-47 室内效果图

图 4-48 室内效果图

图 4-49 室内效果图

图 4-50 室内效果图

设计说明：

出版的杂志类型使得纸张没有历史与责任。以时尚为主节奏的年轻人的生活轨迹不再那么公式化，前卫、时效、张扬个性、新潮、跳出陈规，所以年轻活跃的他们竭力摆脱枯燥和沉闷，需要的是可以随意走动交流的空间。本案力求打造一个简洁又特别，大胆又稳重的办公空间。传统直线分割的方格设计不再适合本案，随意适用、流畅贯通的空间才是年轻员工的选择。基于以上的设计概念，本案以弧形为设计元素，采用钢架、金属铆钉、

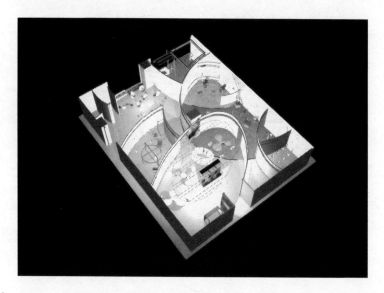

图 4-51 室内俯视图

帆布、玻璃等材质，颜色选取干练明朗的灰与白以及跳跃的柠檬黄。无论从形、质、色、光等方面力求打破传统出版社封闭围合的形式，试图让人感觉耳目一新、轻松愉悦。

实例三：某影视制作机构办公室设计

设计者：郭立明（本科四年级）　　指导教师：吕非

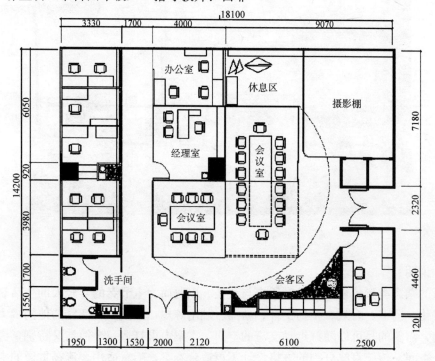

图 4-52 平面图

图 4-53 室内效果图之一

图 4-54 室内效果图之二

图 4-55　室内效果图之三

设计说明：

本案为影视制作公司的办公部门。在设计过程中，设计者发现在高层办公楼办公室的面积并不宽裕，常规的空间设计方式并不能满足客户的工作分工和场地的需求。同时，现代大都市的写字楼租金昂贵，特别是商业中心更是寸土寸金。在这种情况下更需要设计师去用更为合理有效的方式解决空间的使用问题。因此，本案提出了"变"的设计概念——在不同时间不同的制作项目时，使用空间也随之变化，以满足面积上的使用要求。本案的中心工作区域为两间可移动式小型会议室，随着空间的不同需求即可独立存在又可合二为一。整体空间的色调以黑、红、白三色，对应以机构形象标识，力求以简洁的结构、鲜明的色彩展现其现代风格。

第三节　餐饮空间室内设计教学实例

一、餐饮空间设计课题教学简述

餐饮店设计课题是环境艺术设计专业高年级的必修课，虽然从规模上看和专卖店课题大小相当，但课程所设定的要求是有区别的。餐饮环境设计要有更多的限定，所设计的位置和条件是真实的，要根据环境需要来确定餐饮的定位，通过对周边环境的调研，了解消费人群的构成。这像是个真题设计，少了许多虚构的成分。

调研本身也是对现实生活的一种关注，对市民生活的了解过程，能发现环境中存在的不足才可能去改进它。

此课题在设计中，强调餐馆的特色设计，造型本身要依托形象，转化成空间中的造型元素，可通过课程要求找出与之对应、有效的几张图片，反映出要表达的视觉形象，如：表现老北京的题材，所选图像有"三轮人力车""遛鸟的老人""兔爷""砖雕"等，从不同的角度反映老北京题材，以至达到营造空间，烘托主题的效果。有了这几张图片，在设计深化时，式样就不会跑偏。如：中国传统符号的运用，符号所代表的内涵多种多样，只因为好看就拿来用，最终的效果很可能定位不准确。又如"玩偶酒吧"就找了几种玩偶的图像，它可以经艺术设计后运用于不同风格的包间中。这几张图片起的作用就是限定其风格指向，开始的图片选择一定是和最终要表达的空间感受是一致的。

图4-56 兔爷

图4-57 遛鸟的老人　　　　　　图4-58 三轮人力车

"玩偶酒吧"调研与图像收集：王欣、李慧聪、陈聪（中央美术学院建筑学院四年级学生合作）　指导教师：邱晓葵

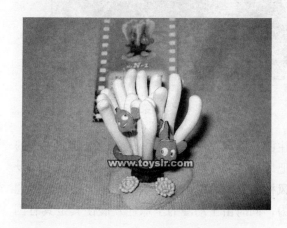

图4-59 玩偶形象之一　　　　　　图4-60 玩偶形象之二

图 4-61 玩偶形象之三

以玩偶为主要元素主要是考虑到玩偶在国内越来越壮大的市场。近年来玩偶产业越来越红火，不但吸引了大量的青少年消费群也越来越多地受到喜欢新奇酷的自由职业者和艺术设计方面年轻的从业者的喜爱和关注。使之不再是一种单纯的玩物，而更多地作为一种艺术品的出现，其中展现的独特夸张的造型和精湛的工艺被许多专业玩家津津乐道。玩偶的崛起也映射出人们的一种思想寄托，将对世界的幻想给予玩偶。

另一方面，现在市场上畅销的玩偶大多是动漫产业的附属产品，出生在 20 世纪 80 年代的一代深受日本、美国动漫影响的中国儿童已经成长为了二十几岁的青年，成为了现在动漫产业最大的一批消费群体，这更大的提高了玩偶的市场。当年的一批经典的动漫作品的玩偶模型现今仍然是受欢迎的动漫收藏品。例如美国动画《变形金刚》的动画人物变形金刚的模型，还有至今据说仍在出续集的日本动画《圣斗士》中圣斗士的模型及其圣衣模型现今仍在不断出品并且经销不衰。至于现今成长起来的青少年对动漫和玩偶的热爱更加强烈。

图 4-62 玩偶形象之四

图 4-63 玩偶形象之五

由此可以看出玩偶有着巨大的市场和关注群。而现今在国内却鲜见有以玩偶为主题的酒吧或餐厅。在北京和上海这样的大城市酒吧风格主要还是以较现代或带有欧式风格的设计（例如三里屯和上海新天地）和传统中式风格（后海酒吧街）为主。所以以玩偶为主题的酒吧不但有创新意义，又有巨大的市场潜力，同时由于动漫的全球性发展使其也具有国际性的共鸣。

二、学生作品实例

实例一：花家地露天快餐厅设计

设计者：钟岚、俞姗姗（中央美术学院建筑学院四年级学生合作）　　指导教师：邱晓葵

1. 市场调查报告

设计的餐厅原址在花家地街北里，大亚细亚商城一楼，处于十字路口三角绿化地带后，临近汽车站，其周边还有碧野仙踪等高档餐馆。商城餐厅主要经营10元以内的快餐食品，如面、粉、烧烤等，以小吃类为主，价格低廉。餐厅面积很小，在 $60m^2$ 的长条形空间里就分布了5家店面，由目前的情况看，每家店都有足够的客源。由于店面窄小，大部分客人都采取外带形式。在店内就餐比较拥挤，只能坐在小凳子上，挤在几十公分宽的矮桌前就餐。桌椅都比较陈旧，加上厨房与就餐部分没有分割开来，油烟很重。厨房设施简陋，没有分隔措施，很多地方存在安全卫生隐患。没有专门的送货渠道，送货与餐饮外卖口混用。商城餐厅所在的建筑立面比较杂乱，店面破坏了原有立面效果。每家店都没有自己的明显标识，且店与店间的分隔也很随便。周边环境比较混乱，停车、卖杂货、垃圾清理等都拥挤在与餐厅相邻的空地上。人流量也很大。原有的作为休闲使用的绿地，利用率较低。但是也可以看到这些空地有着潜在的利用价值，相邻的绿化环境如果运用得宜可以提高就餐环境的品位。

餐厅改造调查问卷

调查时间：2004年2月17日　14：30～15：00

调查形式：实地采访

客流情况：几乎未间断，以年轻人居多。

访问人员：当日在餐馆购买过食品的顾客5人，其中4人是外带，一人在店里吃。店员两人。

甲．性别：女；年龄：40～50。

消费状况：

答：母亲家住这儿，来买的次数不多，也没花多少钱，应应急。这里比较便利。

问：希望这里进行改造吗？比如改进卫生状况。

答：应该改改卫生环境，天天吃受不了，食品种类多更好，但不强求。

问：您一般是外带还是在店里吃？

答：不坐店里吃。

乙．性别：女；年龄：20～30。

消费状况：

答：来买的次数不多，花钱也不多。

问：希望这里进行改造吗？比如改进卫生状况。

答：应该改进卫生环境。

问：外带还是在店里吃？

答：不坐店里吃。

丙．性别：男；年龄：50～60。

消费状况：

答：住附近，一月5次左右，每次消费不多。

问：希望这里进行改造吗？比如改进卫生状况。

答：改不了！改了好。

问：外带还是在店里吃？

答：不坐店里吃。

丁．性别：男；年龄：10～20。

消费状况：

答：住附近，东西挺好吃，经常吃，每次10～20元。

问：希望这里进行改造吗？比如改进卫生状况。

答：卫生应该改，碗筷都很不卫生，外带也要经过碗装，不卫生。素的还行，肉不干净。能改就更好了。

问：外带还是在店里吃？

答：外带多，吃面一般进店里吃。

戊．性别：女；年龄：48。

消费状况：

答：不住附近，小孩在这里上学。等小孩的时候偶尔在这里吃点，消费不多。

问：希望这里进行改造吗？比如改进卫生状况。

答：该改，这里太简陋，早晚要淘汰。没有许可证，人也不干净，服装也不规范。学校都不让孩子在这吃，他们都吃食堂或到档次高一点的地方吃，我们大人脏一点就算了。其实我平时也是去丽都吃。如果能干净点儿，价位稍为高一点也能接受。

问：外带还是在店里吃？

答：外带。

己．性别：女；年龄：20～30；职业：店员。

问：小姐，能问您几个问题吗？

答：（没反应，不回答）你去问他们。

消费状况：

答：在店里解决就餐问题。

问：外带还是在店里吃？

答：在店里吃。

庚．性别：女；年龄：20～30；职业：店员。

问：小姐，能问您几个问题吗？

答：我不懂，我是打工的，有些问题老板不让说。

图4-64 原厨房

图4-65 原建筑立面

图4-66 原售卖场景

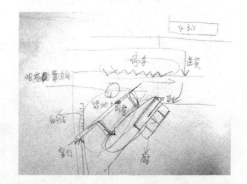
图4-67 设计草图

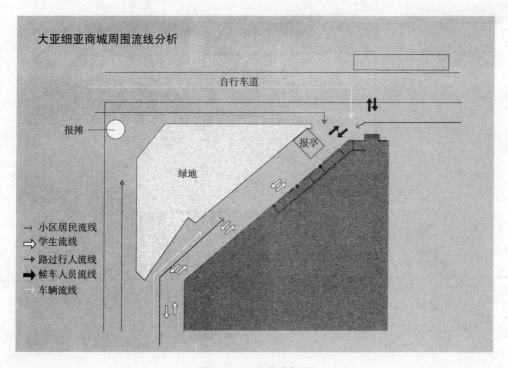
图4-68 流线分析图

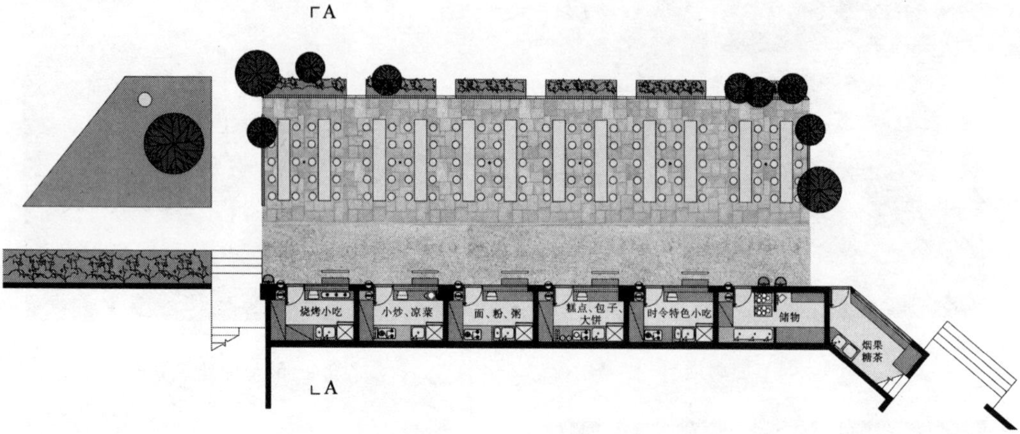

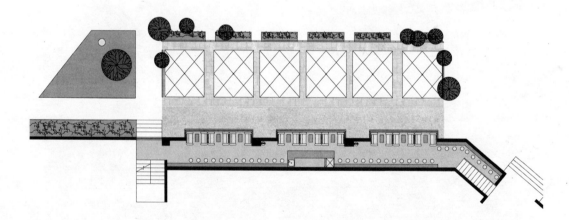

图 4-69 一层平面

图 4-70 二层平面

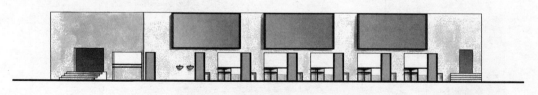

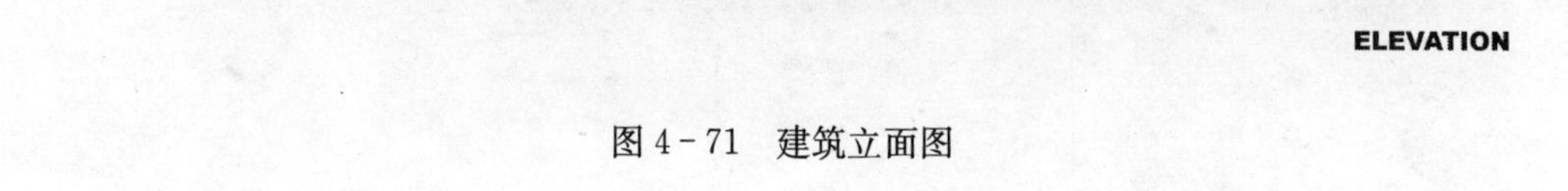

图 4-71 建筑立面图

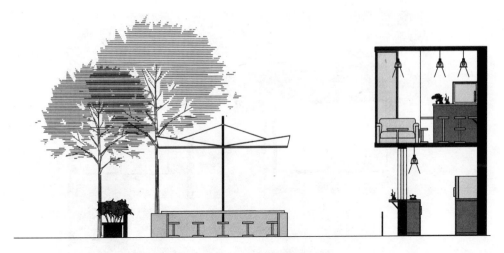

A-A 剖面图

图 4-72 建筑剖面图

图 4-73 室外效果图

图 4-74 室外效果图

图 4-75 室外效果图

2. 设计说明

餐厅原址位于花家地街北里，大亚细亚商城一楼。处于十字路口三角绿化地带后。本设计结合周边绿地环境，设计了一家露天快餐厅。

餐厅的营业方向根据调查分析定位在售卖低价便民快餐小吃，店面风格也以简单快捷为取向。色彩淡雅明快，材料朴实，造价便宜，易于清洗。利用绿地改善了就餐环境及周边景观，也解决了餐厅面积不足的问题。原有的主要交通道路移至就餐区左侧，与购买食品和就餐的人群做分流，避免因人流杂乱造成就餐环境不整洁。路口设置一个圆形的下沉广场，为路过的人们和附近居民提供休闲场所，并聚集此地块的人气，以提高餐饮店的经济效益。新的餐厅设计改善了原有餐厅脏乱差的弊病，分隔有序，设施到位，卫生安全，解除了原有的卫生安全隐患。送货、购买、售卖、送餐、人行及车流流线清晰，互不干扰。

实例二：后海酒吧设计

设计者：张小强（中国建筑学会室内设计分会2004级进修生）　　指导教师：邱晓葵
市场调查：韩晶、张少虎、马国宁（中央美术学院建筑学院进修生合作）

民间有句老话：上海看外滩，北京看什刹海。可见什刹海在北京人心目中的重要性。随着近年来人们对娱乐空间需求的不断增长和北京旅游业的飞速发展，什刹海周边不断涌现出很多小型的酒吧，并逐渐形成了规模较大的酒吧街。我们选址的该处店面，地势较好：门前有一个花台，上有两棵大树，想来在夏天应该很荫凉，交通也很方便，开车可直达店前，出门便可欣赏到什刹海的美妙风景。但也有不利的地方，就是没有足够的停车位。如果能把马路边的绿化带划出一部分来做停车位，问题就能得到解决。测绘了场地之后，我们考虑：因为周边的酒吧均为中式风格，如果我们的酒吧设计得现代而时尚，能否更具吸引力呢？抱着这个问题，我们在什刹海周边进行了调研，随机抽查了六个对象。

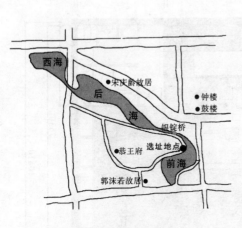
图4-76　地理位置

图4-77　设计现场条件

第一个是24岁的幼儿园女教师，她觉得自己更喜欢中式的风格，但不同的类型只要有特色有品味，都可以去尝试。她的消费能力较高，每次300元左右。

第二位是50岁左右的男士，以前在后海开过酒吧，现在靠蹬三轮车拉客为生。他强调来这里消费的客人都喜欢古朴自然的风格，外国游客更是喜欢老北京的味道，抽象现代的东西反而对他们没有吸引力。他说，有一个港式风格的酒吧生意就不太好。他以前的酒吧扩建加装修共花了5万左右，每天能收入约1800元。现在的酒吧越开越多，老板都希望装修能少花钱，成本低了，价格才有竞争力。他的消费能力为人均40元左右。

第三位是一个 30 岁左右的女士，现为普通职员。她认为西式或现代的东西在这里并不合适，她很喜欢酒吧有古老的感觉，特别是中式的木格窗。每次消费大概在人均 50 元左右。

接下来一对 20 岁出头的年轻男女，都是电影学院的学生。他们认为中式和现代风格各有各的特色，看当时的心情和感觉，但如果中式味道太浓会觉得不舒服。他们的消费能力为人均几十块到一百多块。

还有一个男性被访者大概 40 岁左右，是一位大学老师。他说他从未到过酒吧，也从未想过要去。

图 4-78　设计参考图像　　　　　　　　　图 4-79　设计参考图像

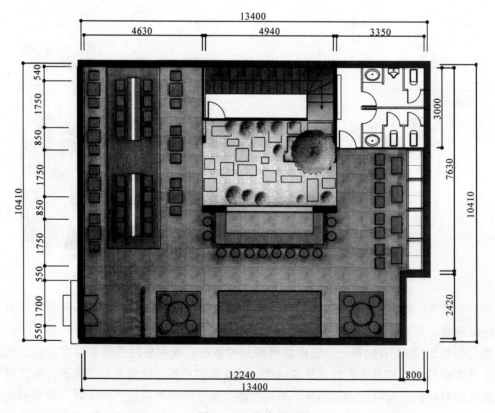

图 4-80　室内平面图

图 4-81 室内效果图

图 4-82 室内效果图

图 4-83 室内效果图

图 4-84 室内俯视图

实例三：流觞阁火锅店设计

设计者：陶磊（中央美术学院建筑学院四年级学生） 指导教师：邱晓葵

设计说明：

 本设计地段位于北京市朝阳区大山子 18 号（原中央美术学院中转办学位置的东侧），

周边环境多为住宅,与京顺路、机场高速路相邻,顾客群体主要为美院师生和当地居民。

该方案主要是对原名"聚能人火锅屋"进行合理化改建,现改名为"流觞阁"火锅,但经营项目未有改变,其目的是为了增强火锅店的特点及文化氛围,且对原店的功能布局及空间尺度进行有效的、可行性的改造。

(1) 空间划分:在该饭馆平面的布局上,主要根据中餐火锅的用餐特点,使厨房及备餐与大堂相互隔离,在原餐馆的柱子外围加建出1.5m,增大使用面积,同时1.5m的尺寸与2层住宅的阳台相呼应。由于打掉原有的墙体增强了室内采光与通风,使内外空间具有互动性。入口处被设置在一角与前台相联系,门设有玄关,内外空间转换便有了一道过渡,同时解决了西北风灌入室内的问题。外立面采用一整面墙体,使空间更具有传统的内向性,大面积的开窗,使室内外仍保持充分的交流,内部吊顶部分采用传统的坡屋顶空间形式。目的在于缓和内部5m高空间的空旷感,以夸张的大弧面与其他部分相互协调。

(2) 文化元素的引用:竹、木、水、杏及灯等元素被引用到该设计中,以调节客人用餐的心情,而这些元素都是与古代文人诗、画相伴随的事物。竹子常出现于文人的画笔之下,被种植在窗前,几分遮掩中透出几分优雅。木材的大量应用使人感受到几分温暖与纯朴。"曲水流觞"作为传统文化现象,与酒有了直接的联系,使传统文化在现代设计中有了些延伸。"一枝红杏出墙来"是室内外空间互动最好的媒介,也使内部多了一点诱惑。灯笼以现代的手法并置在一起,具有装置的意味,试图在该设计中以现代的方式重新诠释,增加几分中式餐馆的气氛。

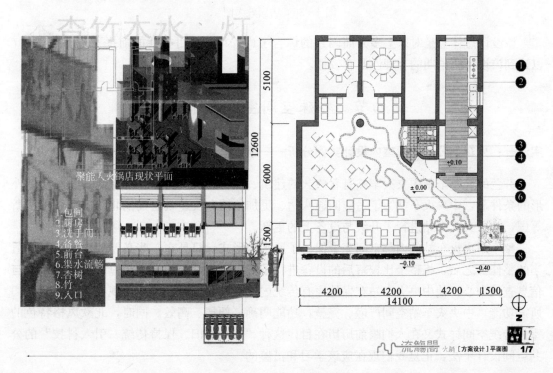

图4-85 室内平面图

图4-86 店面效果图

该设计总体上是对以上多方面因素的综合考虑，均是在可行性的前提下进行了探索，以达到该设计所预期的合理性及有效性。

第四节 特殊空间室内设计实例

实例一：火车站公共空间室内设计实例分析——赫尔辛基中央火车站

芬兰的赫尔辛基中央火车站有着悠久的建筑、文化和人文历史。在保持其原有基础外形的条件下，中央火车站为了适应四通八达、更加便捷和快速联通其他北欧国家和俄罗斯等国，将中央火车站进行了升级与设备上的更新。

整个中央火车站的内部空间完全保持了原来的形式，只是在一些必要的地方进行了适当的整修。之后，将整个比较落后的设备进行了升级更新，并加设了相应的步行商业街与信息查询中心，使中央火车站在保持原有传统内部空间的同时，达到了现在火车站的一切所需功能，中央火车站空间严谨、完整，功能明确、便捷、高效。同时，北欧风格特色的室内传统空间样式又在人们眼前历历在目，这种"修旧如旧、保持传统、引入科技"的公共空间设计手法，正是我们现在应该学习和借鉴的。

图 4-87 赫尔辛基中央火车站入口

图 4-88 在内部随处可见的导引系统

图 4-89 芬兰赫尔辛基中央火车站入口大门

图4-90 城市主要景点向导图以及广告
芬兰赫尔辛基中央火车站

图4-91 火车站站内附属设施
芬兰赫尔辛基中央火车站

图4-92 芬兰赫尔辛基中央火车站
信息及书写台

图 4-93　与中央大厅连接的站台，顶部均由玻璃顶棚覆盖
芬兰赫尔辛基中央火车站

图 4-94　带有现代感的玻璃、金属接件与传统建筑材质的合理结合的顶棚
芬兰赫尔辛基中央火车站

图 4-95　导引系统
芬兰赫尔辛基中央火车站

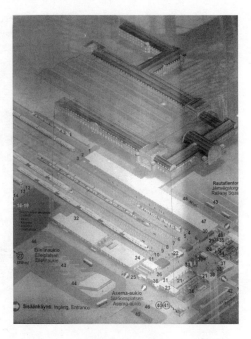

图 4-96　芬兰赫尔辛基中央火车站的
主体交通系统图

图 4-97　多媒体

图 4-98　古朴的入口大门
芬兰赫尔辛基中央火车站

图 4-99 站台一瞥
芬兰赫尔辛基中央火车站

图 4-100 顶棚局部
芬兰赫尔辛基中央火车站

实例二：医疗保健机构空间设计实例分析——台北明月牙医诊所

　　本案在整体环境的设计上打破了传统医疗空间的封闭、沉闷感、室内空间设计通透、明亮，运用了强烈的色彩反差以及木、玻璃等材质上的对比，营造了一个现代感十足的商业气氛；同时，相对封闭的小型空间分隔状态配合随意的等候家具布置又创造了一个温馨的家庭气氛，舒适的居家环境减少了患者对于牙科病痛以及治疗时产生的心理压力。

图 4-101 服务台
台北明月牙医诊所

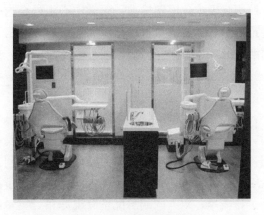

图 4-102 通透的诊疗室
台北明月牙医诊所

图4-103 等候空间
台北明月牙医诊所

图4-104 诊室一角
台北明月牙医诊所

图4-105 色彩、图样活泼的隔墙
台北明月牙医诊所

图4-106 诊所通道
台北明月牙医诊所

实例三：医疗机构空间设计实例分析——天津市医学中心

　　大楼建筑面积6万m^2，设病床724张，从设计、施工、硬件配备到管理服务，全部依照国际现代化医院标准。医学中心由外至内处处流露着人性化医疗服务理念。内部的外科抢救中心、放射检查治疗区、住院处、药房、病房等全部按照患者就诊流程布局，设计简明、高效、合理。开放型候诊、休息空间，使病人在候诊和休息时既能得到充分的自然采光和通风，又可欣赏室外的园林绿化，缓解紧张情绪。护理站的三角形独特设计，极大方便了医、患沟通，提高了抢救、护理效率。首层的共享大厅、银行、花店和商务服务中心，为患者及家属的休闲、购物提供了方便。三至四层建设的环境清新、优雅的空中花园，可起到节能和净化优化空气的作用，改善病房局部小气候，创造舒适的半室内活动空间，有利于病人身心康复。大楼以单、双人间为主，配有部分6人间病房，以兼顾不同消费层次患者需求。普通单、双人间病房设有带淋浴的独立卫生间、有线电视、电话和更衣柜。特需单、双人间病房配备有电冰箱、宽带网络和饮水机等。总面积5000m^2的16间层流净化手术室，全部按国际先进标准建设，其中包括2间最高级别的百级层流净化手术室。大楼顶部还专门建设停机坪，以抢救有特殊需要的急危重症患者。智能化是大楼的另一特色。大楼充分运用现代化高科技手段，采用空调监控系统、新风空调监控系统、制冷监控系统、电梯监控系统、消防监控系统、变配电监控系统、安全保卫监控系统等楼宇智能化系统进行管理。同时，还具有制氧机设备和空气压缩物流系统，并采用综合布线系统，将电视、电话和宽带网络遍及楼内每一角落，使其成为一座现代高智能化医疗大厦。

图4-107　入口大厅

图4-108　通透的药房

图4-109　入口大厅

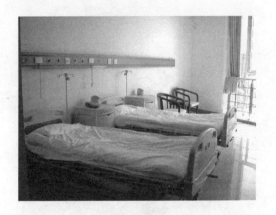
图4-110　病房内景

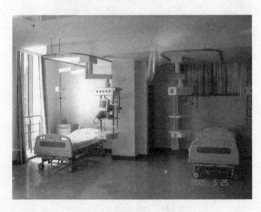
图4-111　特护病床

图4-112　病房楼内景

实例四：剧院空间设计实例分析——日本雾岛国际音乐厅

这一音乐厅是声学理论与设计理念完美结合的优秀案例。音乐优美而饱满的立体感在听众席和木叶为背景墙的空间中环绕，船形的抽象性装饰手法强调出了华丽而高贵的音乐空间。整体内部空间以木色调和浅灰色为主，无论是在白天的自然光还是在夜晚灯光下，整个空间都给人以温馨、舒适的感觉。

图 4-113 休息厅
雾岛国际音乐厅

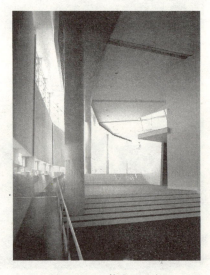

图 4-114 休息厅北侧
雾岛国际音乐厅

图 4-115 休息厅南侧
雾岛国际音乐厅

图4-116 主音乐厅
雾岛国际音乐厅

E/W section 1:800

1 中央剧场 Concerl Hall
5 休息室 Foyer
6 机械室 Machine room
7 舞台 Stage
8 小剧场 Small Hall

图4-117 主音乐厅剖面图
雾岛国际音乐厅

231

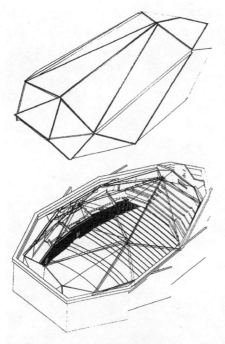

图 4-118 主音乐厅轴测图
雾岛国际音乐厅

图 4-119 主音乐厅
雾岛国际音乐厅

图 4-120 主音乐厅顶棚
雾岛国际音乐厅

附录 1

公共空间及相关构筑物无障碍设计的要求

无障碍条款推荐标准如下表：

建筑类型	最小级值
单独宅院、独套单元、多套单元	符合无障碍建筑标准的房屋不少于总量的 10%
邮局、银行、财政服务机构	至少设置 1 个专门服务柜台； 至少设置 1 个自动取款机； 设置印戳机
商场、专卖店	设置无障碍购物区
宗教活动场所	出入口及主要活动区域应无障碍； 清真寺：斋戒沐浴礼拜场所应无障碍； 教堂：忏悔礼拜场所应无障碍； 寺院：主殿庭院应无障碍
餐饮点	至少 10% 餐桌的坐椅可以移开； 全场至少 2 张餐桌的坐椅可以移开
社区服务中心、各类礼堂、集会厅、影剧院等公共场所	出入口、走廊、主要社交场所、公众聚集地区应无障碍； 就近设置具有无障碍设施的卫生间； 主要出入口休息室应设置符合无障碍标准的坐椅； 在坐椅区为使用轮椅者设置各类适用的坐椅； 少于 100 个座位时，至少应设 2 个轮椅位； 100～400 个座位规模时，至少应设 4 个轮椅位； 多于 400 个座位时，轮椅位不少于 1%； 轮椅位应安装轻便可移动的座位； 声音环绕系统
零售店、超级市场、商业街、公共休闲聚集场所	为不能长时间站立的人设置座位； 设置轮椅通道
停车场	为残疾人设置特定的停车位，尽可能靠近入口或建筑物

引自《无障碍设计概论》

　　在现代社会中，无论公共空间还是居住空间，无障碍设计标准的要求与标准正在不断的被重视与强调。作为室内设计师，不但要对设计中的很多相关知识了如指掌，也要求设计师对于无障碍设计标准熟记于心，并能在实际工作中运用自如。这里只是介绍了最基本，最基础的公共室内空间中的无障碍设计标准，更加具体的内容则请参看相关《规范》执行。

附录 2

五星级餐馆的标准

1. 建筑

建筑结构良好，内、外装修采用高档、豪华、环保建筑材料，有突出的特色、工艺精致、风格鲜明、布局科学、合理，在建筑物的明显部位有店名、店徽。

2. 前厅

a) 有与接待能力相适应的前厅，装修装饰高雅、豪华，摆放花卉，有中心艺术品；
b) 有制作精美的介绍餐馆特点、风味和价格的广告宣传牌或宣传品；
c) 设有服务台，有值班经理和引位员；
d) 有供宾客使用的公用电话和电话号码簿；
e) 设有公共休息处，并有供宾客使用的沙发或座椅、茶几；
f) 设有订餐处，可以提供就餐咨询、预定等服务。

3. 餐厅

a) 至少有 200 个餐位，且每个餐位面积不小于 $2m^2$；
b) 有与接待能力相适应的大宴会厅（或多功能兼用的宴会厅）、零点餐厅、小宴会厅和相应的备餐室，布局合理、装饰豪华、格调高雅、独具风格；
c) 有中央空调或分离式空调，室温适宜、空气清新；
d) 有花卉和艺术品；
e) 有豪华家具；
f) 可提供 2~16 人就餐的不同规格的台面，8 人以上圆桌均配有转台，配有宴会餐桌使用的高档台裙；
g) 菜单制作精美，图文并茂，有本店菜点介绍、价目表，且中外文对照，并根据季节变化及时更换菜单品种；
h) 餐、茶、酒、咖啡具等精致配套，并有可为高档宴会服务的金、银等高档餐具；
i) 有背景音乐；
j) 宴会厅有供宾客休息用的沙发（或沙发椅）、茶几、衣架和电话等；
k) 大、小宴会厅需有不同的名称；
l) 备有儿童就餐专用椅；
m) 餐厅、厨房如不在同一楼层应配有食梯。

4. 厨房

a) 墙面满铺瓷砖，用防滑材料满铺地面，有吊顶；
b) 厨房整体布局合理，有充足通畅的排烟和排风换气设备，符合环保要求。有空调设备，温度适宜；

c) 冷荤间位置合理，做到专人、专室、专工具、专消毒、专冷藏，有足够的冷气设备和空气消毒设备，并有二次更衣室；

d) 有单独的面点间、粗加工间等，且布局合理；

e) 有独立的洗碗间，位置合理，并有充足的清洗、消毒和储存设备设施；

f) 有充足的冷冻冷藏和储藏设备、设施，各种食品分类存放；

g) 厨房与餐厅之间有隔音、隔热和隔气味的措施；

5. 公共区域

a) 设有与接待能力相适应的停车场，并有残疾人专用车位、无障碍通道；

b) 环境高雅；

c) 设有规范的公共信息图形符号；

d) 各层分设男、女宾客使用的公共卫生间，有足够的厕位，有残疾人厕位，全部采用豪华材料装修，有艺术装饰，且设备齐全、完好、洁净，通风照明良好，布局合理；

e) 有应急照明设备，双路供电或自备发电系统；

f) 消防器材配备合理，所有安全疏散通道和出入口均设有指示标志，并保持畅通；

g) 有消防自动报警系统；

h) 有衣帽间或存衣处；

i) 三层以上楼房须有与接待能力相适应的高质量客用电梯。

附录 3

色彩范例

白色：给人以纯洁、清净、虚无、高雅的联想。在公共空间室内设计中大面积白色的运用可以使空间从视觉和心理上产生宽盈、清净的效果。本设计中，白色被大面积的使用，并运用在了地面、墙面和灯光中。通过白色的颜色特性，商品被主观突出了，而同时

图附 3-1 白色空间图例一
白色空间给特殊造型以轻盈感

图附 3-2 白色空间图例二
突出商品高级感的白色空间

图附 3-3 白色空间图例三
白色突出了专卖店的时尚性。

商店时尚、个性的特点也被白色特征所凸现了（见图3-1、图3-2、图3-3）。

红色：给人以热烈、喜庆、跳跃等印象。在公共空间室内设计中，红色在理论上是不宜于大面积使用的，因为这样往往会产生燥热和喧闹感，但是这则设计中，设计师使用了相应灰调的红色，并在大面积使用的过程中，刻意营造了其他材质的介入（如：金属、铝材等），使空间在热烈中带有沉稳与前卫之感。而且红色不会过于浮躁，反而在空间中带有一定的稳定性（见图3-4、图3-5、图3-6）。

图附3-4　红色空间图例一
红色的过渡空间强调出了空间的层次

图附3-5　红色空间图例二
红色与金属材质的结合为空间营造了沉稳前卫的感觉

图附3-6　红色空间图例三
跳跃而不失层次的红色空间

蓝色：给人以深远、沉静、崇高、理想等印象。正因为蓝的稳定性与较好的兼容性，在公共空间室内设计中被比较多的使用。这则设计中，蓝色与几种偏灰色的绿与黄色以及金属材质搭配，显得沉稳、干净（见图3-7、图3-8、图3-9）。

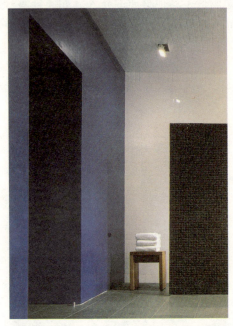

图附3-7　蓝色空间图例一
蓝色的深远与沉静感在空间中充分的表达了出来

图附3-8　蓝色空间图例二
灯光与大面积的蓝色使空间层次分明

图附3-9　蓝色空间图例三
蓝色的介入与金属家具的使用使空间显得历练干净

黄色：给人以明亮、醒目的感觉，在空间中使用黄色往往会配以相对比较稳重的深色材质，起到空间上平衡和相互融合的作用。在这个作品中，设计者除了在主要通道中和带有导向性的区域使用了大面积的黄色以外，在突出展品和中心区域则都以深木色和褐色作为强调区域，并且平衡颜色作用的颜色调配方法，使整个设计作品醒目、明亮，而又不失稳重和文化感（见图3-10、图3-11、图3-12）。

图附3-10　黄色空间图例一
黄色醒目的效果在此展示空间中运用的恰到好处

图附3-11　黄色空间图例二
黄色与光影的良好结合使空间明快整洁

图附3-12　黄色空间图例三
突出展品的格龛中使用的黄色与沉稳的深木色材料结合，强调出了展品，同时使空间更加具有文化感

239

绿色：给人以青春、和平、希望等感觉。在这个设计中，设计者在选定主色——米色的同时，也使用了一定面积的绿色作为空间中的主要颜色之一。绿色在这里给人以放松、舒适的感觉，并且与米色互不冲突，相互协调，使这个室内空间的氛围格外的舒适与温馨，空间更加宽敞而平静（见图 3-13、图 3-14、图 3-15）。

图附 3-13　绿色空间图例一
办公空间中的绿色给人以动力与活动

图附 3-14　绿色空间图例二
绿色让处在这一空间中的使用者更加放松

图附 3-15　绿色空间图例三
浅绿色与乳白色在空间中相互协调，营造出了温馨与舒适的办公空间

附录 4

施工图实例(飒絮发型设计昆泰店)

原始墙体图 1:60

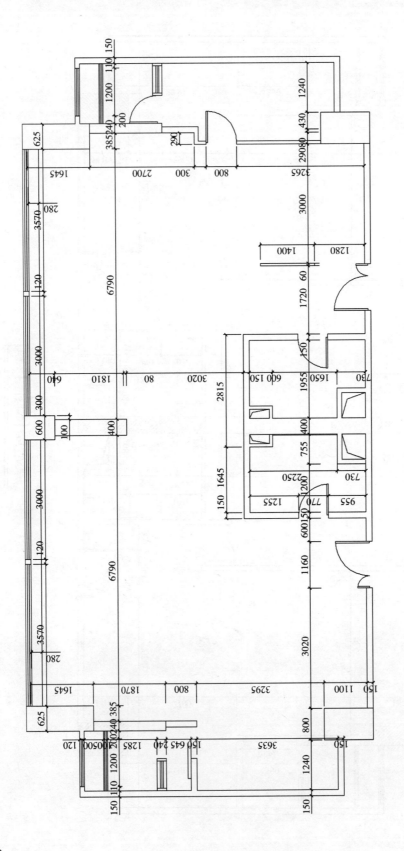

改造后墙体图 1:60

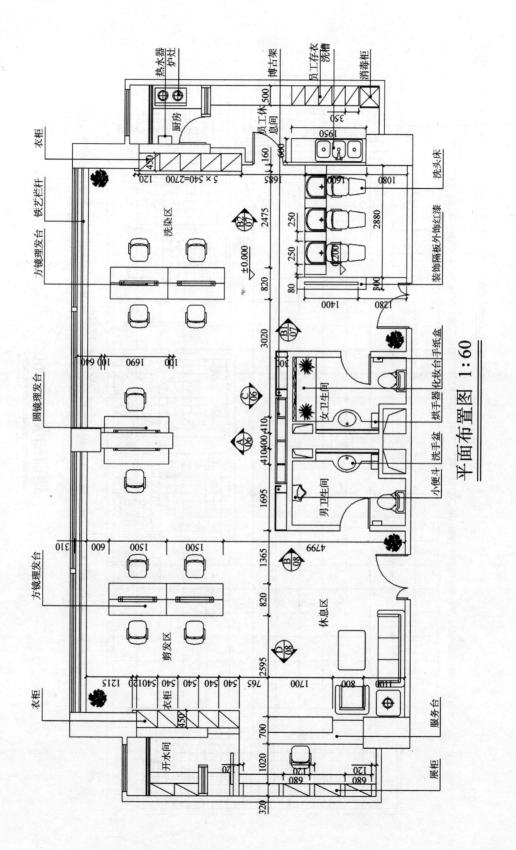

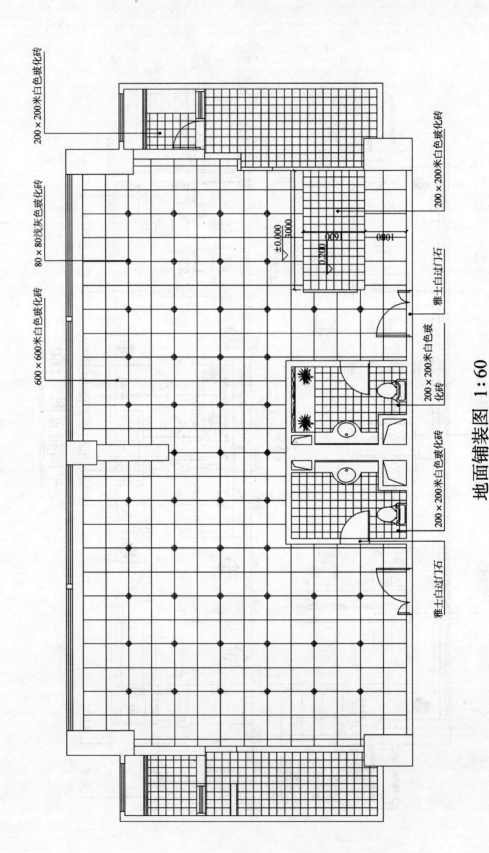

地面铺装图 1:60

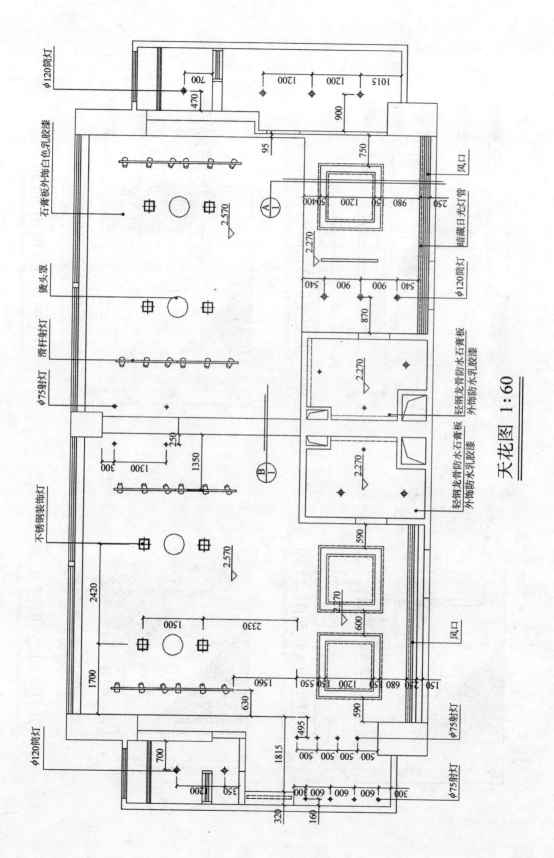

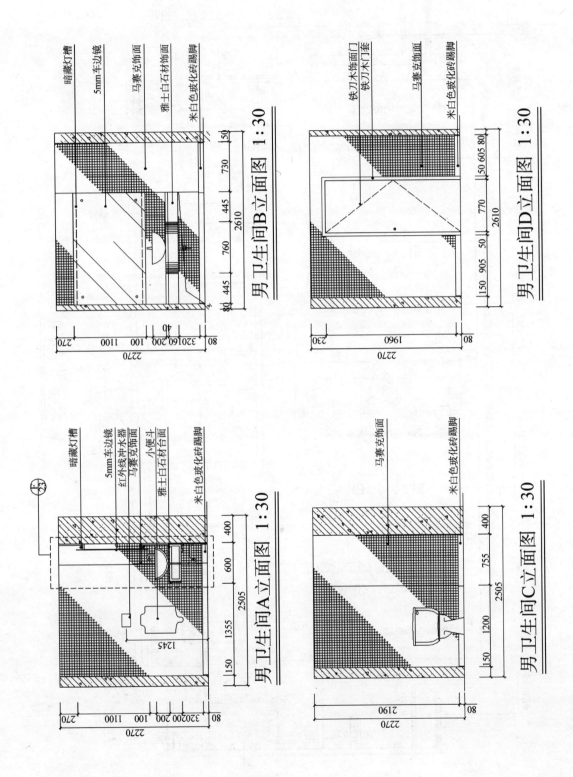

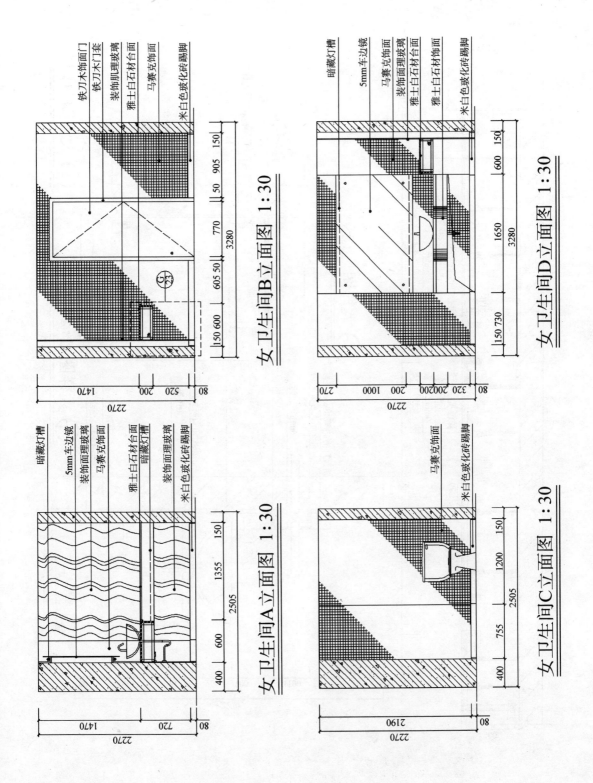

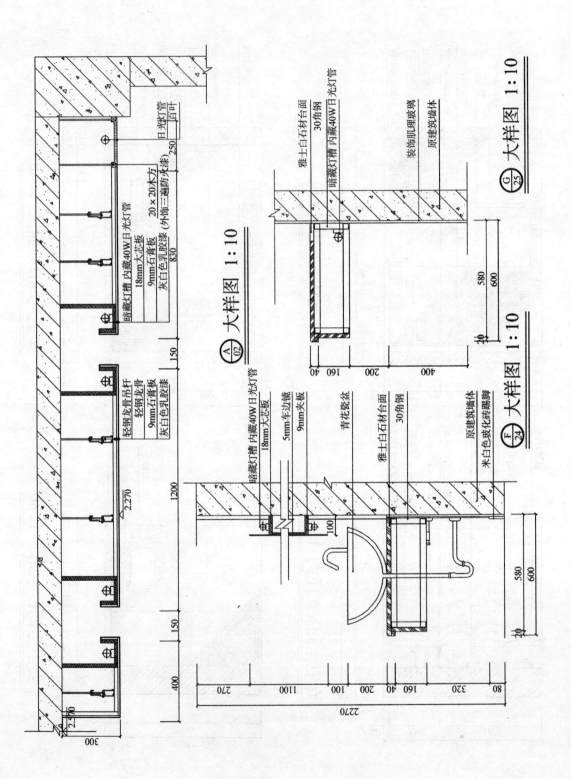

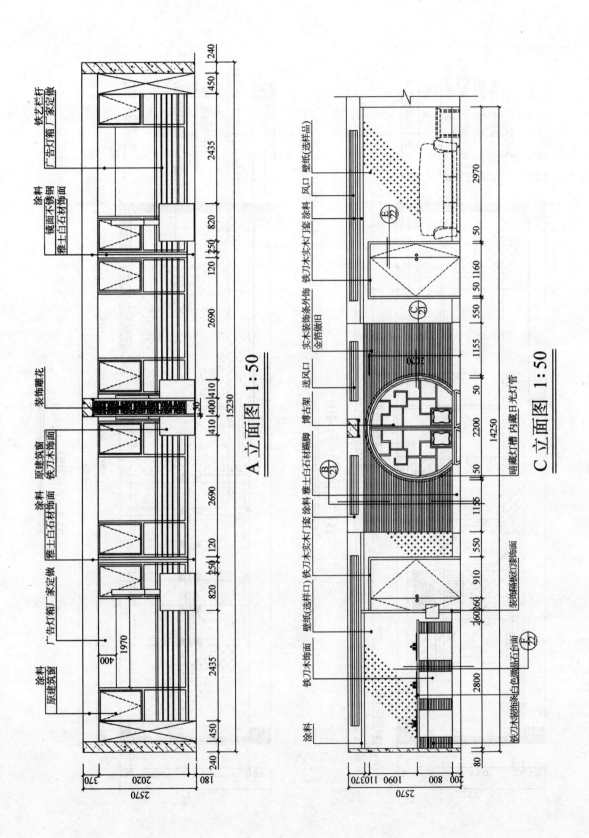

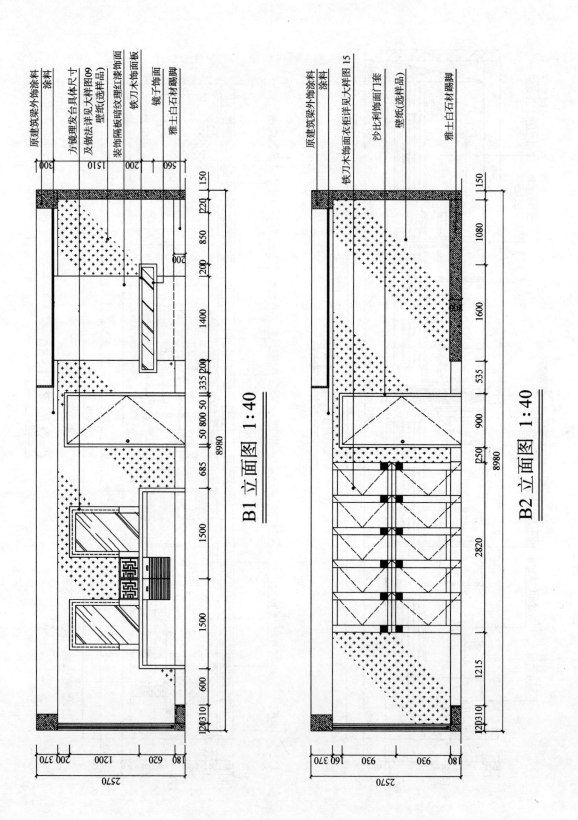

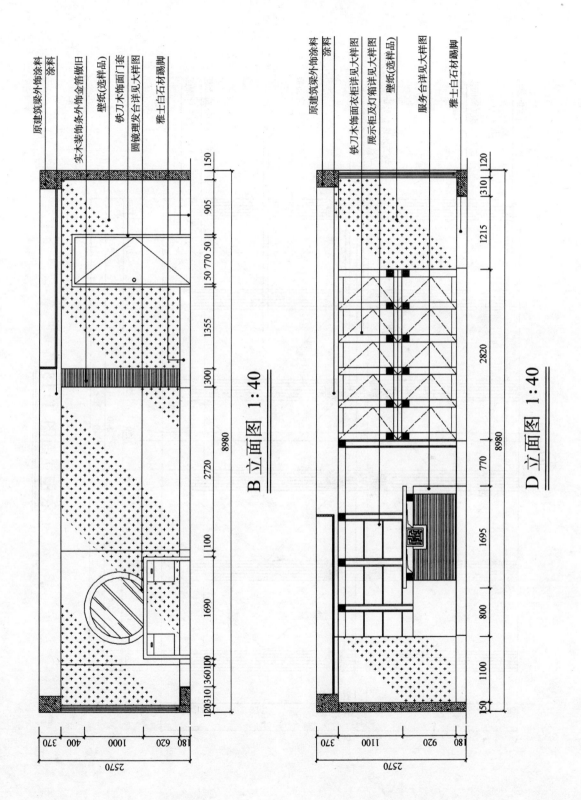

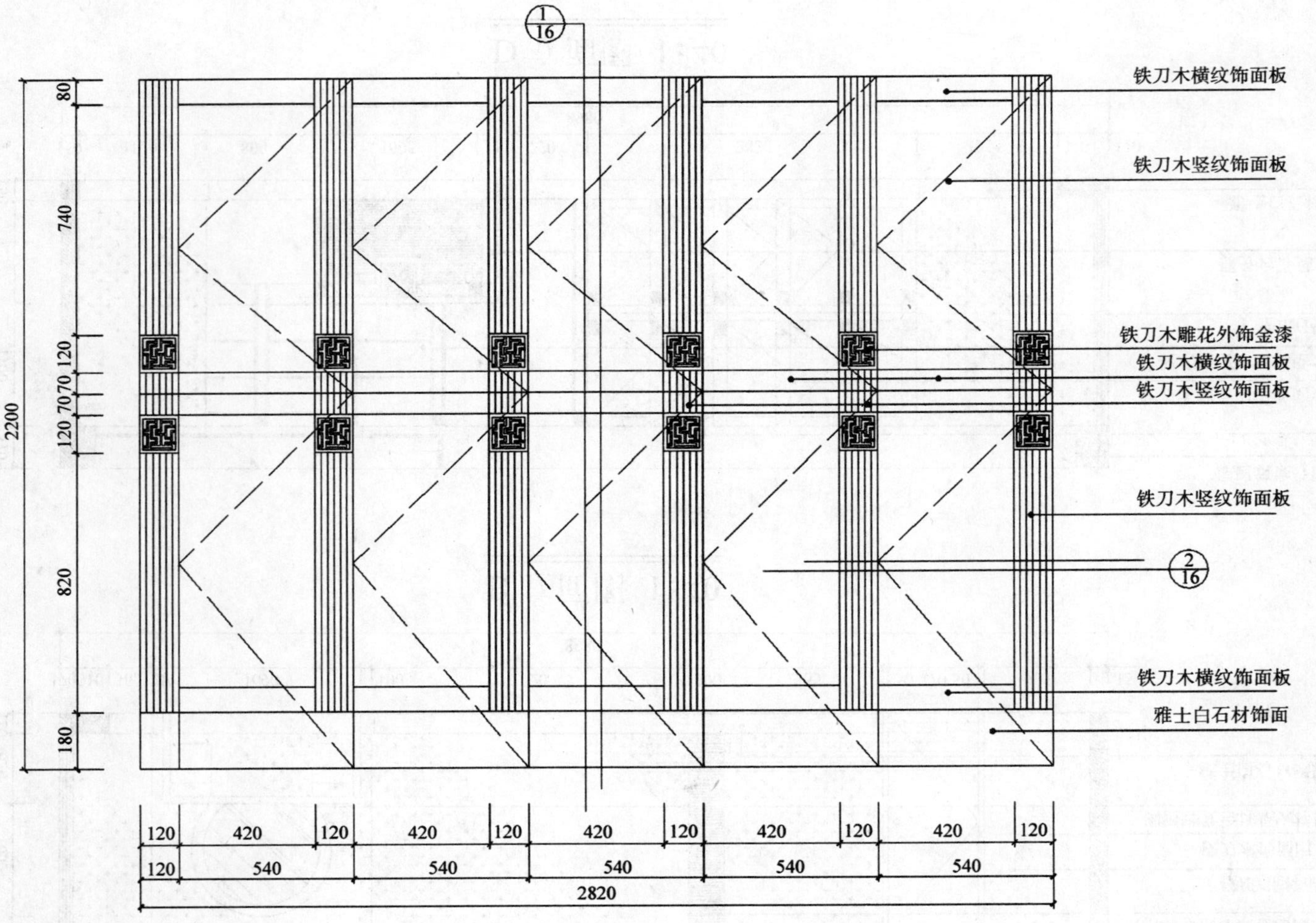

铁刀木横纹饰面板
铁刀木竖纹饰面板
铁刀木雕花外饰金漆
铁刀木横纹饰面板
铁刀木竖纹饰面板
铁刀木竖纹饰面板
铁刀木横纹饰面板
雅士白石材饰面
1/16
2/16
80
740
120
70
70
120
820
180
2200
120
420
120
420
120
420
120
420
120
420
120
120
540
540
540
540
540
2820

衣柜立面图 1:15

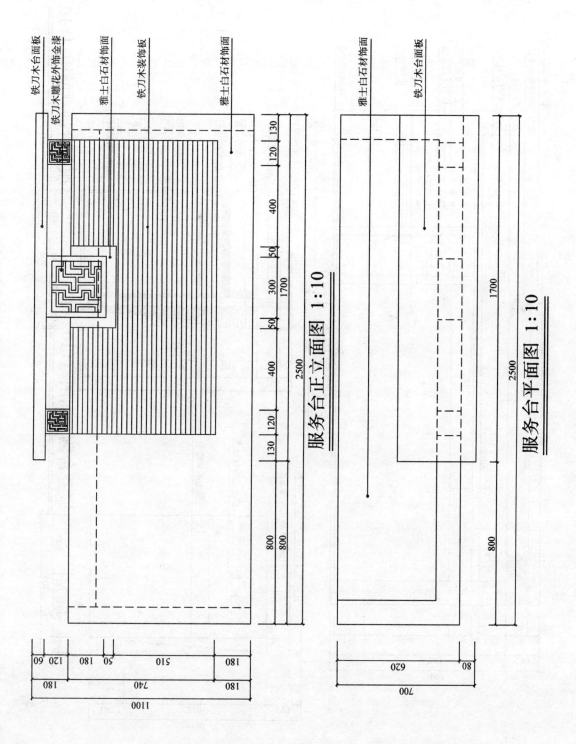

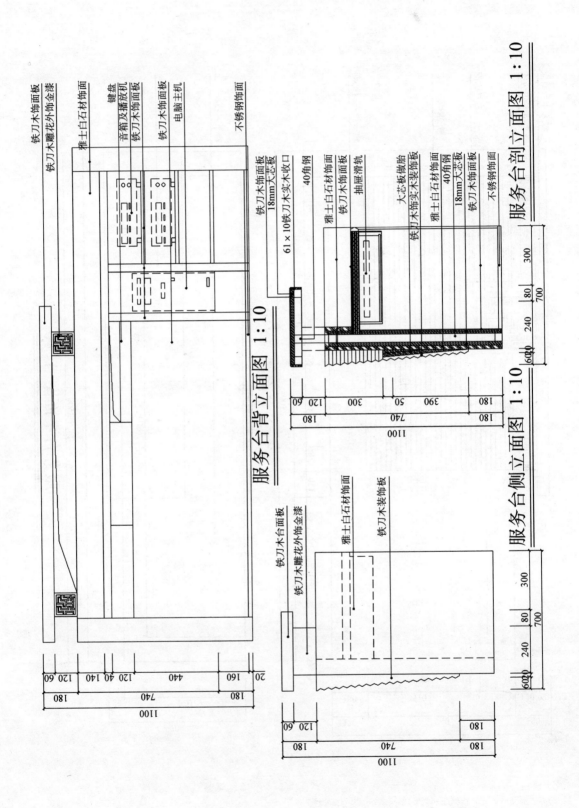

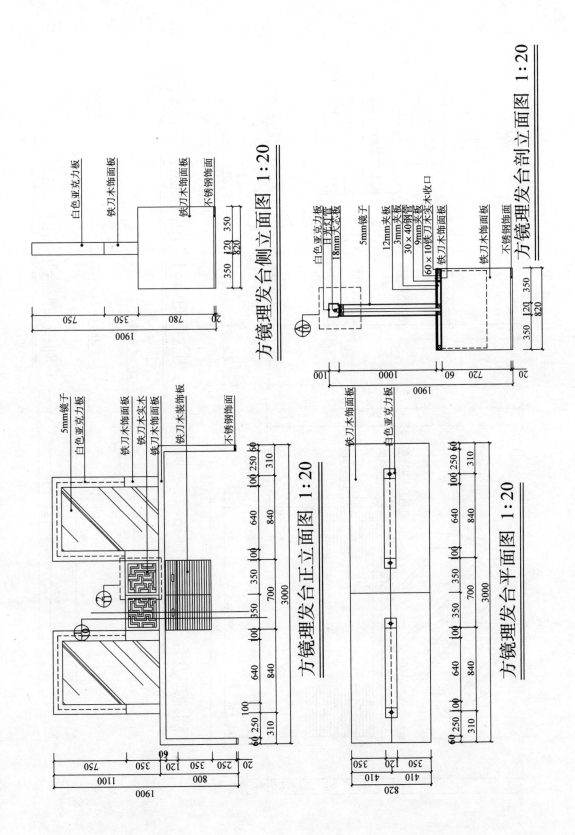

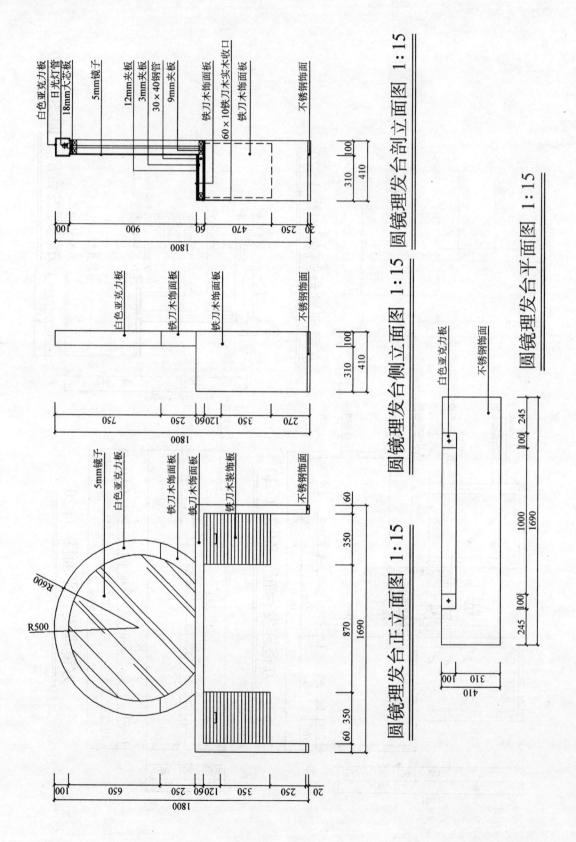

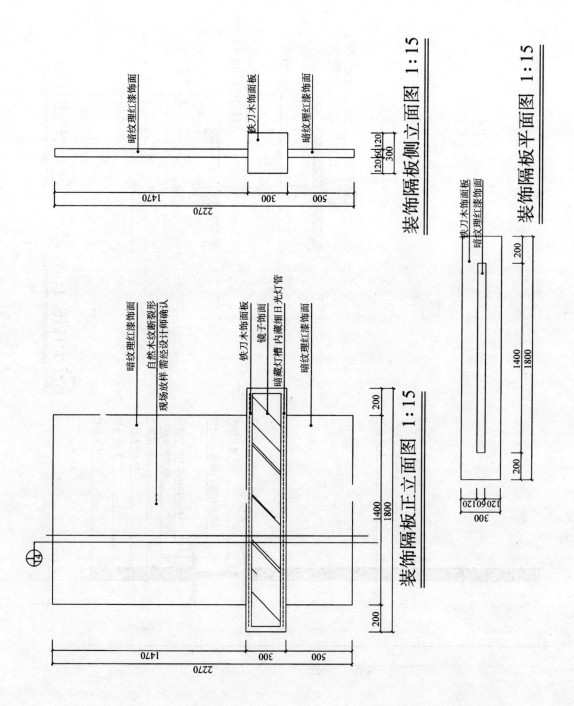

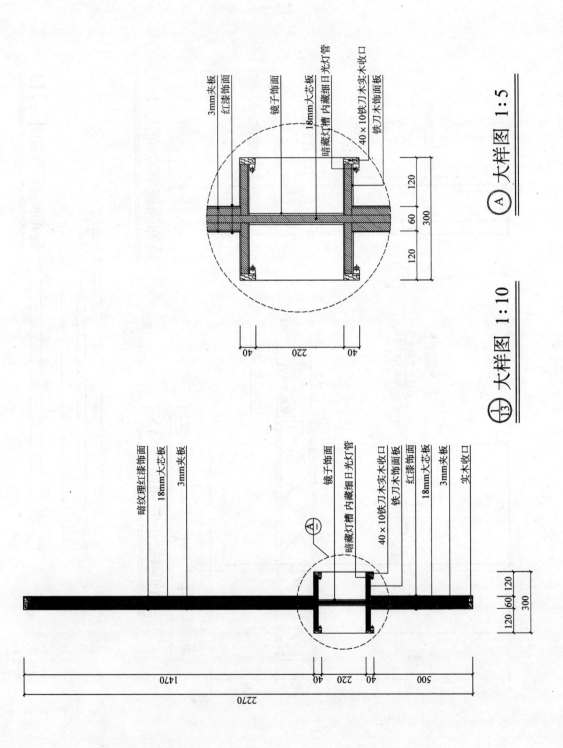

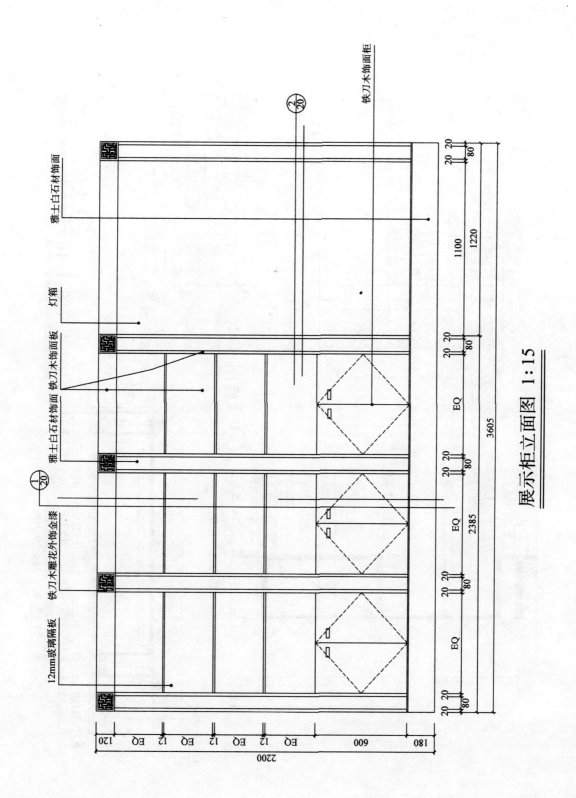

展示柜立面图 1:15

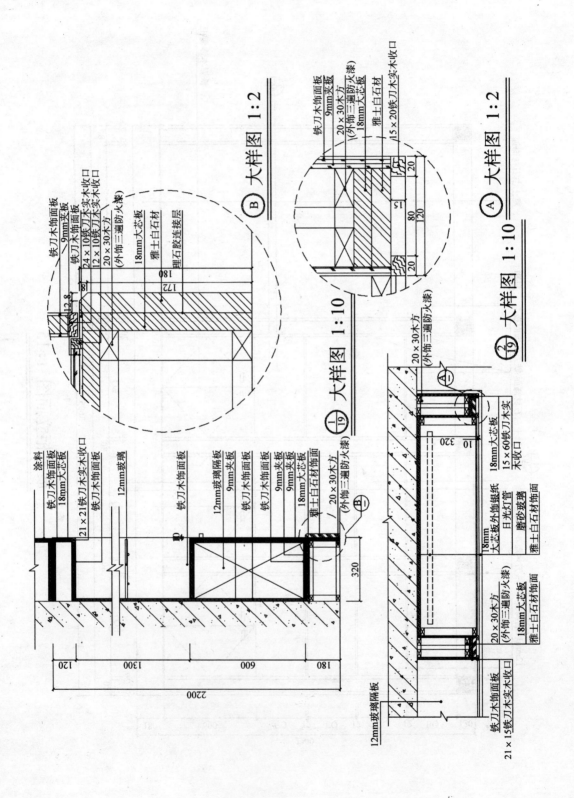

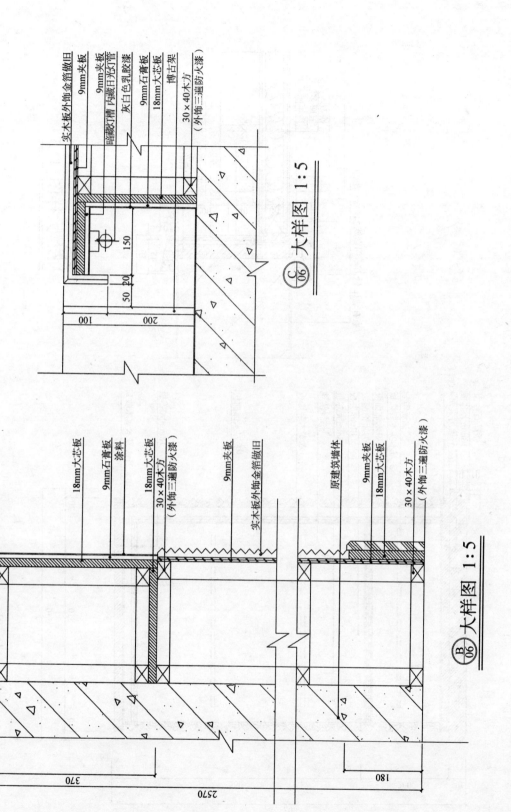

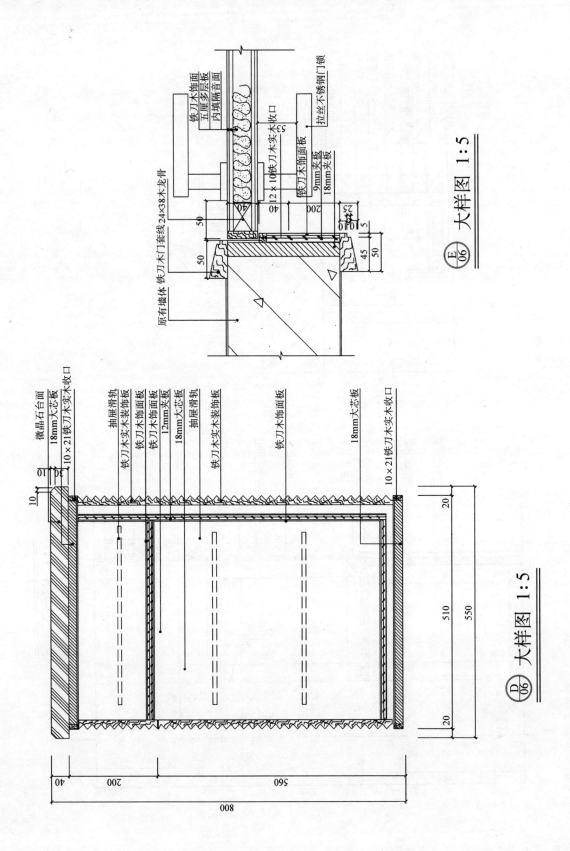

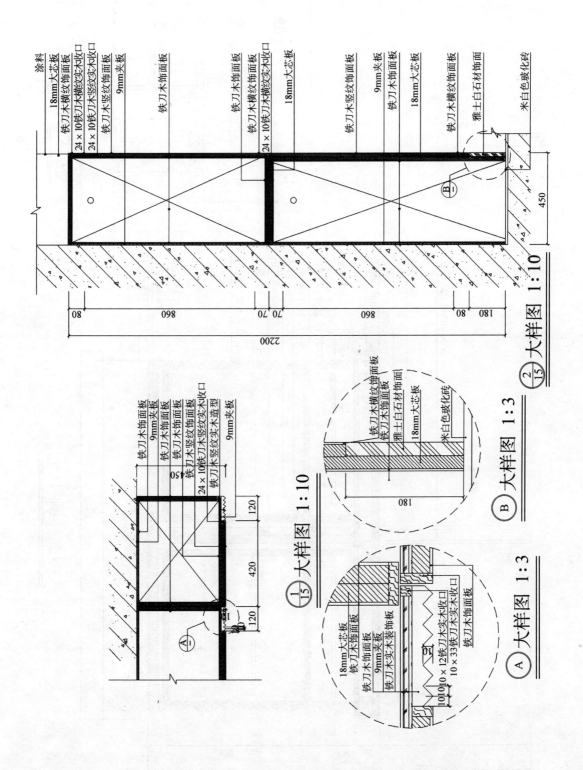

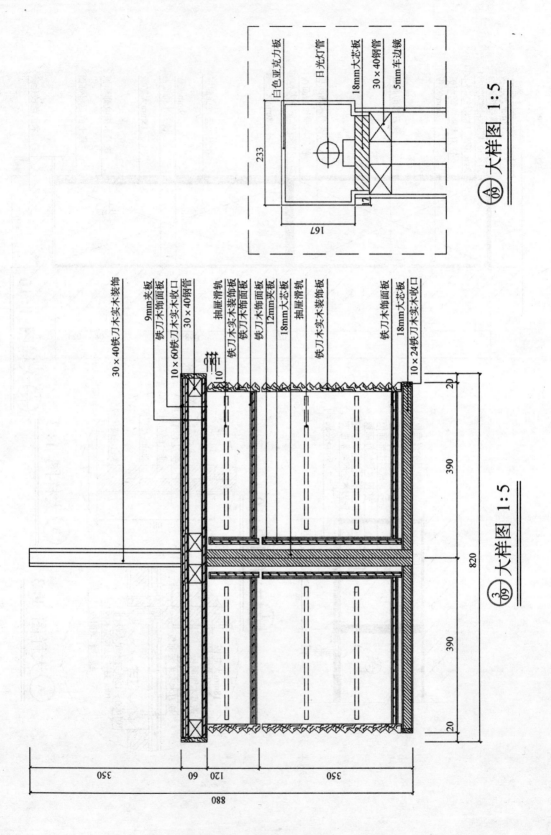

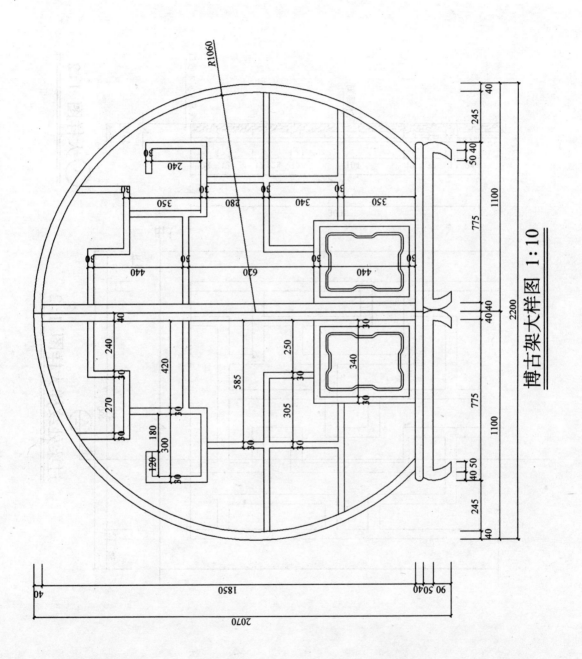

博古架大样图 1:10

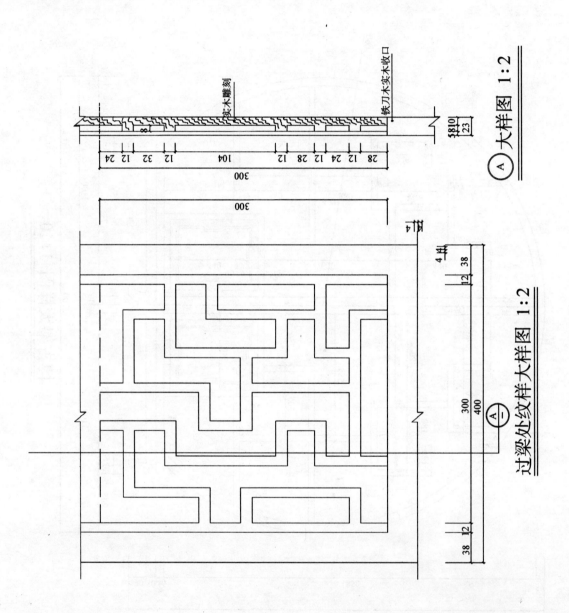

过梁处纹样大样图 1:2

A 大样图 1:2

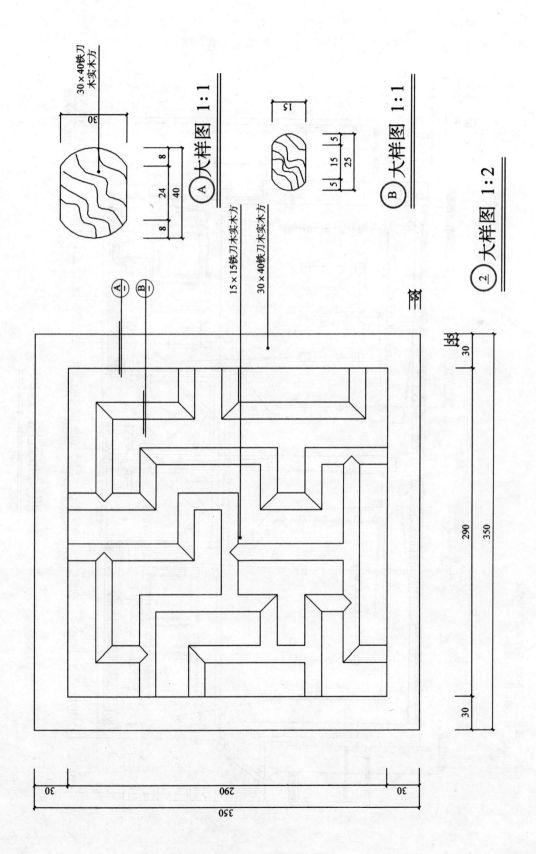

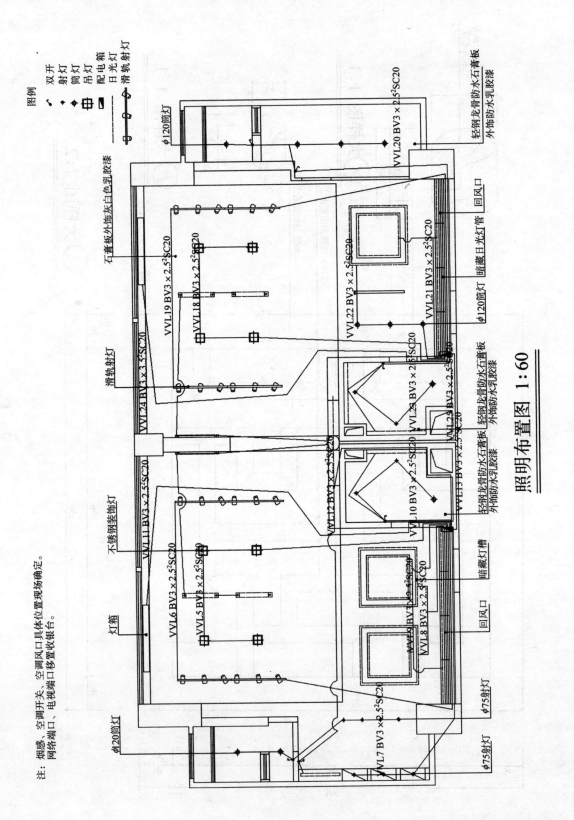

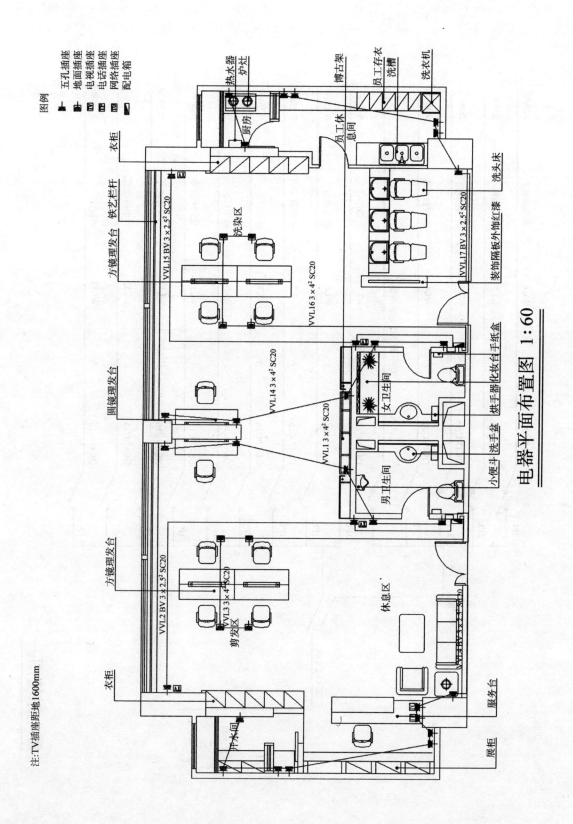

电器平面布置图 1:60

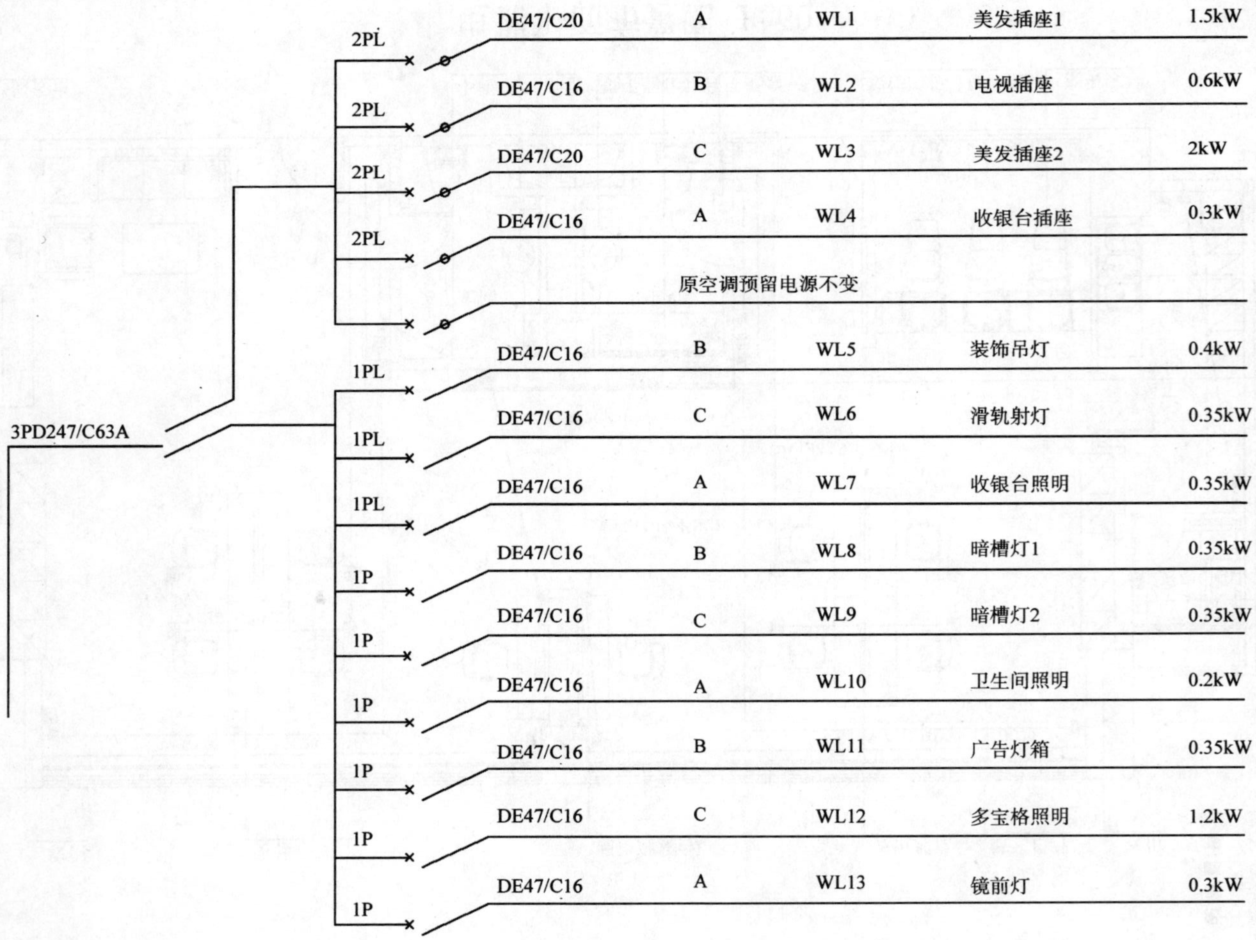

配电系统图一

断路器	极数	相序	回路编号	用途	功率
DE47/C20	2PL	A	WL1	美发插座1	1.5kW
DE47/C16	2PL	B	WL2	电视插座	0.6kW
DE47/C20	2PL	C	WL3	美发插座2	2kW
DE47/C16	2PL	A	WL4	收银台插座	0.3kW
				原空调预留电源不变	
DE47/C16	1PL	B	WL5	装饰吊灯	0.4kW
DE47/C16	1PL	C	WL6	滑轨射灯	0.35kW
DE47/C16	1PL	A	WL7	收银台照明	0.35kW
DE47/C16	1P	B	WL8	暗槽灯1	0.35kW
DE47/C16	1P	C	WL9	暗槽灯2	0.35kW
DE47/C16	1P	A	WL10	卫生间照明	0.2kW
DE47/C16	1P	B	WL11	广告灯箱	0.35kW
DE47/C16	1P	C	WL12	多宝格照明	1.2kW
DE47/C16	1P	A	WL13	镜前灯	0.3kW

总开关：3PD247/C63A

回路编号	断路器	相序	用途	功率
WL14	DE47/C20	A	美发插座1	1.5kW
WL15	DE47/C16	B	电视插座	0.6kW
WL16	DE47/C20	C	美发插座2	2kW
WL17	DE47/C16	A	消毒间插座	2kW
—	—	—	原空调预留电源不变	—
WL18	DE47/C16	B	装饰吊灯	0.4kW
WL19	DE47/C16	C	滑轨射灯	0.35kW
WL20	DE47/C16	A	消毒间照明	0.15kW
WL21	DE47/C16	B	暗槽灯1	0.35kW
WL22	DE47/C16	C	暗槽灯2	0.35kW
WL23	DE47/C16	A	卫生间照明	0.2kW
WL24	DE47/C16	B	广告灯箱	0.35kW
WL25	DE47/C16	C	镜前灯	0.3kW
—	DE47/C16	A	备用	—

总开关：3PD247/C63A

配电系统图二

主要参考文献

1. （丹麦）杨·盖尔著. 何人可译. 交往与空间. 第4版. 北京：中国建筑工业出版社，2002
2. 郝大鹏编著. 室内设计方法. 西南师范大学出版社
3. 潘吾华编著. 室内陈设艺术设计. 北京：中国建筑工业出版社
4. 约瑟夫·思考利博士. Dott. Arch. Giuseppe Scarri. 设计师的使命
5. 李朝阳编著. 室内空间设计. 北京：中国建筑工业出版社
6. 南希 F 凯恩著. 品牌的故事. 北京：机械工业出版社
7. 李飞. 百货商店定位演化分析
8. 王学东著. 商业房地产投融资与运营管理. 北京：清华大学出版社
9. 洪镇湘. 国内外商业地产业态总结与辨析
10. 竹谷捻宏著，孙逸增，俞浪琼译. 餐饮业店铺设计与装修. 沈阳：辽宁科学技术出版社
11. 成翌编著. 通向酒吧路. 北京：新世界出版社
12. 二毛，朱小兰著. 最新开店务实 C 酒吧咖啡馆. 南方出版社
13. 杨捷. 室内设计趋势与装饰误区
14. 董黎，吴梅著. 医疗建筑. 武汉：武汉工业大学出版社，1999
15. 史自强等主编. 医院管理学. 上海：上海远东出版社，1995
16. 英国标准学会著. 英国标准 8300-建筑的残疾人需求设计. 伦敦：英国标准学会，2001
17. 中国建筑标准设计研究所主编. 方便残疾人使用的城市道路和建筑物设计规范-JGJ50. 北京：中国建筑标准设计研究所，2001
18. 魏澄中主编. 室内物理环境概论. 北京：中国建筑工业出版社，2002
19. 李永井主编. 建筑物理. 北京：机械工业出版社，2005
20. 王晓东主编. 电器照明技术. 北京：机械工业出版社，2004
21. 高祥生，韩巍，过伟敏主编. 室内设计师手册. 北京：中国建筑工业出版社，2001
22. 俞丽华，朱桐城编. 电气照明. 上海：同济大学出版社，1999
23. 詹庆旋编. 建筑光环境. 北京：清华大学出版社，1996
24. 赵振民编. 照明工程设计手册. 天津：天津科学技术出版社，1990
25. （英）波里·康维等著. 远程教材之六-家居与配置. 布莱顿：罗德克国际机构，2004
26. （日）面出熏著. 关忠慧译. 光与影的设计. 沈阳：辽宁科学技术出版社，中国建筑工业出版社，2002
27. （英）约瑟夫·瑞克维特著. 亚当的天堂之屋. 纽约：现代艺术博物馆，1972
28. 杜昇编著，《照明系统设计》，北京：中国建筑工业出版社，1999
29. （日）中岛龙兴著. 马卫星编译. 照明灯光设计. 北京：北京理工大学出版社，2003
30. （英）德里克·菲利普斯著. 李德富等译. 现代建筑照明. 北京：中国建筑工业出版社，2003

31. (英)吉尔·恩特威尔斯著. 马剑译. 艺术照明与空间环境·酒吧与餐厅. 北京：中国建筑工业出版社，2001
32. (英)斯坦利·威尔示著. 照明时段. 伦敦：潘汉出版社，1975
33. 甘子光主编. 高效照明灯具-绿色照明科普宣传资料系列. 第三期. 北京：
34. 中国绿色照明工程促进项目办公室，2002
35. 中华人民共和国建设部. 建筑照明设计标准（GB 50034—2004）. 北京：中国建筑工业出版社，2004
36. 中华人民共和国原城乡建设保护部. 建筑采光设计标准.（GB/T50033—2001）. 北京：中国建筑工业出版社，2001
37. 中华人民共和国建设部. 民用建筑照明设计标准（GBJ133—90）. 北京：中华人民共和国原城乡建设保护部，1990
38. 中华人民共和国原城乡建设保护部. 建筑采光设计标准（GB/T5033—2001）. 北京：中国建筑工业出版社，2001
39. 美图文化国际有限公司编著. 2003亚太室内设计大奖作品选. 福州：福建科学技术出版社，2004
40. 郑凌著. 高层写字楼建筑策划. 北京：机械工业出版社，2003
41. 梁展翔著. 室内设计. 上海：上海人民美术出版社，2004
42. 邵龙，李桂文，朱逊著. 室内空间环境设计原理. 北京：中国建筑工业出版社，2004
43. 鲍家声主编. 图书馆建筑设计手册. 北京：中国建筑工业出版社，2004
44. 张份份，李存东著. 建筑创作思维的过程与表达. 北京：中国建筑工业出版社，2001
45. （美）J·米尔逊，P·罗斯著. 创造性办公室. 马德拉（加州）：银杏出版社，1999
46. 高祥生，韩巍，过伟敏主编. 室内设计师手册. 北京：中国建筑工业出版社，2001
47. （英）安迪·雷克著. 弹性工作完全指南. 剑桥：英国外务办公室合作事务所，2004
48. 朱淳，周昕涛著. 现代室内设计教程. 杭州：中国美术学院出版社，2003
49. 李永井主编. 建筑物理. 北京：机械工业出版社，2005
50. （美）程大锦编著. 室内设计图解. 大连：大连理工大学出版社，2003年
51. 张为诚，沐小虎编著. 建筑色彩设计. 上海：中国同济大学出版社，2000年
52. 朱伟编著. 环境色彩设计. 北京：中国美术学院出版社，1995年
53. James mccown撰写. colors. PAGEONE，2004年
54. 日本东京商工会议所编著. 色彩调和. 日本：东京商工会议所，2000年
55. 朱天明总主编. 设计色彩标准手册. 中国东方出版中心，2003年
56. 鹿岛出版会编著. 站再生. 日本：鹿岛出版会，2002年
57. 都市交通研究会编著. 新的都市交通系统. 日本：山海堂，1997年
58. 刘连新，蒋宁山编著. 无障碍设计概论. 中国建材工业出版社，2004年
59. （美）阿达文·R·蒂利 亨利·德赖弗斯事务所. 人体工程学图解-设计中的人体因素，北京：中国建筑工业出版社，1993年
60. 张绮曼，郑曙旸主编. 室内设计资料集. 北京：中国建筑工业出版社，1991年
61. 城市道路和建筑物无障碍设计规范——JCJ50-2001、J114-2001
62. 项瑞祈著. 传统与现代——现代歌剧院建筑. 科学出版社，2002年
63. 曲正，曲瑞译. 哈迪-霍尔兹曼-法依弗联合设计事务所 剧场. 辽宁科学技术出版社，中国建筑工业出版社，2002年
64. 百通集团编著. 现代建筑集成——观演建筑. 辽宁科学技术出版社，2000年
65. 邓雪娴，周燕珉，夏晓国著. 餐饮建筑设计. 北京：中国建筑工业出版社，2005年